Physica-Schriften zur Betriebswirtschaft

Herausgegeben von

K. Bohr, Regensburg · W. Bühler, Mannheim · W. Dinkelbach, Saarbrücken
G. Franke, Konstanz · P. Hammann, Bochum · K.-P. Kistner, Bielefeld
H. Laux, Frankfurt · O. Rosenberg, Paderborn · B. Rudolph, Frankfurt

Physica-Schriften zur Betriebswirtschaft

Herausgegeben von

K. Bohr, Regensburg · W. Bühler, Mannheim · W. Dinkelbach, Saarbrücken · G. Franke,
Konstanz · P. Hammann, Bochum · K.-P. Kistner, Bielefeld · H. Laux, Frankfurt
O. Rosenberg, Paderborn · B. Rudolph, Frankfurt

Andreas Bölte

Modelle und Verfahren zur innerbetrieblichen Standortplanung

Mit 73 Abbildungen

Physica-Verlag

Ein Unternehmen des
Springer-Verlags

Dr. Andreas Bölte
FB Wirtschaftswissenschaften
Universität Paderborn
Warburgerstraße 100
D-33098 Paderborn

Die Deutsche Bibliothek – CIP-Einheitsaufnahme
Bölte, Andreas
Modelle und Verfahren zur innerbetrieblichen Standortplanung
/ Andreas Bölte. – Heidelberg : Physica-Verl., 1994
(Physica-Schriften zur Betriebswirtschaft ; Bd. 48)
Zugl.: Paderborn, Univ., Diss.
ISBN 978-3-7908-0798-1   ISBN 978-3-642-51869-0 (eBook)
DOI 10.1007/978-3-642-51869-0
NE: GT

Vorwort

Die vorliegende Arbeit entstand während meiner Tätigkeit als wissenschaftlicher Angestellter am Lehrstuhl für Produktionswirtschaft an der Universität-GH Paderborn. Sie beschäftigt sich mit der innerbetrieblichen Standortplanung, einer Thematik, die für Industriebetriebe im Zeitalter von Kaizen und Lean Production zunehmend an Bedeutung gewinnt.

Zum Entstehen und Gelingen dieser Arbeit haben viele beigetragen. An erster Stelle möchte ich meinem akademischen Lehrer Herrn Prof. Dr. Otto Rosenberg danken, der diese Arbeit erst möglich gemacht und in vielerlei Hinsicht trotz seiner zeitlichen Beanspruchung unterstützt hat. Sowohl fachlich als auch persönlich ist er mir ein Vorbild. Mein besonderer Dank gilt aber auch Herrn Prof. Dr.-Ing. Wilhelm Dangelmaier für seine wohlwollende Gesprächsbereitschaft und Tätigkeit als Zweitgutachter.

Danken möchte ich auch meinem ehemaligem Kollegen Prof. Dr. Hans Ziegler, der mich insbesondere in den ersten Jahren meiner wissenschaftlichen Tätigkeit stets gefördert und mir viele wertvolle Hinweise gegeben hat, die direkt oder indirekt in diese Arbeit eingeflossen sind. Zu erwähnen ist aber auch die große Hilfsbereitschaft der anderen Kollegen am Lehrstuhl Produktionswirtschaft bei der Lösung vielfältiger Probleme. Vor allem mein Kollege Dipl.-Wirt.Ing. Ulrich Thonemann hat durch seine Anregungen und unterstützenden Tätigkeiten sehr zum Gelingen dieser Arbeit beigetragen. Dabei haben die heute verfügbaren Kommunikationsmittel es möglich gemacht, daß die enge Zusammenarbeit mit ihm auch während seiner Zeit an der Stanford University aufrechterhalten werden konnte.

Auch meinen Kollegen Dr. Stefan Betz und Dipl.-Kfm. Arnd Mollemeier verdanke ich durch ihre immerwährende Diskussionsbereitschaft und konstruktive Kritik viele wertvolle Anregungen. Darüber hinaus danke ich Ihnen für die Zeit und die große Sorgfalt, mit der sie das Manuskript korrekturgelesen haben. Aus dem Kreis der studentischen Hilfskräfte, die mich ebenfalls auf vielfältige Art und Weise unterstützt haben, möchte ich Herrn Reinhard Salmen und Frau Gaby Oberem besonders erwähnen.

Mein Dank gilt aber auch Frau Prof. Dr. Jadranka Skorin-Kapov (University of New York) und Herrn Prof. Dr. Mickey R. Wilhelm (University of Louisville), die mir nicht nur ihre Problemdaten, sondern auch zusätzliche Arbeitspapiere und Informationen zur Verfügung gestellt haben. Selbstverständlich werden auch die hier verwendeten Problemdaten und Programme über den Lehrstuhl Produktionswirtschaft der Universität-GH Paderborn bei Interesse kostenlos zur Verfügung gestellt.

Nicht zuletzt danke ich auch meiner Familie, insbesondere meinen Eltern, für die vielfältige Förderung meines Werdegangs.

Paderborn, im Mai 1994   Andreas Bölte

Inhaltsverzeichnis

1. Einleitung

Die betriebliche Leistungserstellung in Fertigungsbetrieben - also die Produktion - kann nur vollzogen werden, wenn die erforderlichen Elementarfaktoren - Betriebsmittel, menschliche Arbeitsleistung und Werkstoffe - zur Verfügung stehen. Damit diese Bereitstellung der Elementarfaktoren wirtschaftlich erfolgt, wird im Rahmen der Produktionsplanung[1] u.a. auch eine sogenannte Bereitstellungsplanung durchgeführt. Deren Aufgabe besteht darin, die zur Produktion benötigten Elementarfaktoren nach Art und Menge nicht nur rechtzeitig, sondern auch am richtigen Ort so bereitzustellen, daß das Produktionsprogramm wirtschaftlich vollzogen werden kann.[2] Mit dem letztgenannten Teilbereich der Bereitstellungsplanung befaßt sich die sogenannte Standortplanung.

Die weitergehende Abgrenzung der Standortplanung wird in der Literatur sehr unterschiedlich vorgenommen. Im allgemeinen ist der Standort aber als die geographische Lage eines Elements in einem System definiert. Danach befaßt sich die Standortplanung mit der Bestimmung der zieloptimalen Standorte für die anzuordnenden Elemente eines Systems. Ist das betrachtete System (wie in dieser Arbeit) ein Industrieunternehmen oder ein Teil davon, so kommen grundsätzlich alle ortsfesten Betriebsmittel des Industrieunternehmens als anzuordnende Elemente in Betracht. Dabei gehört zu den Betriebsmitteln die gesamte technische Apparatur, die ein Industrieunternehmen zur Leistungserstellung einsetzt. Dies sind in erster Linie Maschinen und maschinelle Anlagen sowie Werkzeuge jeder Art.[3]

Um die Standorte zieloptimal bestimmen zu können, muß die Planung für alle Betriebsmittel eines Industrieunternehmens strenggenommen simultan erfolgen. Diese Aufgabenstellung ist bei realen Planungsproblemen aber derart komplex, daß man gezwungen ist, das Gesamtproblem in einzelne Teilprobleme zu zerlegen, die sukzessive und unabhängig voneinander behandelt werden. Dabei unterscheiden sich die zu bildenden Teilpläne üblicherweise durch das Aggregationsniveau der jeweils betrachteten "Betriebsmittel".

Allgemein bekannte Aggregationsstufen, die auch bei der Standortplanung benutzt werden, sind Arbeitssysteme, Fertigungsstufen, Produktionsbereiche und Betriebe eines Industrieunternehmens. Ein Arbeitssystem ist dabei die kleinste Kombination der Potentialfaktoren Betriebsmittel und Arbeitskräfte, die jeweils in der Lage ist, eine oder mehrere Arbeitsgangarten auszuführen. Auf der nächst höheren Aggre-

---

[1] Vgl. zur Produktionsplanung Gutenberg, 1983, S. 149.

[2] In Anlehnung an Gutenberg, 1983, S. 171 - 173.

[3] In einer weiten Fassung sind auch Transportmittel, Büroeinrichtungen, Grundstücke und Gebäude den Betriebsmitteln zuzurechnen.

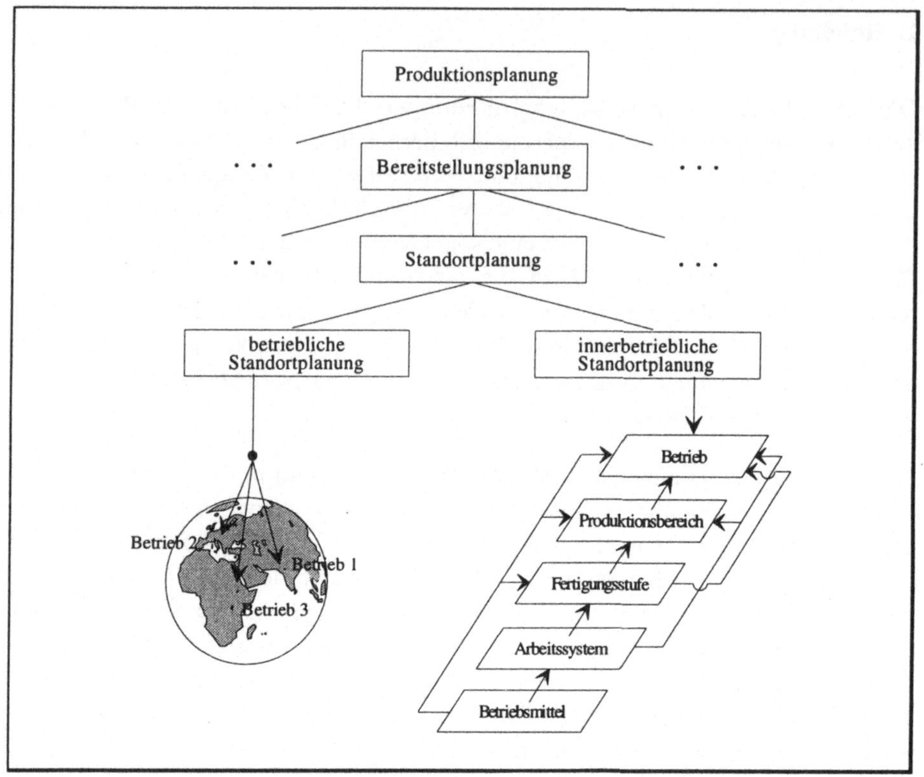

Abb. 1.1: Einordnung der Standortplanung

gationsstufe sind mehrere Arbeitssysteme, die die gleichen Arbeitsgangarten gleichzeitig parallel durchführen können, zu einer Fertigungsstufe zusammengefaßt. Alle Fertigungsstufen, die zur Herstellung eines absatzfähigen Produkts benötigt werden, bilden zusammen einen Produktionsbereich. Ein Betrieb kann schließlich mehrere Produktionsbereiche umfassen, ebenso wie ein Industrieunternehmen aus mehreren Betrieben bestehen kann.

Je nach Art und Komplexität der anzuordnenden "Betriebsmittel" lassen sich nun zahlreiche verschiedene Standortplanungen unterscheiden. Eine allgemein übliche Einteilung unterscheidet zunächst einmal zwischen betrieblicher und innerbetrieblicher Standortplanung. Dabei beschäftigt sich die betriebliche Standortplanung "nur" mit der Bestimmung der zieloptimalen Standorte für die Betriebe eines Industrieunternehmens. Sie vernachlässigt die zieloptimale Standortbestimmung für die anzuordnenden Betriebsmittel, Arbeitssysteme, Fertigungsstufen oder Produktionsbereiche innerhalb der einzelnen Betriebe. Mit derartigen Fragestellungen befaßt sich die innerbetriebliche Standortplanung, die vielfach auch als Layoutplanung bezeichnet wird. Die innerbetriebliche Standortplanung geht also von gegebenen Betriebsstandorten aus, während umgekehrt bei der betrieblichen Standortplanung unterstellt wird, daß die innerbetriebliche Standortplanung erfolgt ist. Gegenstand dieser Arbeit ist nur die zuletzt genannte innerbetriebliche Standortplanung, d.h. es werden nur Standortprobleme für produktionswirtschaftliche Subsysteme betrachtet.[4]

Daß derartige Fragestellungen auch heute noch von großer praktischer Relevanz sind, hat vor allem zwei Gründe. Zum einen bietet die Layoutplanung ein beachtliches Kostensenkungspotential. So zeigen mehrere empirische Untersuchungen, daß eine effektive Layoutplanung 2 bis 15 % der Gesamtkosten eines Industrieunternehmens einzusparen vermag.[5] Zum anderen entziehen sich praxisrelevante Layoutprobleme aufgrund ihrer Komplexität bis heute hartnäckig einer optimalen Lösung, d.h. es existieren keine Lösungsverfahren, die innerhalb einer angemessenen Zeitspanne eine optimale Lösung liefern.[6] Daher werden in der Praxis sogenannte Heuristiken eingesetzt, um möglichst gute Lösungen mit vertretbarem Rechenaufwand zu erzeugen. Solche heuristischen Verfahren zu entwickeln, möglichst mit besserer Lösungsgüte und/oder geringerem Rechenaufwand, ist nicht nur eine interessante, sondern auch erfolgversprechende Aufgabenstellung.

Im folgenden wird im Kap. 2 zunächst eine Abgrenzung und allgemeine Charakterisierung des Layoutproblems vorgenommen. Anschließend wird im Kap. 3 ausführlich auf verschiedene mathematische Modellformulierungen für das Layoutproblem eingegangen. Dabei ist die Festlegung der Zielgrößen ein zentrales Problem. Die meisten Modelle legen der Layoutplanung allein die Zielsetzung "Minimierung der Transportkosten" zugrunde. Damit werden sie aber den Anforderungen der Praxis bei weitem nicht gerecht, da sie nur einen Teil der entscheidungsrelevanten Kosten berücksichtigen. Außerdem sind in den meisten Modellen die real existierenden Restriktionen aufgrund von Standortanforderungen einerseits und betrieblichen Standortgegebenheiten andererseits nur unzureichend berücksichtigt. Im Rahmen dieser Abhandlung soll der den meisten Modellen innewohnende Abstraktionsgrad ökonomisch sinnvoll verringert werden.

Im 4. Kapitel wird dann auf die Lösungsmöglichkeiten des Layoutproblems eingegangen. Dabei liegt der Schwerpunkt auf der Analyse und Entwicklung heuristischer Verfahren zur Lösung des Layoutproblems. Aufgrund der bereits erwähnten Komplexität des quadratischen Zuordnungsproblems wird auf exakte Lösungsverfahren nur kurz eingegangen. Bei den heuristischen Verfahren zur Erzeugung

---

4 Auf weitere Möglichkeiten zur Differenzierung der innerbetrieblichen Standortplanung hinsichtlich der verschiedenen Aggregationsstufen, z.B. die zieloptimale Standortbestimmung aller anzuordnenden Betriebsmittel eines einzelnen Produktionsbereiches, wird verzichtet (vgl. Abb. 1.1).

5 Vgl. Tompkins/White, 1984, S.5. Einige Autoren ermitteln sogar 10-30% Einsparungspotential.

6 Vgl. zur Komplexität des Layoutproblems Kap. 3.4 dieser Arbeit.

eines Layouts wird nach der Beschreibung der bereits bekannten Verfahren ein sogenanntes "vorausschauendes Erzeugungsverfahren" entwickelt. Mit dem Einbau einer vorausschauenden Komponente konnte Ziegler in jüngster Vergangenheit die Lösungsqualität der Prioritätsregelverfahren zur Reihenfolgebestimmung bei Mehrproduktfließfertigung signifikant verbessern.[7] Im Rahmen dieser Arbeit soll überprüft werden, ob die vorausschauende Vorgehensweise auch auf die Lösung von Layoutproblemen zu übertragen ist. Bei den heuristischen Verfahren zur Verbesserung eines Layouts stehen vor allem sogenannte Simulated Annealing Verfahren im Vordergrund, da diese in jüngerer Vergangenheit für verschiedene Probleme qualitativ hochwertige Lösungen geliefert haben. Mit welchen Temperaturverläufen das Simulated Annealing die besten Ergebnisse für Layoutprobleme erzielt, soll in dieser Arbeit mit Hilfe der Genetischen Programmierung untersucht werden.

Die aus der Literatur bekannten und die neu entwickelten Verfahren werden im Kapitel 5 im Hinblick auf ihre Lösungsgüte und ihren Rechenzeitbedarf miteinander verglichen. Abschliessend wird auf der Grundlage der Ergebnisse versucht, allgemeingültige Empfehlungen für die Durchführung von Layoutplanungen zu formulieren.

---

[7] Vgl. Ziegler, 1991, S. 301.

2. Layoutplanung für produktionswirtschaftliche Subsysteme

2.1 Grundlagen der Layoutplanung

2.1.1 Abgrenzung

Die in der Einleitung bereits definierte Layoutplanung darf strenggenommen nicht isoliert von den anderen Teilplanungen der Produktionsplanung betrachtet werden. Produktionsprogramm und Produktionsverfahren bestimmen z.B. weitgehend Art und Zahl der benötigten Arbeitssysteme sowie die Grundstruktur ihrer Anordnung, d.h., die Wahl der Fertigungsorganisationsform (z.B. Fließ- oder Werkstattfertigung) und die Layoutplanung beeinflussen sich gegenseitig.[8] Aufgrund vielfältiger Interdependenzen sollte insbesondere aber auch die Maschinenbelegungsplanung und die Transportplanung simultan mit der Layoutplanung durchgeführt werden.

Den Zusammenhang zwischen Maschinenbelegungs- und Layoutplanung hat vor allem Reese ausführlich diskutiert.[9] Er kommt in seiner Untersuchung zu dem Ergebnis, daß man die Anordnung der Maschinen und ihre Belegung mit Aufträgen nicht als voneinander unabhängig ansehen kann und somit strenggenommen simultan lösen muß. Der zweite besonders enge Zusammenhang besteht zwischen der Layout- und der Transportplanung. Auch diese beiden Problemstellungen sollten im Idealfall simultan gelöst werden, denn die im Rahmen der Transportplanung stattfindende Auswahl eines Transportsystems ist nicht notwendigerweise für unterschiedliche Layouts identisch, ebenso wie ein bestimmtes Layout nicht für verschiedene Transportsysteme optimal sein muß.

Die aufgezeigten Zusammenhänge müssen bei der Planung auf jeden Fall erkannt und berücksichtigt werden. Da eine simultane Problemlösung der genannten Teilplanungen jedoch zu einer Komplexität führt, die mit vertretbarem Aufwand nicht mehr zu bewältigen ist, wird in dieser Arbeit davon abgesehen, ein simultanes Modell zu entwickeln und zu lösen. Vielmehr wird unterstellt, daß alle Teilplanungen bis auf die Planung des Layouts bereits durchgeführt sind. Eine Annäherung an das gewünschte Gesamtoptimum ist durch mehrfaches Durchlaufen der sich beeinflussenden Teilplanungen unter bestimmten Umständen zu erreichen.

2.1.2. Anlässe und Arten der Layoutplanung

Nach der Definition und Abgrenzung der Layoutplanung soll der Leser nun einen kurzen Überblick über typische Anlässe sowie verschiedene Arten und Verfahren der Layoutplanung erhalten.

---

[8] Bei Fließfertigung ist die Layoutplanung allerdings weniger bedeutend, da das Fließprinzip die Anordnung der Betriebsmittel weitestgehend vorgibt.

[9] Vgl. Reese, 1980.

6

Anlässe

Für ein Industrieunternehmen ist eine Layoutplanung sicherlich immer dann durchzuführen, wenn ein Betrieb neu gegründet wird. Man spricht in diesem Fall von einer vollständigen Neuplanung, da alle Betriebsmittel eines Betriebes erstmals auf
dem dafür vorgesehenen Standort zieloptimal anzuordnen sind. Diese komplexeste
der denkbaren Planungssituationen spielt in der Praxis allerdings nur eine untergeordnete Rolle. Ungefähr 90 % aller Layoutplanungen sind nämlich "lediglich" Umstellungsplanungen in einem bereits existierenden Betrieb mit bereits angeordneten
Betriebsmitteln.[10]

Auslöser für solche Umstellungsplanungen sind vor allem Veränderungen der art-
und mengenmäßigen Struktur des Produktionsprogramms und/oder Veränderungen
der einzusetzenden Produktionsverfahren. Diese Veränderungen führen dazu, daß
zusätzliche Betriebsmittel eingeplant werden müssen, bereits bestehende Betriebsmittel wegfallen und/oder für bereits bestehende Betriebsmittel neue Standorte zu
bestimmen sind.

Daß die Umstellungsplanungen gegenüber den Neuplanungen so stark überwiegen,
liegt vor allem auch daran, daß die durchschnittliche Layoutstabilität bei Industrieunternehmen geringer als 3 Jahre ist, wie empirische Untersuchungen gezeigt haben. In einer dieser Untersuchungen[11] wird ein Layout als nicht mehr stabil angesehen, wenn 1/3 der Fertigungsanlagen ersetzt bzw. umgestellt wurden oder 1/3 der
Produkte durch neue ersetzt wurden, die andere Handlings- und Produktionsprozes-
se erforderten. Der zitierten Untersuchung kann auch entnommen werden, daß die
Layoutplanung einen ca. 2-3-jährigen Planungshorizont besitzt und damit eindeutig
der taktischen Planung zuzuordnen ist.[12]

Arten

Trotz der hier vorgenommenen Abgrenzung ist die innerbetriebliche Standortplanung bei realen Planungsproblemen immer noch so komplex, das man gezwungen
ist, sie stufenweise durchzuführen. Bei dieser stufenweisen Planung wird empfohlen, zunächst ein Layout zu entwerfen, daß noch sehr wenig von der einschränken-
den Realität beeinflußt wird. Mit anderen Worten, es soll zunächst ein Layout erzeugt werden, daß die realen Anforderungen idealisiert erfüllt. Auch wenn der Plan
eines idealen Layouts nicht zu verwirklichen ist,[13] sollte jeder Industriebetrieb auf

---

[10] Vgl. Dangelmaier, 1986b, S. 25.

[11] Vgl. Nicol/Hollier, 1983, S.178.

[12] Im Gegensatz dazu ist die betriebliche Standortplanung - gemäß ihrer Fristigkeit - als
Teil der strategischen Planung anzusehen.

[13] Harmon/Peterson, 1990, S. 53 f., vertreten die Meinung, daß der "masterplan" entscheidend dazu beiträgt, Ideale nicht zu früh zu verwerfen.

jeden Fall einen solchen entwerfen. Denn nur ein Ideallayout bietet die Möglichkeit, die Unzulänglichkeiten einer realen Lösung zu erkennen und einen Entwurf kritisch zu beurteilen.[14] Im Anschluß an die Ideallayoutplanung muß die dort erzeugte abstrakte Lösung, u.U. über mehrere konkretisierende Zwischenschritte, so weit detailliert und konkretisiert werden, bis schließlich ein realisierbarer Bauplan für die weiterführende Ausführungsplanung vorliegt. Da bei dieser sogenannten Reallayoutplanung überwiegend technische und gesetzliche Aspekte im Vordergrund stehen, die hier von geringerem Interesse sind, beschränkt sich die vorliegende Arbeit auf die Ideallayoutplanung.

Verfahren

Für die Ideallayoutplanung sind in den vergangenen Jahren sowohl manuelle als auch EDV-gestützte Layoutplanungsverfahren entwickelt worden. Manuelle Layoutplanungsverfahren benutzen vor allem Zeichnungen, Schablonen und maßstabsgerechte physische Modelle als Planungshilfsmittel. In der Praxis werden derartige Planungsverfahren auch heute noch primär eingesetzt, obwohl sie überwiegend sehr alt sind und den entscheidenden Nachteil besitzen, daß nur eine relativ kleine Zahl von Layoutalternativen überprüft werden kann.[15] Deshalb werden manuelle Layoutplanungen in den folgenden Ausführungen nicht mehr betrachtet.

Mit der Entwicklung moderner Rechenanlagen begann auch die EDV-gestützte Planung innerbetrieblicher Standorte. Dabei bleiben Suche, Bewertung und zieloptimale Auswahl von Layoutalternativen vollständig dem Rechner überlassen. Aufgrund der hohen Rechengeschwindigkeit bieten derartige Verfahren im Gegensatz zur manuellen Planung die Möglichkeit, im Rahmen der Ideallayoutplanung eine Vielzahl möglicher Layoutalternativen zu überprüfen. Die Anwendung eines EDV-gestützten Layoutplanungsverfahrens setzt allerdings eine Transformation der realen Problemstellung in ein mathematisches Modell voraus. Da in dieser Arbeit die EDV-gestützte Ideallayoutplanung im Vordergrund steht, werden die hierfür erforderlichen mathematischen Modelle im Kapitel 3 ausführlich diskutiert. Im folgenden erfolgt zunächst eine allgemeine Charakterisierung des Layoutproblems.

2.2. Allgemeine Charakterisierung des Layoutproblems

Die konkreten Layoutprobleme sind sehr vielfältig. Allen gemeinsam sind jedoch eine Reihe von Elementen und Beziehungen, die zunächst im Überblick dargestellt und danach im einzelnen besprochen werden.

---

[14] Vgl. Schmidt, 1977, S. 82.

[15] Eine Zusammenfassung der bekanntesten Verfahren findet man z.B. bei Schmigalla, 1969, S. 5 ff..

8

Gegeben ist:

(I)   ein Zielsystem.

(II)   eine endliche nichtleere Menge von potentiellen Standorten, denen Elemente zugeordnet werden können.[16]

(III)   eine endliche nichtleere Menge von Elementen, die den potentiellen Standorten zugeordnet werden sollen.

(IV)   eine endliche Menge von bereits einander zugeordneten Elementen und Standorten, die mit den übrigen Elementen und Standorten in Beziehung stehen.

(V)   eine Menge von Beziehungen zwischen den Elementen, die unabhängig von der konkreten Standortzuordnung sind (z.B. die Transportmengen).

(VI)   eine Menge von Beziehungen zwischen den Standorten, die unabhängig von der konkreten Belegung der Standorte sind (z.B. die Transportentfernungen).

(VII)   eine Menge von Beziehungen, die zwischen den Elementen und Standorten bestehen und in Abhängigkeit von der konkreten Zuordnung problemrelevant werden (vgl. 2.2.7).

Gesucht wird:

Eine zieloptimale Zuordnung von Elementen zu Standorten.

2.2.1 Das Zielsystem

Die Zuordnung der anzuordnenden Elemente zu den potentiellen Standorten soll zieloptimal erfolgen. Welche Ziele oder Zielsysteme der Layoutplanung zugrundeliegen können, wird im folgenden diskutiert.

Bei der Suche nach relevanten Zielen für die Layoutplanung wird vom erwerbswirtschaftlichen Prinzip ausgegangen,[17] d.h., der Erfolg als die Differenz zwischen der Summe der Einzahlungen und der Summe der Auszahlungen im Planungszeitraum, ist zu maximieren. Wenn dieser Zeitraum, wie bei der Layoutplanung üblich, mehrere Jahre umfaßt, dann werden die Zahlungsgrößen in den meisten Fällen aus Vereinfachungsgründen durch periodenbezogene Erfolgsgrößen ersetzt. Für Problemstellungen, bei denen die periodenbezogene Erfolgsrechnung zu erheblichen Ungenauigkeiten führen könnte, sollte man jedoch von Ein- und Auszahlungsgrößen ausgehen und etwa die Maximierung des Kapitalwertes als Zielsetzung zugrundelegen, die die zeitliche Struktur der Zahlungen explizit berücksichtigt. Eine periodenbezogene Erfolgsgröße ist der Gewinn als spezieller Erfolg. Er ist definiert als die positive Differenz aus der Summe der Erlöse und der Summe der Kosten einer Periode.

---

[16] In der Realität muß nicht unbedingt a priori eine endliche Anzahl von Standorten gegeben sein. Die Beschränkung erfolgt im Hinblick auf die spätere Modellformulierung.

[17] Zum erwerbswirtschaftlichen Prinzip vgl. Gutenberg, 1983, S. 464 ff..

Als Erfolg wählt man entweder den Gewinn einer als repräsentativ angesehenen Periode, oder man errechnet eine Durchschnittsgröße als arithmetisches Mittel der Gewinne in den Perioden des Planungszeitraumes.[18] Bei Industriebetrieben, die hier Gegenstand der Betrachtung sind, kann weiterhin davon ausgegangen werden, daß die Layoutplanung keinen Einfluß auf die Höhe der Erlöse hat.[19] Dadurch reduziert sich die Zielsetzung der Layoutplanung auf die Minimierung der entscheidungsrelevanten,[20] d.h. von der Layoutplanung abhängigen, Kosten.[21]

Dieses so formulierte Ziel der Layoutplanung wird in der Literatur zur stärkeren Operationalisierung vielfach in mehrere Subziele gegliedert, die isoliert oder kombiniert als maßgebliche Ziele der innerbetrieblichen Standortplanung berücksichtigt werden. Die im folgenden genannten Subziele unterscheiden sich im wesentlichen durch die Art der Zielgröße. Im Idealfall lassen sich alle Subziele kostenmäßig erfassen. Der mit der Erfassung der jeweiligen Mengen- und Wertkomponente verbundene Erfassungsaufwand ist in der Regel aber nur für betragsmäßig wesentliche Teile der entscheidungsrelevanten Kosten gerechtfertigt. Derartige Subziele sind:[22]

(1) Minimierung der Transportkosten,

(2) Minimierung der Lagerhaltungskosten,

(3) Minimierung der Anordnungs- bzw. Umstellungskosten,

(4) Minimierung der Raumkosten.

Wird auf die Ermittlung der Wertkomponente verzichtet, treten an die Stelle der kostenorientierten Zielsetzungen rein mengenorientierte Subziele. Derartige mengenorientierte Subziele sind:

(5) Minimierung der Transportleistung,

(6) Minimierung der Lagerdauer,

(7) Minimierung der Durchlaufzeit.

Bei der Beurteilung eines Layouts können aber auch Zielgrößen von Bedeutung sein, die dadurch gekennzeichnet sind, daß sie sowohl mengen- als auch wertmäßig nur sehr schwer oder überhaupt nicht erfaßbar sind. Zu den häufig genannten Zielgrößen gehören:

---

[18] Die zeitliche Struktur der Zahlungen wird dabei ganz oder teilweise vernachlässigt.

[19] In Handelsbetrieben kann die Layoutplanung der Verkaufsräume dagegen sehr wohl einen Einfluß auf die Höhe der Erlöse haben, vgl. Domschke/Drexl, 1990, S. 12.

[20] Zum Begriff der entscheidungsrelevanten Kosten vgl. Kilger, 1988, S.186 ff..

[21] Dabei sind Kosten das Produkt aus Faktorverbrauchsmengen und Faktorpreisen (vgl. Kilger, 1988, S.135).

[22] Vgl. Schumann, 1985, S. 14; Francis/McGinnis/White, 1992, S. 30 f.; Domschke/Drexl, 1990, S. 12; Wäscher, 1984. S. 933 ff.; Schulte, 1991, S. 123 f..

(8) Möglichst übersichtliche Fertigung,
(9) Möglichst hohe Arbeitssicherheit,
(10) Möglichst geringe Störanfälligkeit,
(11) Möglichst große Elastizität,
(12) Möglichst große Flexibilität.

Die genannten Subziele werden zum besseren Verständnis jeweils kurz diskutiert. Dabei soll vor allem deutlich herausgestellt werden, warum sie für die Layoutplanung relevant sind. Auf die Minimierung der Transportkosten wird etwas ausführlicher eingegangen, weil sich die meisten Modelle in der Literatur letzlich auf diese Zielsetzung beschränken.

zu (1) und (5): Minimierung der Transportkosten bzw. der Transportleistung
Ein Betrieb, dargestellt als Input-Output-System erbringt neben Zustands- und Zeittransformationen auch Ortstransformationen.[23] Die im allgemeinen Sprachgebrauch als Transport bezeichneten Ortstransformationen verursachen Kosten. Im wesentlichen setzen sich die Transportkosten aus folgenden Kostenarten zusammen:
- Personalkosten

  (für die im innerbetrieblichen Transportbereich tätigen Arbeitskräfte),
- Betriebsmittelkosten

  (in Form von kalkulatorischen Abschreibungen auf die eingesetzten Transportmittel),
- Materialkosten

  (für die von den Transportmitteln benötigten Hilfs- und Betriebsstoffe),
- Fremdleistungskosten

  (für die Reparatur und Instandhaltung der eingesetzten Transportmittel),
- Kapitalkosten

  (in Form von kalkulatorischen Zinsen auf das in den Transportmitteln gebundene Kapital).

Die Höhe dieser Kosten hängt vor allem von der Transportintensität, der Transportentfernung und den eingesetzten Transportmitteln ab. Zu untersuchen ist nun, inwiefern und, wenn ja, in welchem Umfang die Layoutplanung diese Größen beeinflußt. Zuvor sollen jedoch einige grundlegende Begriffe definiert werden.

Als Transportintensität t_{ik} bezeichnet man die Anzahl der Transporteinheiten, die während einer Zeiteinheit zwischen zwei Elementen i und k transportiert werden, in [ME]/[ZE].[24] Die Transportentfernung d_{ik} ist die zwischen den Elementen i und k

---

23 Bei Ortstransformationen unterscheiden sich die Outputelemente durch ihre geographische Lage von den Inputelementen. Zu den verschiedenen Transformationsarten vgl. Dinkelbach, 1981, S. 749 ff..

24 Näheres zur Transportintensität vgl. Kap. 2.2.5.

zurückzulegende Entfernung, in [EE].[25] Daraus ergibt sich die Transportleistung als die Summe der Produkte aus den beiden Faktoren: Transportintensität und Transportentfernung zwischen je zwei Elementen. Die Transportleistung gibt also an, wieviele Transporteinheiten über wieviele Entfernungseinheiten während einer Zeiteinheit insgesamt transportiert werden, gemessen in $[ME]\cdot[EE]/[ZE]$. Der Transportkostensatz $k_t(i,k)$ gibt für die zwischen i und k stattfindenden Transporte jeweils die Kosten der Ortstransformation pro Transport- und Entfernungseinheit an [GE]/[ME][EE].[26] Multipliziert man jede Transportleistung $d_{ik}\cdot t_{ik}$ mit dem spezifischen Transportkostensatz $k_t(i,k)$ pro Transport- und Entfernungseinheit, so erhält man die Transportkosten K^T der betrachteten Periode, in $[GE]/[ZE]$.[27]

Nach der Definition der wichtigsten Begriffe stellt sich nun die Frage, welche transportkostenbestimmenden Größen die Layoutplanung überhaupt beeinflussen kann. Die Transportmenge, die eine wesentliche kostenbestimmende Größe darstellt, ist als Parameter durch das Produktions- und Absatzprogramm bereits vorgegeben. Die Transportmittel und damit auch die Transportkostensätze sind durch die vorläufig als gelöst angesehene Transportplanung ebenfalls deterministische Größen. Damit verbleibt als beeinflußbare Größe nur die Transportentfernung, die in der Layoutplanung nicht a priori gegeben ist, sondern aus der Zuordnung der Elemente zu bestimmten Standorten resultiert. Bei unterschiedlich großen Transportmengen zwischen den anzuordnenden Elementen sind die Transportkosten bzw. -leistungen dann natürlich umso geringer, je mehr es dem Layoutplaner gelingt, Elemente, zwischen denen große Mengen zu transportieren sind, in räumlicher Nähe zueinander anzuordnen. Im Extremfall kann man durch die benachbarte Anordnung von Elementen, die eine direkte Weitergabe der Transportmenge erlaubt, erreichen, daß Transportkosten völlig vermieden werden.

Die Minimierung der Transportkosten setzt jedoch voraus, daß die spezifischen Transportkostensätze bekannt sind. Deren Ermittlung ist in der Praxis aber mit einigen Schwierigkeiten verbunden. Strenggenommen müßte für alle in Frage kommenden Transportmittel eine Transportkostenfunktion in Abhängigkeit von der Transportentfernung aufgestellt werden. Voraussetzung dafür ist jedoch, daß für die eingangs erwähnten Transportkostenarten jeweils festgestellt werden kann, welcher Teil der Kosten fix bzw. variabel zur Transportentfernung ist.[28] Das jeweils kostengünstigste Transportmittel für jeden Einzeltransport kann man aber selbst bei

---

[25] Näheres zur Transportentfernung vgl. Kap. 2.2.6.

[26] D.h., die Transportkosten sind proportional zur Transportmenge und -entfernung.

[27] Bei dieser Definition werden Leerfahrten nicht berücksichtigt.

[28] Wäscher, 1984, S. 934, ist der Auffassung, daß nur die Energiekosten variabel zur Transportentfernung sind. Bei der Fristigkeit der Planung sind aber z.B. auch nutzungsbedingte Betriebsmittelkosten und Personalkosten variabel zur Transportentfernung.

Kenntnis der spezifischen Transportkostensätze nur dann auswählen, wenn man die jeweils zurückzulegende Transportentfernung kennt.[29] Bei einer sukzessiven Planung sind die Transportentfernungen aber entweder gar nicht bekannt, da sich die Transportentfernungen erst aus dem Layout ergeben, oder allenfalls das Resultat einer vorläufigen Festlegung.

Aufgrund dieser Schwierigkeiten wird die Transportkostenminimierung in der Praxis häufig durch die Minimierung der Transportleistung ersetzt, d.h., die Wertkomponente wird der Einfachheit halber vernachlässigt. Diese Vorgehensweise ist immer dann korrekt, wenn für alle Transportverbindungen der gleiche Transportkostensatz gilt. Dieses ist insbesondere bei nur einer eingesetzten Transportmittelart der Fall. Der Transportkostensatz ist dann eine Konstante, die zwar den Wert der Zielfunktion, nicht aber die optimale Zuordnung der Elemente zu den Standorten beeinflußt. Die meisten der hier vorgestellten Modelle gehen von einem konstanten Transportkostensatz aus.

zu (2) und (6): Minimierung der Lagerhaltungskosten bzw. der Lagerdauer
Zu den Transformationsprozessen eines Industriebetriebes gehören auch Zeittransformationen, die im allgemeinen als Lagerung bezeichnet werden. Sie finden hauptsächlich in den Lagersystemen eines Betriebes statt. Die dort anfallenden Lagerhaltungskosten setzen sich im wesentlichen aus folgenden Kostenarten zusammen:
- Personalkosten
  (für die im Lagerbereich tätigen Arbeitskräfte),
- Betriebsmittelkosten
  (in Form von kalkulatorischen Abschreibungen auf die eingesetzte Lagertechnik),
- Materialkosten
  (für die von der Lagertechnik benötigten Hilfs- und Betriebsstoffe),
- Fremdleistungskosten
  (für die Reparatur und Instandhaltung der eingesetzten Lagertechnik),
- Kapitalkosten
  (in Form von kalkulatorischen Zinsen auf das in der Lagertechnik gebundene Kapital, vor allem aber auf das in den Lagerbeständen gebundene Kapital).

Die Lagerhaltungskosten sind bei gegebener Lagertechnik abhängig von dem Lagerbestand [ME], der Lagerdauer [ZE] und dem Lagerkostensatz je Mengen und Zeiteinheit [GE]/([ME]·[ZE]). Auch im Lagerbereich stellt sich die Frage, wie die Layoutplanung die Lagerhaltungskosten zieloptimal beeinflussen kann. In der Literatur findet man zwar mehrfach den Hinweis, daß die Lagerhaltungskosten abhängig von der Layoutplanung sind,[30] eine funktionale Herleitung dieser Zusammenhänge ist jedoch nicht zu finden.

---

[29] Vgl. Dangelmaier, 1986a, S. 62.

[30] Vgl. z.B. Domschke/Drexl, 1990, S. 13 oder Wäscher, 1982, S. 57.

Grundsätzlich von der Layoutplanung beeinflußbar sind die Lager im innerbetrieblichen Bereich eines Industriebetriebes, die gebildet werden, weil der Transport zwischen einzelnen Elementen bestimmte Lose erfordert. Da es vielfach unwirtschaftlich ist, jedes Gut sofort nach Beendigung eines Bearbeitungsvorganges zur nächsten Fertigungsstufe zu transportieren, wartet man mit dem Transport, bis sich eine bestimmte Anzahl von Gütern (ein Transportlos) angesammelt hat. Dadurch entstehen jedoch Lager und somit auch Lagerhaltungskosten. Der daraus resultierende Zielkonflikt zwischen Transport- und Lagerkostenminimierung soll durch die Ermittlung optimaler Transportlosgrößen gelöst werden.

Kennzeichnet

d_{ik} die Transportentfernung zwischen zwei Elementen i und k [EE]

t_{ik} die Transportintensität zwischen zwei Elementen i und k [ME]/[ZE]

$k_t(i,k)$ den Transportkostensatz für Transporte zwischen i und k [GE]/[EE]

$k_l(i,k)$ den Lagerkostensatz für das Lager zwischen i und k [GE]/[ME]·[ZE]

v_{Pi} die Produktionsgeschwindigkeit von i [ME]/[ZE]

v_{Aik} die Abgangsgeschwindigkeit des Lagers zwischen i und k [ME]/[ZE]

dann kann in Anlehnung an die Bestimmung der optimalen Seriengröße[31] die optimale Tranportlosgröße $\bar{t}_{ik}^{*}$ für die Transportmenge zwischen i und k berechnet werden.

$$\bar{t}_{ik}^{*} = \sqrt{\frac{2 t_{ik} \cdot d_{ik} \cdot k_t(i,k)}{(1 + \frac{v_{Aik}}{v_{Pi}}) \cdot k_l(i,k)}} \quad [ME] \qquad (2.1)$$

Die Formel verdeutlicht, daß mit zunehmender Entfernung d_{ik} die optimale Transportlosgröße tendenziell größer wird. Je größer die Transportlosgröße $\bar{t}_{ik}^{*}$ ist, umso größer ist aber auch die durchschnittliche Lagerdauer $\varnothing LD_{ik}$ für die Güter die zwischen i und k gelagert werden.

$$\varnothing LD_{ik} = \frac{1}{2} \cdot \frac{\bar{t}_{ik}^{*}}{v_{Pi}} \quad [ZE] \qquad (2.2)$$

Mit zunehmender Lagerdauer steigt nun aber auch der durchschnittliche Lagerbestand $\varnothing LB_{ik}$ in dem Lager zwischen i und k.

$$\varnothing LB_{ik} = \frac{1}{2} \cdot \bar{t}_{ik}^{*} \cdot \left(1 + \frac{v_{Aik}}{v_{Pi}}\right) \quad [ME] \qquad (2.3)$$

Dadurch steigen auch die während einer Zeiteinheit anfallenden Lagerhaltungskosten K^L.

$$K^L = \varnothing LB_{ik} \cdot k_l(i,k) \qquad [GE]/[ZE] \qquad (2.4)$$

---

[31] Vgl. zur Bestimmung der optimalen Seriengröße, Kilger, 1973, S.390 ff..

Aufgrund dieser Zusammenhänge erscheint es sinnvoll, Elemente, zwischen denen große Mengen zu transportieren sind, in direkter räumlicher Nachbarschaft anzuordnen. Dadurch kann die oben geschilderte Notwendigkeit zur Lagerbildung entweder ganz oder teilweise entfallen.[32]

Da die Ermittlung der Lagerkostensätze mit den gleichen Schwierigkeiten verbunden ist wie die Ermittlung der Transportkostensätze, ist auch hier zu überlegen, ob die Minimierung der Lagerhaltungskosten sinnvoll durch die Minimierung der Lagerdauer als Zielsetzung ersetzt werden kann. Korrekt ist diese Vorgehensweise allerdings nur, wenn alle Lagerkostensätze identisch sind.[33]

zu (3): Minimierung der Anordnungs- bzw. Umstellungskosten
Im Rahmen der Layoutplanung sind sowohl neue Elemente erstmalig anzuordnen als auch bereits angeordnete Elemente umzuordnen. Die dadurch verursachten Anordnungs- und Umstellungskosten umfassen[34]
- Bauänderungskosten
  (für zuordnungsbedingte bauliche Veränderungsmaßnahmen),
- Umrüstkosten
  (für den Abbau und Wiederaufbau bereits angeordneter Elemente),
- Produktionsstörungskosten
  (für den zuordnungsbedingten Produktionsausfall der einbezogenen Elemente),
- Anlaufkosten
  (für den Anlauf der Produktion, nach einem zuordnungsbedingten Produktionsausfall, z.B. erhöhter Energieverbrauch oder erhöhter Ausschuß),
- Installationskosten
  (für das Anbringen der Elemente auf den ausgewählten Standorten, z.B. Anschluß der Elemente an die Versorgungsleitungen).

Die aufgeführten Kostenbestandteile umfassen jeweils die bereits bei der Lagerhaltungs- und Transportkostenminimierung genannten Kostenarten (Personal-, Betriebsmittel-, Material-, Fremdleistungs- und Kapitalkosten). Die Höhe der Anordnungs- und Umstellungskosten ist i.d.R. umso geringer, je kleiner die Anzahl der Elemente ist, die "umgestellt" werden, und je geeigneter die ausgewählten Standorte für die Elemente sind.[35]

---

[32] Zwischenlager die gebildet werden, weil einzelne Fertigungsstufen nicht exakt aufeinander abzustimmen sind, werden dadurch nicht beeinflußt.

[33] Vgl. ansonsten die Ausführungen zu den Transportkostensätzen.

[34] Vgl. Wäscher, 1982, S. 82.

[35] Vgl. dazu Kap. 2.2.7.

zu (4): Minimierung der Raumkosten
Zu den Raumkosten zählen alle Kosten, die dadurch entstehen, daß einem Industriebetrieb der erforderliche Raum in einem einsatzbereiten Zustand zur Verfügung gestellt wird.[36] Von den Raumkostenarten (Personal-, Betriebsmittel-, Material-, Fremdleistungs- und Kapitalkosten) sind vor allem die kalkulatorischen Abschreibungen auf die Gebäude und die kalkulatorischen Zinsen auf das in den Gebäuden, Grundstücken und Außenanlagen gebundene Kapital von Bedeutung. Mehrere Untersuchungen zeigen, daß insbesondere die Höhe der Baukosten fast linear von der Länge der Außenwände eines Gebäudes abhängt. Da das Quadrat das Rechteck ist, bei dem der Umfang im Verhältnis zur Grundfläche am kleinsten ist, sind die Raumkosten, bei gegebenem Flächenbedarf, natürlich umso geringer, je weniger das kleinste das Layout umschreibende Rechteck vom Quadrat abweicht (vgl. Kap. 3.2.7).[37]

zu (7): Minimierung der Durchlaufzeiten
In der Literatur umfaßt der Katalog der für die Layoutplanung relevanten Zielsetzungen auch die Minimierung der Durchlaufzeit.[38] Definiert ist die Durchlaufzeit als die Zeitspanne, die ein Gut für das Durchlaufen bestimmter Arbeitssysteme benötigt. Sowohl die Transportzeit als auch die Lagerdauer gehören danach zur Durchlaufzeit. Daß die Layoutplanung über die Lagerdauer die Durchlaufzeit beeinflußt, wurde bereits bei der Minimierung der Lagerhaltungskosten erläutert. Aber auch die Transportzeiten werden, da sie entfernungsabhängig sind, von der Layoutplanung durch die Festlegung der Transportentfernungen beeinflußt. Allerdings ist der Zeitanteil für Transporte mit nur etwa 2% der gesamten Durchlaufzeit äußerst gering.[39] Außerdem führt eine verkürzte Transportzeit nur dann zu einer Verkürzung der Durchlaufzeit, wenn der Fertigungsablauf zeitlich angepaßt werden kann. Ansonsten erhöht sich durch die Transportzeitverkürzung nur die Liegezeit vor nachgelagerten Arbeitssystemen.[40]

zu (8): Möglichst übersichtliche Fertigung
Die Anordnung der Elemente soll übersichtlich erfolgen, um möglichst gute Bedingungen für die Kontrolle und Überwachung der Fertigung zu schaffen. Dadurch müßten sich die anfallenden Steuerungskosten tendenziell verringern. Eine übersichtliche Fertigung führt aber auch zu weniger Unfällen. Ebenso kann man davon

---

[36] Vgl. Kilger, 1988, S. 429.

[37] Vgl. Martin, 1976, S. 15; Dangelmaier, 1986, S. 64.

[38] Vgl. Wäscher, 1982, S. 69 f.; Domschke/Drexl, 1990, S.13.

[39] Mehrere Untersuchungen bestätigen diesen geringen Zeitanteil (Vgl. Mende, 1984, S. 323).

[40] Vergleichbar ist dieser Tatbestand mit der Fahrweise eines Kraftfahrers, der zwischen zwei in Phasen geschalteten Ampeln schneller als vorgeschrieben fährt.

ausgehen, daß Such- und Leerfahrten von nicht automatisch geführten Transportmitteln bei einer übersichtlichen Fertigung tendenziell abnehmen.[41]

zu (9): Möglichst hohe Arbeitssicherheit

Bei der Zuordnung der anzuordnenden Elemente zu den Standorten sind aber auch Aspekte der Arbeitssicherheit zu beachten. Einerseits steigt das Unfallrisiko mit der Länge der zurückzulegenden Entfernungen. Andererseits muß der kürzeste Transportweg nicht immer unbedingt auch der sicherste sein. So nimmt die Arbeitssicherheit z.B. eindeutig zu, wenn bei der Layoutplanung darauf geachtet wird, daß sich stark frequentierte Transportwege möglichst nicht kreuzen. Auch humane Aspekte (z.B. Arbeitsinhaltsbelange) sollte die Layoutplanung beachten.

zu (10): Möglichst geringe Störanfälligkeit

Das Layout soll so gestaltet werden, daß Störungen den Gesamtbetrieb möglichst wenig beeinträchtigen. Die Elemente sind also so anzuordnen, daß sie sich nicht gegenseitig behindern. Wird z.B. eine computergesteuerte Präzisionslackiermaschine in unmittelbarer räumlicher Nachbarschaft zu einer Stanzmaschine angeordnet, sind Störungen sicherlich vorprogrammiert, wenn die von der Stanzmaschine ausgehenden Schwingungen nicht abgefangen werden. Die durch solche Störungen verursachten Kosten (Reparatur-, Stillstandskosten), lassen sich durch hinreichende Beachtung des Ziels "Möglichst geringe Störanfälligkeit" vermindern.

zu (11): Möglichst große Elastizität

Die Elastizität kennzeichnet die Fähigkeit eines Layouts, wechselnde Produktions- bzw. Absatzprogramme oder Fertigungsabläufe zu bewältigen, ohne daß ein angeordnetes Element seinen Standort wechseln muß. Je höher die Elastizität eines Layouts ist umso größer ist die Wahrscheinlichkeit, daß in der Zukunft keine Umstellungskosten anfallen.

zu (12): Möglichst große Flexibilität

Die Flexibilität kennzeichnet - im Gegensatz zur Elastizität - die Fähigkeit eines Layouts, die durch wechselnde Produktions- bzw. Absatzprogramme oder Fertigungsabläufe ausgelösten Standortwechsel der Elemente möglichst kostengünstig durchzuführen. Je höher die Flexibilität eines Layouts ist, umso geringer sind die in der Zukunft evtl. erforderlichen Umstellungskosten.

Mit den bisher diskutierten Zielsetzungen der Layoutplanung sind zwar die wichtigsten genannt, der Zielkatalog erhebt aber keinen Anspruch auf Vollständigkeit.[42] In

---

[41] Vgl. Mende, 1984, S. 324.

[42] Vgl. auch den Zielkatalog von Wäscher, 1982, S. 56 ff. und die Auflistung pragmatischer Zielsetzungen für das Layout von Harmon/Peterson, 1990, S. 52 f..

der Regel werden mehrere Ziele aus diesem Zielkatalog gleichzeitig verfolgt, die sich in ihrer Wirkung auf das Gesamtergebnis entweder komplementär oder konkurrierend verhalten können. Die wichtigsten der hier genannten Ziele werden bei der Modellbildung im Kapitel 3 wieder aufgegriffen und formal dargestellt.

2.2.2 Die potentiellen Standorte

Es sei
j,l   der Index der potentiellen Standorte, mit $j,l = 1(1)N$,[43]
N   die Anzahl der potentiellen Standorte und
S   die Indexmenge der potentiellen Standorte $S = \{1,2,...,N\}$ mit $j,l \in S$ und $|S| = N$.

Die potentiellen Standorte sind die Flächen auf dem Betriebsgrundstück,[44] die sich für eine Anordnung der Elemente grundsätzlich eignen. Das sind nicht nur die Flächen, die bisher noch nicht mit anderen Elementen belegt sind, sondern auch die Flächen, die mit Elementen belegt sind, die ihren Standort grundsätzlich tauschen können.

In der Realität sind die potentiellen Standorte sehr häufig durch unterschiedliche Standortgegebenheiten gekennzeichnet. Zu den wichtigsten Standortgegebenheiten zählt die Fläche oder der Grundriß der Standorte.[45] Ein realisierbarer Bauplan muß aber auch z.B. die Raumhöhe, die Bodentragfähigkeit, die Stützenabstände, die Beleuchtung, das Raumklima, die Geschoßanzahl und gesetzliche Bestimmungen be rücksichtigen. Die meisten Modelle der Ideallayoutplanung berücksichtigen jedoch allenfalls die Fläche und/oder den Grundriß der Standorte. Die aus den restlichen Standortgegebenheiten resultierenden Einschränkungen der Gestaltungsfreiheit werden nicht beachtet, um "Ideale" nicht zu früh zu verwerfen.[46]

Die vorliegende Arbeit beschränkt sich ferner auf die Betrachtung von Standorten in der Ebene.[47] Der auch als Standortfläche bezeichnete, fest umrissene zweidimensionale Raum wird dabei entweder gerastert oder in einem Koordinatensystem abgebildet.

---

[43] Die Schreibweise bedeutet, daß der Index der potentiellen Standorte j bzw. l die natürlichen Zahlen von 1 bis N mit der Schrittweite 1 durchläuft. Zwei Indizes werden gewählt, da die Modelle üblicherweise Standortpaare betrachten.

[44] Auf dem Grundstück, in den Hallen oder in den Büroräumen eines Betriebes.

[45] Insbesondere bei Umstellungsplanungen sind bestehende Gebäudestrukturen zu berücksichtigen, aber auch bei Neuplanungen kann die Form des Grundstückes gewisse Gebäudeabmessungen vorschreiben.

[46] Zur Begründung vgl. Kap. 2.1.2. Nur so zeigt sich, ob es sinnvoll ist, reale Standortgegebenheiten durch bauliche Maßnahmen an die Standortanforderungen anzupassen (Vgl. Kap. 2.2.7).

[47] Vgl. Wäscher, 1982, S. 15.

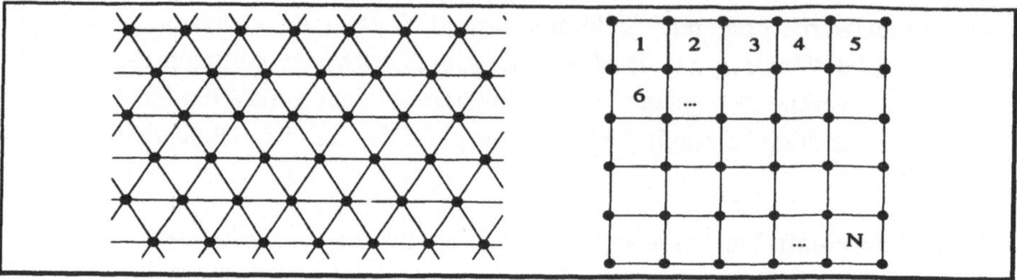

Abb. 2.1: Dreiecksraster und Vierecksraster

Bei der Rasterung wird die verfügbare Standortfläche in gleichgroße (häufig auch gleichseitige) Dreiecke oder in gleichgroße rechteckige bzw. quadratische Vierecke eingeteilt. Sowohl die dadurch entstehenden Rasterpunkte als auch die dadurch entstehenden Rasterflächen können als Standorte interpretiert werden. Die Betrachtung der Rasterpunkte als Standorte findet man allerdings nur in sehr abstrakten Modellen. Bei solchen Modellen fehlt nämlich nicht nur die gedankliche Vorstellung, daß es sich um eine Standortfläche handelt, sondern auch die relativ einfache Möglichkeit, die flächenmäßige Ausdehnung der Standorte und Elemente im Modell zu berücksichtigen. Deshalb ist das Planungsraster im folgenden als Menge von Rasterflächen zu interpretieren. Bei einem Vergleich der beiden üblichen Rasterformen ist das Vierecksraster als das geeignetere anzusehen, weil damit die Fläche und/oder der Grundriß der vorgegebenen potentiellen Standorte und Elemente genauer nachgebildet werden kann.[48] Andere Arten der Rasterung (z.B. andersartige Vielecke oder eine nicht einheitliche Rasterung der Planungsfläche) sind zwar denkbar, erscheinen aber nicht sinnvoll, da sie keine erkennbaren Vorteile bieten, aber die Komplexität erhöhen. Bei der erforderlichen Benennung der Rasterflächen ist die in Abb. 2.1 dargestellte Indizierung üblich. Dabei werden die N Rasterflächen aufsteigend von 1 bis N durchnumeriert.

Bei der zweiten Modellierungsmöglichkeit wird die Standortfläche in einem rechtwinkligen $(y_1\text{-}y_2)$-Koordinatensystem dargestellt. Dabei ist ein ganzzahliges Koordinatensystem in aller Regel völlig ausreichend. Jeder Punkt in dem Koordinatensystem kann als Schwerpunkt (bzw. Mittelpunkt bei einem 2-dimensionalen Problem) einer Flächeneinheit interpretiert werden, wobei jede Flächeneinheit wiederum einen potentiellen Standort repräsentiert. Sehr häufig wird außerdem davon ausgegangen, daß die Flächeneinheiten quadratisch sind und die Seitenlänge 1 besitzen.

Bei der Indizierung der Flächeneinheiten findet man in der Literatur ebenfalls unterschiedliche Vorgehensweisen. Die hier zuerst diskutierte geht davon aus, daß die N Flächeneinheiten wiederum aufsteigend durchnumeriert werden.[49] Dadurch wäre

---

[48] Ein Vorteil der Dreiecksraster ist die etwas einfachere Definition einander benachbarter Raster- oder Flächeneinheiten.

[49] Vgl. dazu Dangelmaier,1986a, S. 33 f..

der Index der Flächeneinheiten nach wie vor eindimensional. Da man für die später durchzuführende Entfernungsmessung[50] normalerweise aber die Schwerpunktkoordinaten der Flächeneinheiten benötigt, müssen diese dann entweder extra geführt oder aus dem Index j berechnet werden.

Dieser Nachteil kann vermieden werden, wenn man zur Indizierung der Standorte die Anzahl der Flächeneinheiten in y_1 und y_2-Richtung benutzt. Der Index der Flächeneinheit $j:=(y_1;y_2)$ gibt dann gleichzeitig auch die für die Entfernungsmessung erforderlichen Schwerpunktkoordinaten der Flächeneinheiten an.[51] Diese Methode bringt jedoch ihrerseits den Nachteil, daß der Index zweidimensional ist.

Da die zuerst genannte eindimensionale Indizierung für eine formale Darstellung besser geeignet ist, und die Schwerpunktkoordinaten der Flächeneinheiten bei einer rechteckigen Planungsfläche[52] auch relativ einfach aus dem Index j berechnet werden können (siehe unten), soll sie im folgenden generell verwandt werden.

Für die dann erforderliche Berechnung der Schwerpunktkoordinaten $(y_{1j};y_{2j})$ benötigt man außer dem Index der Flächeneinheit j nur
ny_1 die Anzahl der Flächeneinheiten in der Planungsfläche in y_1 Richtung, und
ny_2 die Anzahl der Flächeneinheiten in der Planungsfläche in y_2 Richtung.

Sind die Flächeneinheiten wie in Abb. 2.2 links dargestellt von oben links nach unten rechts durchnumeriert, dann kann die y_1-Schwerpunktkoordinate der Flächeneinheit j mit der Gleichung

$$y_{1j} = [(j-1) \bmod ny_1]+1 \qquad\qquad (2.5)$$

und die y_2-Schwerpunktkoordinate der Flächeneinheit j mit der Gleichung

$$y_{2j} = ny_2 - [(j-1) \operatorname{div} ny_1] \qquad\qquad (2.6)$$

relativ einfach berechnet werden.[53] Ist beispielsweise $ny_1=ny_2=5$, so erhält man etwa für j=19 folgende Schwerpunktkoordinaten:

$$y_{1j} = [(19-1) \bmod 5]+1 = 4 \text{ und}$$

$$y_{2j} = 5 - [(19-1) \operatorname{div} 5] = 2$$

---

[50] Vgl. Kap. 2.2.6.

[51] Diese Indizierungsmöglichkeit benutzt z.B. Wäscher, 1982, S. 164.

[52] Jede nicht rechteckige Planungsfläche kann durch eine rechteckige approximiert werden.

[53] Relativ einfach im Vergleich zu der von Dangelmaier, 1986, S. 33, vorgeschlagenen Vorgehensweise. "mod" ist der Rest nach einer ganzzahligen Division; "div" der Wert einer Division, wenn der Bruchteil abgeschnitten wird.

Teilweise findet man aber auch die in Abbildung 2.2 rechts dargestellte Indizierung. Im Vergleich zur zuerst genannten ist nur die Berechnung von y_{2j} unterschiedlich.[54] Im folgenden soll jedoch generell die in Abb. 2.2 links dargestellte Abbildung und Indizierung der Standortflächen verwandt werden.

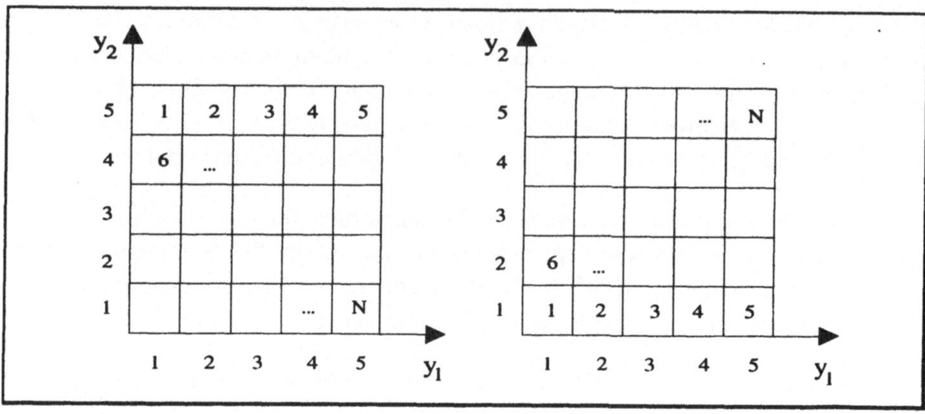

Abb. 2.2: $(y_1$-$y_2)$-Koordinatensystem als Planungsfläche

2.2.3 Die anzuordnenden Elemente

Es sei

i,k   der Index der anzuordnenden Elemente, mit i,k= 1(1)M,[55]

M   die Anzahl der anzuordnenden Elemente und

E   die Indexmenge der anzuordnenden Elemente, E={1,2,...,M} mit i,k∈E und |E|=M.

Die anzuordnenden Elemente sind bei den hier betrachteten produktionswirtschaftlichen Subsystemen die bereits definierten Betriebsmittel, Arbeitssysteme, Fertigungsstufen oder Produktionsbereiche eines Betriebes, die noch keinen Standort haben oder für die ein Wechsel des aktuellen Standortes in Frage kommt. Sie werden zur sprachlichen Vereinfachung nachfolgend nur noch als anzuordnende Elemente bezeichnet.

Auch die anzuordnenden Elemente schränken durch unterschiedliche Standortanforderungen, den Gestaltungsspielraum bei der Layoutplanung ein. In der Ideallayoutplanung ist es jedoch sinnvoll, allenfalls den erforderlichen Flächenbedarf oder Grundriß der anzuordnenden Elemente zu berücksichtigen. Alle anderen Standortanforderungen (z.B. Bodenverhältnisse, Temperatur, Be- und Entlüftung

---

[54] y_{2j} berechnet man dann mit der Gleichung: $y_{2j}=[(j-1) \text{ div } ny_1] + 1$.

[55] Auch hier werden zwei Indices verwendet, weil die Modelle i.d.R. Elementpaare betrachten.

usw., vgl. Kap. 2.2.7) sind zwar spätestens bei der realen Ausführungsplanung zu beachten, verhindern bei der Ideallayoutplanung aber die Möglichkeit, die Schwachstellen einer realen Lösung zu erkennen.[56] Deshalb sind die in der Literatur vorgeschlagenen Vorgehensweisen zur Abbildung der anzuordnenden Elemente bei der Ideallayoutplanung relativ abstrakt. Die wichtigsten der in der Literatur genannten Vorgehensweisen werden im folgenden diskutiert. Sie unterscheiden sich hinsichtlich ihrer Praxisnähe und ihres Rechenaufwandes.

Die mit dem geringsten Aufwand zu lösende, aber in vielen Fällen auch praxisfernste Vorgehensweise unterstellt, daß alle M anzuordnenden Elemente i den gleichen Flächenbedarf und Grundriß besitzen. Deshalb wird vielfach auch von Einheitsabbildung gesprochen. Die Größe und Form der Flächeneinheiten, in die die Standortfläche unterteilt wird, entspricht dabei üblicherweise dem angenommenen Flächenbedarf und Grundriß der anzuordnenden Elemente. Somit kann jedem Element genau eine Flächeneinheit zugeordnet werden.

Im Gegensatz dazu versucht die flächentreue Abbildung zwar nicht die Flächenform, aber den Flächenbedarf der anzuordnenden Elemente über die Anzahl der zu belegenden Flächeneinheiten zu berücksichtigen.[57] Die Fläche für jedes anzuordnende Element wird dabei durch ein (aufgerundetes) ganzzahliges Vielfaches der Flächeneinheiten der Planungsfläche approximiert. Je kleiner die Flächeneinheit bzw. je feiner die Rasterung der Standortfläche gewählt wird, desto genauer ist die Approximation des tatsächlichen Flächenbedarfs der Elemente. Allerdings nimmt auch der Rechenaufwand mit dem Feinheitsgrad der Rasterung zu. Ein Rastermaß zwischen 100 und 200 cm dürfte geeignet sein, reale Flächenbedarfe hinreichend genau abzubilden.[58]

Da die zuletzt genannte Art der Abbildung den Grundriß der anzuordnenden Elemente noch nicht berücksichtigt, wird unterstellt, daß die Flächeneinheiten, die ein Element belegt, grundsätzlich flächenmäßig beliebig angeordnet werden können, solange die Flächeneinheiten zusammenhängend sind. Dabei ist die einem Element zugeordnete Fläche zusammenhängend, wenn jede Flächeneinheit mit wenigstens einer anderen Flächeneinheit der gleichen Fläche eine gemeinsame Seite hat. Flächeneinheiten, die nur einen gemeinsamen Punkt haben, sind nicht zusammenhängend (vgl. Abb. 2.3).

---

[56] Vgl. Kap. 2.1.2 und die dort zitierte Literatur.

[57] In der Realität ist die Flächenform sehr häufig nicht fest vorgegeben, d.h. der Flächenbedarf kann i.d.R. mit unterschiedlichen Flächenformen realisiert werden. Allerdings können Unter- und Obergrenzen für die Längen und Breiten der verschiedenen Flächenformen existieren.

[58] Beispielsweise wird ein Element mit einem Flächenbedarf von 17,85 qm bei einem Rastermaß von 1 m durch 18 Rasterflächen und bei einem Rastermaß von 2 m durch 5 Rasterflächen dargestellt.

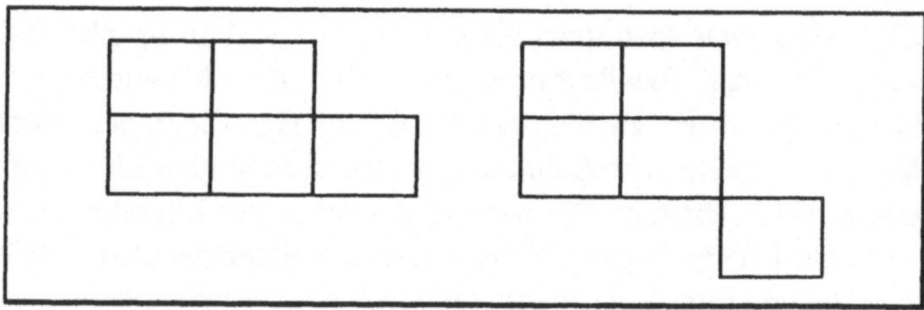

Abb. 2.3: Zusammenhängende und nicht zusammenhängende Flächen (-einheiten)

Bei der grundrißtreuen Abbildung der anzuordnenden Elemente sind schließlich sowohl der Flächenbedarf als auch der Grundriß der anzuordnenden Elemente im Modell zu berücksichtigen. Dabei wird aus Aufwandsgründen jedoch üblicherweise davon ausgegangen, daß es sich bei den Grundrissen nur um Rechtecke handelt.[59] Die Länge und Breite der Rechtecke wird entweder exakt oder approximativ durch die Anzahl der Flächeneinheiten vorgegeben. Bei Bedarf kann bei der grundrißtreuen Abbildung für die anzuordnenden Elemente auch die Zahl und die relative Lage der Transportflußein- und -ausgänge angegeben werden.[60]

Zu beachten ist, daß bei der Modellierung nicht für alle anzuordnenden Elemente die gleiche Abbildungsart gewählt werden muß. So ist insbesondere bei Problemstellungen, die Elemente mit zwingend vorgeschriebenem Grundriß und Elemente mit variablem Grundriß beinhalten, eine Kombination der beiden zuletzt genannten Abbildungsarten durchaus empfehlenswert.

2.2.4 Die bereits zugeordneten Elemente und Standorte

Die Menge der bereits zugeordneten Elemente und Standorte ist immer dann nicht-leer, wenn entweder im Rahmen einer Neuplanung für bestimmte Elemente nur ein Standort in Frage kommt, oder wenn im Rahmen einer Umstellungsplanung bestimmte Elemente ihren Standort nicht wechseln können oder sollen. Solchen Elementen wird zu Beginn der Planung ein fester Standort zugewiesen, der im Verlauf der weiteren Planung für alle anderen Elemente gesperrt ist.

---

[59] Diese Annahme ist realistisch, weil die meisten anzuordnenden Elemente aus bautechnischen Gegebenheiten rechteckig sind (vgl. Martin, 1976, S. 15). Zum anderen können Grundrisse, die sehr stark von der Recktecksform abweichen, durch mehrere kleine Rechtecke hinreichend genau approximiert werden.

[60] Vgl. Dangelmaier, 1986a, S. 46 f..

2.2.5 Die Beziehungen zwischen den Elementen

Die Layoutplanung wird vor allem durch die Beziehungen, die zwischen den Elementen bestehen, beeinflußt. Im folgenden wird zwischen quantitativen und qualitativen Beziehungen unterschieden. Aus beiden Beziehungsklassen werden die für die Layoutplanung wichtigsten Beziehungen getrennt voneinander diskutiert und analysiert.

Quantitative Beziehungen

Die anzuordnenden Elemente sind durch quantitativ meßbare Beziehungen verknüpft, die sich in materielle, personelle, informatorische und energetische Beziehungen unterteilen lassen.[61] In Industriebetrieben stehen die materiellen Beziehungen bei der Layoutplanung häufig im Vordergrund. Diese vereinfachende Vorgehensweise ist in der Vergangenheit aus der besonderen Bedeutung des Materialflusses als wesentlicher Kostenfaktor abzuleiten. Gegenwärtig haben aber auch andere Beziehungsarten, z.B. informatorische Beziehungen, durch den Aufbau großer DV-Netzwerke oder energetische Beziehungen (vor allem der Strom- und Wasserfluß) sehr stark an Bedeutung gewonnen. Daher sollte zukünftig, in Abhängigkeit von der konkreten Problemstellung, die Menge der materiellen Güter, Personen, Informationen und Energien, die in einem bestimmten Zeitraum von einem Element zu einem anderen zu transportieren ist, zur Transportmenge zusammengefaßt werden und die bei der Layoutplanung zu berücksichtigende Beziehung zwischen den Elementen darstellen.[62] Voraussetzung dafür ist nicht nur die Erfassung der einzelnen Komponenten, sondern auch die Wahl eines einheitlichen Transportmaßes.

Die einzelnen Komponenten der Transportmenge kann man dabei durch Auswertung entsprechender Betriebsunterlagen, durch Beobachtungen oder auch durch Selbstaufschreibungen relativ unproblematisch mit den jeweils exakten Werten quantitativ erfassen. So läßt sich z.B. der Materialfluß aus dem Produktions- und Absatzprogramm, den Stücklisten und den Fertigungsplänen relativ einfach berechnen. Sollten derartige Unterlagen nicht vorhanden oder veraltet sein, so kann der Materialfluß (aber auch die Intensität der anderen Transportbeziehungen) bei Umstellungsplanungen ebenso durch Stichprobenuntersuchungen, z.B. Multimomentaufnahmen, ermittelt werden. Unabhängig von der Art der Ermittlung sind die Daten natürlich mit einer gewissen Unsicherheit behaftet, die im allgemeinen steigt, wenn ein längerer Planungszeitraum betrachtet wird.

Schwieriger als die Erfassung der einzelnen Komponenten ist die mit der Zusammenfassung zur Transportmenge verbundene Wahl einer geeigneten einheitlichen

---

61 In Analogie zur Aufteilung des Fertigungsflusses, vgl. Kettner/Schmidt/Greim, 1984, S. 226.

62 Dabei sollte allerdings zwischen dem zu betreibendem Aufwand bei der Datenermittlung und der Genauigkeit im Hinblick auf die mögliche Verfeinerung des Ergebnisses, abgewogen werden.

Maßgröße. Wenn viele verschiedene Beziehungsarten vorliegen, müssen z.B. Maßeinheiten wie Stückzahlen, Behälter, Paletten, Personen, Gewichte, Volumen, Bytes etc. auf eine vergleichbare Basis gebracht werden. Eine akzeptable Vorgehensweise ist auf Sauter zurückzuführen. Er schlägt vor, die einzelnen Beziehungsarten mit ihrem Anteil an der Summe der gesamten Transportkosten zu gewichten.[63] Vorteilhafter dürfte es jedoch sein, die verschiedenen Transporteinheiten mit dem jeweils relevanten Transportkostensatz zu gewichten, weil dieser bei Neuplanungen eher abzuschätzen ist als der Anteil an den Gesamtkosten.

Bezeichnet

t_{ik} die Transportintensität zwischen den Elementen i und k, also die gesamte (mit dem entsprechenden Transportkostensatz gewichtete) Transportmenge, die während einer Zeiteinheit von einem Element i zu einem Element k (mit i,k $\in$ E) transportiert wird [ME]/[ZE],

so beschreibt die Matrix T die Transportintensitäten zwischen sämtlichen M Elementen.

$$T = \begin{pmatrix} t_{11} & \cdots & t_{1M} \\ \vdots & & \vdots \\ t_{M1} & \cdots & t_{MM} \end{pmatrix} : \text{Transportintensitätsmatrix}$$

Ist die Transportintensitätsmatrix symmetrisch (gilt also $t_{ik} = t_{ki}$ für alle i,k$\in$E) oder wird die Transportrichtung aus Aufwandsgründen vernachlässigt, so kann die Transportintensitätsmatrix auf eine Dreiecksmatrix reduziert werden. Gewöhnlich ist die Transportintensitätsmatrix jedoch asymmetrisch.

Qualitative Beziehungen
Vielfach sind auch qualitative Beziehungen zwischen den anzuordnenden Elementen für die Layoutplanung von Bedeutung. Sie ergeben sich in Industriebetrieben insbesondere dann, wenn bestimmte Elemente etwas abgeben (negative Effekte/Emissionen), wovor andere wiederum geschützt werden müssen (z.B. Staub, Lärm, Wärme, Erschütterungen, Strahlungen etc.). Derartige Beziehungen wirken sich vor allem auf die Anordnungs- bzw. Umstellungskosten, die Arbeitssicherheit und die Störanfälligkeit eines Betriebes aus. Aber auch soziale und humane Aspekte der Arbeit können betroffen sein.

Ein besonderes Kennzeichen der qualitativen Beziehungen ist, daß sie nur sehr schwer oder überhaupt nicht quantitativ meßbar sind. Eine Möglichkeit die qualitativen Beziehungen bei der Layoutplanung trotzdem zu berücksichtigen, bietet das "relationship chart" von Muther.[64] Dabei handelt es sich um eine Dreiecksmatrix,

---

[63] Vgl. Sauter, 1977, S. 24-26.

[64] Vgl. Francis et al., 1992, S. 67 f.

deren Elemente, die sogenannten "closeness relationship values"[65] oder "closeness ratings",[66] den anzustrebenden Grad einer unmittelbaren Nachbarschaft der Elemente bezüglich bestimmter Ziele zum Ausdruck bringen. Bei der Ermittlung der einzelnen closeness ratings werden alle qualitativen Beziehungen zwischen je zwei Elementen einer der sechs in Abb. 2.4 definierten Beziehungsklassen zugeordnet. Mit anderen Worten, die Nachbarschaft zweier anzuordnender Elemente wird mit den sechs dargestellten Beziehungsklassen zunächst einmal ordinal bewertet. Beziehungen, die der gleichen Klasse zugeordnet werden, besitzen danach auch die gleiche Qualität, die im übrigen auch unabhängig davon ist, welchen Standorten die Elemente zugeordnet werden.

Den sechs Beziehungsklassen werden anschließend jeweils numerische Werte zugeordnet. In der Literatur findet man dabei sehr unterschiedliche Bewertungszahlen w_{ik}, um die Erwünschtheit der benachbarten Anordnung zweier Elemente i und k zu bewerten. In Abb. 2.4 sind drei alternative Ansätze dargestellt. Die Vor- und Nachteile der verschiedenen subjektiv bestimmten numerischen Werte werden bei der Modellierung im Kapitel 3 diskutiert.

Beziehungsklasse		Bewertungszahl		
		w_{ik}^{TM}	w_{ik}^{FC}	w_{ik}^{U}
AN (A)	Absolut notwendig (Absolutely necessary)	6	5	4
SW (E)	Sehr wichtig (Especially important)	5	4	3
W (I)	Wichtig (Important)	4	3	2
N (O)	Normal (Ordinary closeness)	3	2	1
UW (U)	Unwichtig (Unimportant)	2	1	0
U (X)	Unerwünscht (Undesirabel)	1	-1	-1

Abb. 2.4: Beziehungsklassen und Bewertungszahlen in Anlehnung an die Literatur[67]

---

[65] Tompkins/Moore, 1980, S. 5.

[66] Vgl. Francis/McGennis/White, 1992, S. 67.

[67] w_{ik}^{TM} vgl. Tompkins/Moore, 1980, S. 41; w_{ik}^{FC} vgl. Fortenberry/Cox, 1985, S. 775; w_{ik}^{U} vgl. Urban, 1987, S. 1807.

Zu beachten ist, daß in dieser Arbeit bei der Ermittlung der "closeness ratings" nur qualitative Beziehungen, und nicht - der ursprünglichen Intention von Muther entsprechend[68] - alle Beziehungen mit dem "relationship chart" erfaßt werden. Die gesonderte Erfassung der quantitativen Beziehungen wurde gewählt, da z.B. eine Einteilung der besonders bedeutsamen Transportbeziehungen (-mengen) in nur sechs Intensitätsklassen nicht den Erfordernissen der Praxis entspricht.

Sind alle M(M-1)/2 Paare von Elementen bezüglich der qualitativen Beziehungen mit der entsprechenden Bewertungszahl w_{ik} bewertet, so kann das "relationship chart" W aufgestellt werden.[69]

$$W = \begin{pmatrix} 0 & w_{12} & w_{13} & \cdots & w_{1M} \\ \vdots & 0 & w_{23} & \cdots & w_{2M} \\ \vdots & \vdots & \ddots & & \vdots \\ \vdots & \vdots & & \ddots & w_{M-1M} \\ 0 & 0 & \cdots & \cdots & 0 \end{pmatrix} \quad : \text{relationship chart}$$

2.2.6 Die Beziehungen zwischen den Standorten

Eine für die Layoutplanung besonders bedeutsame Beziehung zwischen den Standorten ist die zwischen diesen bestehende Transportentfernung, die unabhängig davon ist, welche Elemente den Standorten zugeordnet werden. Bei der Erfassung der Transportentfernungen lassen sich in Abhängigkeit von der konkreten Problemstellung sowohl verschiedene Ansatzpunkte für die Entfernungsmessung als auch verschiedene Arten der Entfernungsmessung unterscheiden. Die folgende formale Darstellung der unterschiedlichen Vorgehensweisen geht von N Standorten aus, die - wie in Kap. 2.2.2 bereits beschrieben - als quadratische Flächeneinheiten in einem ganzzahligen (y_1-y_2)-Koordinatensystem dargestellt sind.

Ansatzpunkte der Entfernungsmessung

Zur Bestimmung der Entfernung zwischen zwei Standorten müssen zunächst die Ansatzpunkte der Entfernungsmessung festlegt werden. Diese Festlegung ist unproblematisch, wenn der Platzbedarf der anzuordnenden Elemente nicht explizit zu berücksichtigen ist. Da bei derartigen Problemstellungen jedes Element i nur eine Flächeneinheit j in dem ganzzahligen (y_1-y_2)-Koordinatensystem belegt, sind die

---

[68] Vgl. Lee/Moore, 1967, S. 195 f.

[69] Wird für verschiedene Zielgrößen der Grad der anzustrebenden Nachbarschaft zweier anzuordnender Elemente jeweils getrennt bewertet, dann erhält man w_{ik} durch Multiplikation der Präferenzwerte zwischen je zwei anzuordnenden Elementen mit den Gewichten der zugehörigen Zielen und anschließender Addition.

aus dem Index der Flächeneinheiten zu berechnenden Schwerpunkte $[y_{1j};y_{2j}]$ gewöhnlich die Ansatzpunkte für die Entfernungsmessung.[70]

Etwas schwieriger ist die Festlegung der Ansatzpunkte dagegen, wenn ein Element mehrere Flächeneinheiten belegt. Bei solchen Problemstellungen stellt sich nämlich zusätzlich die Frage, von bzw. an welchen der a_i Flächeneinheiten, die das Element i belegt, Transporte ausgehen oder ankommen. In der Literatur findet man folgende Lösungsvorschläge:

Die am häufigsten zu findende Vorgehensweise geht so vor, als ob nur von einer der a_i Flächeneinheiten Transporte ausgehen oder ankommen. Für die Bestimmung dieser einen Flächeneinheit existieren allerdings wiederum unterschiedliche Vorgehensweisen. Sehr weit verbreitet ist die Entfernungsmessung, die von dem Schwerpunkt der Flächeneinheit j ausgeht, in die der Mittelpunkt der a_i Flächeneinheiten, die das Element i belegt, fällt.

Bezeichnet man mit

a_i die Anzahl der Flächeneinheiten, die das Element i belegt (mit $i \in E$),

A_i die Indexmenge der Flächeneinheiten, die das Element i belegt

       (mit $|A_i|=a_i$) und $i \in E$),

so können die Schwerpunktkoordinaten $(y_1^{Si};y_2^{Si})$ der Flächeneinheit j, in die der Mittelpunkt der a_i Flächeneinheiten fällt, relativ einfach mit

$$y_1^{Si} = \left[\frac{1}{a_i} \cdot \sum_{j \in A_i} y_{1j} = \frac{1}{a_i} \cdot \sum_{j \in A_i} \left[(j-1) \bmod ny_1 \right] + 1 \right] \tag{2.7}$$

$$y_2^{Si} = \left[\frac{1}{a_i} \cdot \sum_{j \in A_i} y_{2j} = \frac{1}{a_i} \cdot \sum_{j \in A_i} ny_2 - \left[(j-1) \operatorname{div} ny_1 \right] \right] \tag{2.8}$$

berechnet werden.[71]

Beispiel: Ist $A_i = (4, 5, 10)$ und $|A_i| = a_i = 3$ bei $ny_1 = ny_2 = 5$ gegeben, dann ist

---

[70] Zur Berechnung der Schwerpunkte, die man bei Bedarf auch ungerundet benutzen kann, vgl. Kap. 2.2.2.

[71] Bei sehr atypischen Flächenformen kann der Mittelpunkt der a_i Flächeneinheiten, die das Element i belegt, auch außerhalb der a_i Flächen liegen. In einem solchen Fall erscheint es sinnvoll, den Schwerpunkt der Flächeneinheit $i \in A_i$ als Ansatzpunkt für die Enfernungsmessung zu verwenden, der zu dem berechneten Mittelpunkt die geringste Entfernung aufweist.

$$y_1^{Si} = \left\lceil \frac{1}{3} \cdot \left[(4-1)\mathrm{mod}5 + 1 + (5-1)\mathrm{mod}5 + 1 + (10-1)\mathrm{mod}5 + 1 \right] \right\rceil$$

$$= \left\lceil \frac{1}{3} \cdot (4+5+5) \right\rceil = \left\lceil 4,\overline{6} \right\rceil = 5$$

$$y_2^{Si} = \left\lceil \frac{1}{3} \cdot \left[5 - (4-1)\mathrm{div}5 + 5 - (5-1)\mathrm{div}5 + 5 - (10-1)\mathrm{div}5 \right] \right\rceil$$

$$= \left\lceil \frac{1}{3} \cdot (5+5+4) \right\rceil = \left\lceil 4,\overline{6} \right\rceil = 5$$

Die tatsächliche Entfernung kann aber auch durch eine Messung approximiert werden, die jeweils von dem Schwerpunkt der nächstgelegenen Flächeneinheit ausgeht. Für jede Flächeneinheit $j \in A_i$ wird dabei zunächst die Entfernung zu sämtlichen Flächeneinheiten $j \in A_k$ ermittelt (mit $i,k \in E$). Die Schwerpunkte der zwei Flächeneinheiten, die die geringste Entfernung zueinander aufweisen, werden als Ansatzpunkte für die Entfernungsmessung benutzt.

Bei Problemstellungen mit grundrißtreuer Abbildung der Elemente und bereits fest definierten Transportflußein- und -ausgängen bietet es sich an, die Schwerpunkte der Flächeneinheiten als Ansatzpunkte für die Entfernungsmessung zu benutzen, in die, aufgrund der bekannten relativen Lage, ein Transportflußein- bzw. -ausgang fällt.[72] Bei einer anderen Berechnungsweise geht man davon aus, daß von jeder der a_i Flächeneinheiten, die das Element i belegt, transportiert werden kann.[73] Dabei wird für jede Flächeneinheit eine eigene Transportintensität ermittelt, und zwar indem die gesamte Transportintensität t_{ik} zwischen zwei Elementen i und k durch das Produkt aus der Anzahl der Flächeneinheiten a_i und a_k dividiert wird.[74] Dieser Zusammenhang läßt sich formal beschreiben durch

$$\tilde{t}_{ik} = \frac{t_{ik}}{(a_i \cdot a_k)} \tag{2.9}$$

Dabei bezeichnet

$\tilde{t}_{ik}$ die auf eine Flächeneinheit bezogene Transportintensität zwischen einem Element i und einem Element k, mit $i,k \in E$ [ME]/[ZE]·[FE]

---

[72] Vgl. Dangelmaier, 1986a, S. 54; Domschke/Drexl, 1990, S. 167 f..

[73] Erstmals findet man diese Vorgehensweise bei Whitehead/Eldars, 1965, S. 127-139; vgl. aber auch Baur, 1971, S.26; Domschke/ Drexl, 1985, S. 145; Kusiak/Heragu, 1987, S.233.

[74] Damit die Flächeneinheiten, die ein Element belegt, später im Layout eng benachbart liegen, werden jeweils zwischen den a_i Flächeneinheiten eines Elementes i extrem große fiktive Transportintensitäten angenommen.

Ist z.B.: $\qquad A_i = (4, 5, 10);$ und $\qquad A_k = (16, 21);$

$\qquad\qquad\qquad a_i = 3;\ t_{ik} = 60$ $\qquad\qquad\qquad a_k = 2;\ t_{ki} = 30$

dann ist: $\qquad \tilde{t}_{ik} = \dfrac{60}{3\cdot 2} = 10$ und $\qquad \tilde{t}_{ki} = \dfrac{30}{2\cdot 3} = 5$

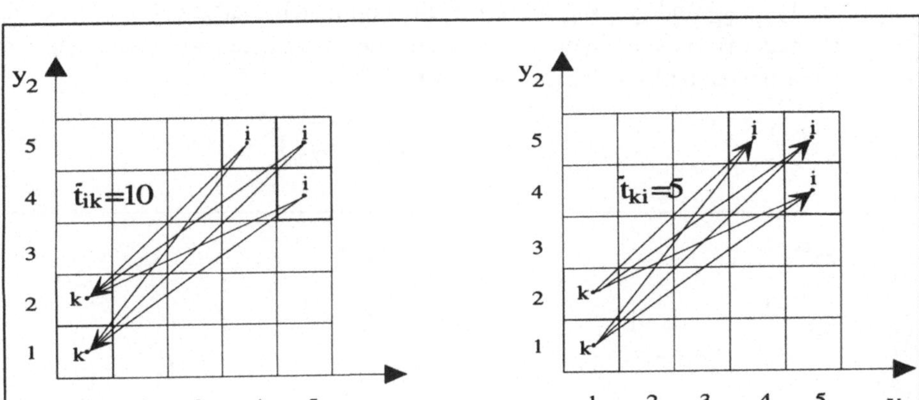

Abb. 2.5: Verteilung der Transportintensität

Art der Entfernungsmessung

Sind die Ansatzpunkte der Entfernungsmessung festgelegt, kann die Messung als solche durchgeführt werden. Welche Art der Entfernungsmessung sinnvoll ist, hängt primär von den eingesetzten Transportmitteln ab.[75] Eine allgemein übliche Klassifizierung unterscheidet zwischen einer rechtwinkligen, euklidischen oder sonstigen Art der Entfernungsmessung.

Rechtwinklige Entfernungsmessung: Am bedeutsamsten für die Layoutplanung ist die rechtwinklige Entfernungsmessung, da die tatsächlichen Wege der meisten innerbetrieblichen Transportmittel (z.B. alle Flurförderzeuge) durch diese Art der Entfernungsmessung ausreichend genau approximiert werden.

d_{jl}^{ι} kennzeichnet die rechtwinklige Entfernung zwischen zwei Flächenschwerpunkten $[y_{1j}; y_{2j}]$ und $[y_{1l}; y_{2l}]$ mit $j,l \in S$. Sie ergibt sich aus der Summe der absoluten Abweichungen ihrer Koordinaten und wird gemessen in [EE]:

$$d_{jl}^{r} = \left| y_{1j} - y_{1l} \right| + \left| y_{2j} - y_{2l} \right|$$

---

[75] Deren vorläufige Auswahl ist, wie im Kap. 2.1.2 beschriebnen, Voraussetzung für die Lösung des Layoutproblems.

30

Euklidische Entfernungsmessung: Im Gegensatz dazu ist die euklidische Entfernung beispielsweise bei Transporten durch Deckenkräne und auch bei einigen Transporten durch Versorgungsleitungen ein geeignetes Entfernungsmaß.

d_{jl}^{e} charakterisiert die euklidische Entfernung zwischen zwei Flächenschwerpunkten $[y_{1j};y_{2j}]$ und $[y_{1l};y_{2l}]$ mit $j,l \in S$. Sie ergibt sich - aufgrund des Satzes des Pythagoras - aus der Wurzel der Summe der quadrierten Abweichungen ihrer Koordinaten und wird gemessen in [EE]

$$d_{jl}^{e} = \sqrt{\left(y_{1j} - y_{1l}\right)^{2} + \left(y_{2j} - y_{2l}\right)^{2}}$$

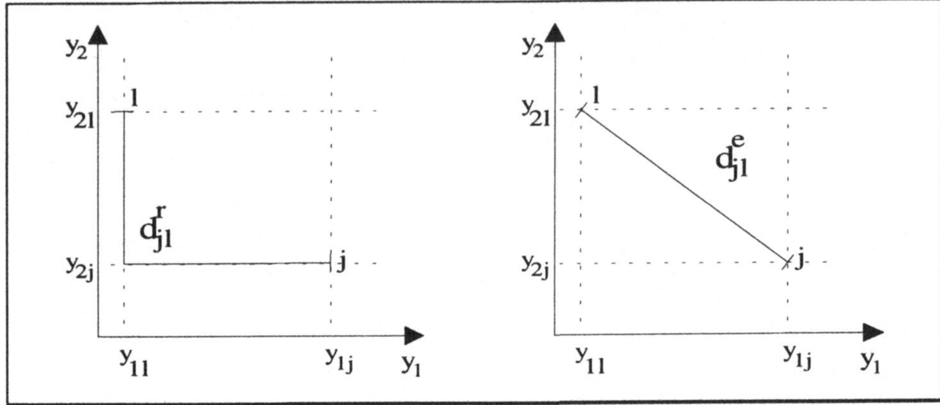

Abb. 2.6: Rechtwinklige und euklidische Entfernungsmessung

Sonstige: Von den sonstigen Verfahren zur Entfernungsmessung sollen hier nur zwei erwähnt werden. Zum einen die quadrierte euklidische bzw. rechtwinklige Entfernungsmessung, die durch Quadrierung von d_{jl}^{r} bzw. d_{jl}^{e} größere Entfernungen stärker gewichtet.[76] Zum anderen die Entfernungsmessung entlang der Verkehrswege, die allerdings bereits fixierte Transportwege voraussetzt und nur sinnvoll ist, wenn die Länge der Transportwege die rechwinklige Entfernung signifikant überschreitet.[77]

Sind die Ansatzpunkte und die Art der Entfernungsmessung festgelegt, dann kann eine N×N Entfernungsmatrix D aufgestellt werden, die die Entfernung von allen Flächeneinheiten zu allen anderen Flächeneinheiten enthält. Ist bereits abzusehen, daß Transportmittel zum Einsatz kommen, die unterschiedliche Entfernungsmessungen erfordern, dann sollte sowohl eine rechtwinklige Entfernungsmatrix D^{r}

---

[76] Vgl. dazu Domschke/Drexl, 1990, S. 116.

[77] Die Länge der Transportwege unterschreitet die rechtwinklige Entfernung nämlich äußerst selten (vgl. dazu Ernst, 1978, S. 83 ff.; Dangelmaier, 1986a, S. 57 ff.).

$$D^r = \begin{pmatrix} d^r_{11} & \cdots & d^r_{1N} \\ \vdots & & \vdots \\ d^r_{N1} & \cdots & d^r_{NN} \end{pmatrix} : \text{rechtwinklige Entfernungsmatrix}$$

als auch eine euklidische Entfernungsmatrix D^e

$$D^e = \begin{pmatrix} d^e_{11} & \cdots & d^e_{1N} \\ \vdots & & \vdots \\ d^e_{N1} & \cdots & d^e_{NN} \end{pmatrix} : \text{euklidische Entfernungsmatrix}$$

erstellt werden. Dadurch kann man im Laufe des Planungsprozesses individuell für jedes Standortpaar sowohl die Ansatzpunkte der Entfernungsmessung als auch die davon unabhängige Wahl der Entfernungsmessungsart festlegen und damit die realen Gegebenheiten sehr exakt abbilden.

Desweiteren ist darauf hinzuweisen, daß die Transportentfernungsmatrix bei der hier vorgenommenen Abbildung der Standorte symmetrisch ist (d.h. $d_{jl} = d_{lj}$).[78] Deshalb kann die Matrix D^e bzw. D^r auch auf eine Dreiecksmatrix reduziert werden. Kritisch anzumerken ist schließlich, daß alle genannten Vorgehensweisen davon ausgehen, daß zwischen den Standortpaaren nur Direkttransporte vorkommen. Alle anderen Transportorganisationen, z.B. Stern- oder Ringverkehr, finden keine Berücksichtigung.

2.2.7 Die Beziehungen zwischen den Elementen und Standorten

Bei den meisten praktischen Problemstellungen ist davon auszugehen, daß die anzuordnenden Elemente unterschiedliche Anforderungen an die Standorte stellen. Hervorgerufen werden solche Standortanforderungen etwa durch[79]
- die Abmessung und das Gewicht der anzuordnenden Elemente,
- die Abmessung und das Gewicht der Produkte, die in oder auf den anzuordnenden Elementen bearbeitet werden,
- die Empfindlichkeit der anzuordnenden Elemente und/oder Produkte gegenüber Lärm, Erschütterungen, Staub, Feuchtigkeit, Geruch, Hitze und Strahlung,
- die von den anzuordnenden Elementen und/oder Produkten benötigte Beleuchtung, Temperatur, Be- und Entlüftung.

---

[78] Läßt man keine Einbahnstraßen zu, so ist diese Annahme durchaus realistisch, da im wesentlichen nur bei dem eher selten anzutreffendem Einbahnstraßenverkehr asymmetrische Entfernungen existieren.

[79] Vgl. Ernst, 1978, S. 77 f.; Wäscher, 1982, S. 79 ff..

Andererseits sind die potentiellen Standorte in der Realität häufig durch unterschiedliche Gegebenheiten gekennzeichnet. Zu solchen Standortgegebenheiten zählen insbesondere
- die Bodenverhältnisse (Tragfähigkeit, Niveauverhältnisse),
- die Lichtverhältnisse, Temperaturverhältnisse,
- die rechtlichen Vorschriften.

Die Restriktionen oder Randbedingungen, die sich aus den unterschiedlichen Standortanforderungen bzw. -gegebenheiten ergeben, müssen bei der Modellierung angemessen berücksichtigt werden. In der Literatur wird üblicherweise vorgeschlagen, entsprechende Nebenbedingungen zu definieren. Dies führt allerdings dazu, daß die Randbedingungen in einer Strenge berücksichtigt werden, die in Wirklichkeit meist nicht vorhanden ist. Die Nebenbedingungen unterscheiden nämlich nur im "binären" Sinne[80] die zwei Zustände "Bedingung erfüllt" bzw. "Bedingung nicht erfüllt". Ein Element, das beispielsweise eine Be- und Entlüftung benötigt, würde danach auf Standorten ohne Be- und Entlüftung nicht angeordnet. In der Praxis würde man jedoch sicherlich, wenn andere Gründe dafür sprechen, das Element auch auf solchen Standorten anordnen, die erst durch bauliche Maßnahmen (hier eine Abzugsanlage) an die Standortanforderungen anpepaßt werden müssen.

Um die Randbedingungen angemessener zu berücksichtigen, sollte man für alle Zuordnungen der anzuordnenden Elemente zu sämtlichen potentiellen Standorten jeweils die dadurch entstehenden fixen Anordnungs- bzw. Umstellungskosten ermitteln. Zu den Anordnungs- bzw. Umstellungskosten zählen dabei nicht nur die reinen Installationskosten, sondern auch alle Kosten, die dadurch entstehen, daß man die Standortgegebenheiten des Standortes j an die Standortanforderungen des Elementes i anpaßt. Dazu zählt beispielsweise die Erhöhung der Boden- oder Deckentragfähigkeit, die Schaffung von Lichtquellen, der Bau von Abzugsanlagen oder erschütterungsfreien Böden.

Bezeichnet

c_{ij} die fixen Anordnungs- bzw. Umstellungskosten, die entstehen, wenn das Element i dem Standort j zugeordnet wird, mit $i \in E$, $j \in S$, gemessen in [GE],

dann sind die fixen Anordnungs- bzw. Umstellungskosten für sämtliche Zuordnungen der Elemente i zu den Standorten j in der $M \times N$ Matrix

$$C = \begin{pmatrix} c_{11} & \cdots & c_{1N} \\ \vdots & & \vdots \\ c_{M1} & \cdots & c_{MN} \end{pmatrix} : \text{Matrix der fixen Anordnungs- bzw. Umstellungskosten}$$

erfaßt.

---

[80] Vgl. Dolezalek/Warnecke, 1981, S. 326.

Durch diese Art der Modellierung hat der Planer die Möglichkeit, Kompromisse abzubilden. Sind die fixen Anordnungs- bzw. Umstellungskosten für alle anzuordnenden Elemente unabhängig von der Standortzuordnung, dann können sie bei der Modellierung unberücksichtigt bleiben. Soll ein Element i einem bestimmten Standort j nicht zugeordnet werden, muß man die fixen Anordnungskosten c_{ij} nur mit einer entsprechend groß gewählten Zahl multiplizieren. Kann ein Element in der Realität nur auf zwei oder drei potentiellen Standorten angeordnet werden (z.B. die Galvanik), dann müssen die fixen Anordnungskosten für alle anderen Standorte in der Matrix C entsprechend groß gewählt werden.

3. Mathematische Modelle zur Beschreibung von Layoutproblemen

Komplexe Probleme wie Layoutprobleme werden bei der Lösung zunächst durch Abstraktion und Selektion vereinfacht. Das so erzeugte vereinfachte Abbild der Wirklichkeit nennt man Modell. Im Vergleich zu der realen Situation sind die gebildeten Modelle einer wissenschaftlichen Analyse wesentlich leichter zugänglich.

Die konkrete Formulierung der Modelle ist abhängig von dem Zweck, dem das Modell dient. In der Betriebswirtschaftslehre unterscheidet man im wesentlichen zwischen Beschreibungs-, Erklärungs- und Entscheidungsmodellen.[81] In dieser Arbeit werden nur Entscheidungsmodelle betrachtet, die dem Zweck dienen, die Entscheidungsfindung bei der Layoutplanung zu unterstützen. Modelle, die primär der Beschreibung oder Erklärung von Sachverhalten dienen, bilden zwar die Grundlage der Entscheidungsmodelle, bleiben hier aber weitgehend unberücksichtigt. Die Formulierung der Entscheidungsmodelle kann verbal, graphisch oder mathematisch erfolgen. Für quantitative Analysen sind die zuletzt genannten mathematischen Modelle am zweckmäßigsten, weil sie im Vergleich zu den zwei zuerst genannten Modelltypen präziser sind, die Problemstruktur klarer darstellen und sich grundsätzlich für eine numerische Behandlung des Problems eignen.[82] Bei den klassischen mathematischen Entscheidungsmodellformulierungen für das Layoutproblem handelt es sich um ganzzahlige nichtlineare (quadratische) Programme. Ihr Nutzen ist für die tatsächliche Lösung von praxisrelevanten Layoutproblemen vielfach gering, weil für viele dieser Modelle keine geeigneten Rechenverfahren zur Verfügung stehen, mit denen innerhalb einer angemessenen Zeitspanne eine optimale Lösung bestimmt werden kann (vgl. Kap. 4).

In diesem Kapitel wird im ersten Abschnitt zunächst das quadratische Zuordnungsproblem, das in der Layoutplanung am häufigsten betrachtet wird, in seiner allgemeinsten Form definiert und gezeigt, wie es sich als einfaches mathematisches Programm formulieren läßt. Anschließend werden im zweiten Abschnitt mehrere relativ einfach durchzuführende Modifikationen des allgemeinen quadratischen Zuordnungsproblems dargestellt und diskutiert. Danach wird eine Transformation der Variablen vorgeschlagen, die den Rechenaufwand für die in Kapitel 4 vorgestellten Lösungsverfahren erheblich reduziert. Das Layoutproblem kann durch "künstliche" Linearisierung der real nichtlinearen Zusammenhänge als ganzzahliges lineares Programm formuliert werden. Zwei mögliche Ansätze zur Linearisierung werden im dritten Abschnitt dieses Kapitels ausführlich erörtert.[83]

---

[81] In Anlehnung an Domschke/Drexl, 1991, S. 2.

[82] In Anlehnung an Dinkelbach, 1982, S. 31.

[83] Auf die Betrachtung graphentheoretischer Modelle wird ganz verzichtet. Der interessierte Leser sei auf die genannte Literatur verwiesen (Vgl. z.B. Hassan/Hogg, 1991, S.1263; Kusiak/Heragu, 1987, S. 325; Domschke/Drexl, 1990, S. 177).

3.1 Das allgemeine quadratische Zuordnungsproblem

Das allgemeine quadratische Zuordnungsproblem wurde 1957 von Koopmans und Beckmann erstmals beschrieben und untersucht.[84] In der Literatur wird es deshalb sehr häufig auch als Koopmans-Beckmann-Problem bezeichnet. Dieses Grundmodell der Layoutplanung soll im folgenden der Einfachheit halber mit QZP1 bezeichnet werden. Es geht von folgenden Modellannahmen aus:

(A1) Es existieren M gleichgroße anzuordnende Elemente.

(A2) Von den Beziehungsarten zwischen den anzuordnenden Elementen ist nur die Transportintensität von Bedeutung.

(A3) Die Transportintensität t_{ik} zwischen den anzuordnenden Elementen i und k (mit $i,k \in E$) ist bekannt und unabhängig von der Zuordnung der anzuordnenden Elemente zu bestimmten Standorten.[85]

(A4) Es existieren N=M gleichgroße potentielle Standorte (bzw. Flächeneinheiten). Auf jedem potentiellen Standort kann genau ein anzuordnendes Element angeordnet werden.

(A5) Die Zuordnung der anzuordnenden Elemente zu den potentiellen Standorten unterliegt keinen Beschränkungen, d.h. jedes anzuordnende Element kann jedem potentiellen Standort zugeordnet werden.

(A6) Die durch die Anordnung bzw. Umstellung entstehenden Kosten sind unabhängig von der Zuordnung der anzuordnenden Elemente zu bestimmten Standorten.

(A7) Die Transportentfernung d_{jl}^{r} bzw. d_{jl}^{e} zwischen den Standorten j und l (mit $j,l \in S$) ist bekannt.[86]

(A8) Der Transportkostensatz k_t ist bekannt und unabhängig von der Transportmenge, der Transportentfernung und den eingesetzten Transportmitteln, gemessen in [GE]/([ME]·[EE]).

Das Ziel ist die Minimierung der im Planungszeitraum anfallenden Transportkosten.

Bei der mathematischen Formulierung des verbal beschriebenen QZP1 müssen die Variablen des Problems so gewählt werden, daß sie die räumliche Lage der Elemente eindeutig angeben. Deshalb führen Koopmans und Beckmann M·N binäre Variablen x_{ij} mit folgender Bedeutung ein:

$$x_{ij} = \begin{cases} 1 & \text{wenn das anzuordnende Element i dem Standort j zugeordnet wird} \\ 0 & \text{sonst} \end{cases}$$

(mit i=1(1)M und j=1(1)N). Mit diesen Binärvariablen können sie sämtliche Zuordnungsmöglichkeiten der Elemente beschreiben.

---

[84] Vgl. Koopmans/Beckmann, 1957, S. 53 - 75.

[85] Vgl. Kap. 2.2.5 dieser Arbeit.

[86] Vgl. Kap. 2.2.6 dieser Arbeit.

In der Zielfunktion des Modells muß sichergestellt werden, daß die Transportmenge t_{ik}, die im Planungszeitraum zwischen den Elementen i und k zu transportieren ist, nur dann von j nach l zu transportieren ist, wenn Element i dem Standort j und gleichzeitig Element k dem Standort l zugeordnet wird. Dieser Sachverhalt kann durch eine multiplikative Verknüpfung der Binärvariablen x_{ij} und x_{kl} isomorph erfaßt werden. Das Produkt $k_t \cdot t_{ik} \cdot d_{jl}$ wird dann nämlich nur entscheidungsrelevant, wenn x_{ij} und x_{kl} gleich Eins sind.

Zusätzlich zu berücksichtigen ist, daß man die Werte der Binärvariablen nicht beliebig festlegen kann, sondern durch Nebenbedingungen sicherstellen muß, daß zum einen jedem anzuordnenden Element i genau ein Standort j (mit j∈S) zugeordnet wird und zum anderen auf jedem Standort j (bei M=N) genau ein Element i (mit i∈E) angeordnet wird.

Die M Gleichungen $\qquad \sum_{j=1}^{N} x_{ij} = 1 \qquad (i = 1(1)M)$

garantieren, daß jedem Element i genau ein Standort zugewiesen wird. Da x_{ij} nur die Werte 0 und 1 annehmen kann, kann auf der linken Seite jeder Gleichung auch nur jeweils eine Variable einen positiven Wert aufweisen.

Durch die N Gleichungen $\qquad \sum_{i=1}^{M} x_{ij} = 1 \qquad (j = 1(1)N)$

wird sichergestellt, daß jedem Standort j genau ein Element zugeordnet wird.

Auf der Grundlage dieser Vorüberlegung läßt sich nun das QZP1 folgendermaßen als ganzzahliges quadratisches mathematisches Programm formulieren.[87]

$$\textbf{QZP1:} \qquad \text{Min.} \, K^T = \sum_{i=1}^{M} \sum_{j=1}^{N} \sum_{\substack{k=1 \\ k \neq i}}^{M} \sum_{\substack{l=1 \\ l \neq j}}^{N} k_t \cdot t_{ik} \cdot d_{jl} \cdot x_{ij} \cdot x_{kl} \qquad\qquad (3.1)$$

unter den Nebenbedingungen

$$\sum_{j=1}^{N} x_{ij} = 1 \qquad\qquad (i=1(1)M) \qquad\qquad (3.2)$$

$$\sum_{i=1}^{M} x_{ij} = 1 \qquad\qquad (j=1(1)N) \qquad\qquad (3.3)$$

$$x_{ij} \in \{0,1\} \qquad\qquad (i=1(1)M; j=1(1)N) \qquad\qquad (3.4)$$

---

[87] Vgl. z.B. Lüder, 1990, S. 72.

Ein überschaubares Beispiel mit M=N=4 anzuordnenden Elementen und Standorten soll die geschilderten Sachverhalte verdeutlichen. Abbildung 3.1 enthält sowohl eine graphische Darstellung der numerierten Standorte und Elemente als auch eine tabellarische Auflistung der (symmetrischen) Transportentfernungen d_{jl} zwischen den Standorten und der (asymmetrischen) Tranportintensitäten t_{ik} zwischen den Elementen. Der erste Index bezeichnet jeweils die Zeilennummer, der zweite die Spaltennummer. Aus Vereinfachungsgründen wird k_t mit einer GE pro Mengen- u. Entfernungseinheit angenommen und damit nicht zusätzlich aufgeführt.[88]

N=4 potentielle Standorte

	1	2
	3	4

M=4 anzuordnende Elemente: (1) (2) (3) (4)

d_{jl}	1	2	3	4
1	-	1	1	2
2	1	-	2	1
3	1	2	-	1
4	2	1	1	-

t_{ik}	1	2	3	4
1	-	10	30	20
2	0	-	50	40
3	60	40	-	0
4	50	50	10	-

Abb. 3.1: Transportentfernung d_{jl} und Transportintensität t_{ik}

Die Zielfunktion lautet dann:

$$
\begin{aligned}
\text{Min } K^T = \ & 10 \cdot 1 \cdot x_{11} \cdot x_{22} + 10 \cdot 1 \cdot x_{11} \cdot x_{23} + 10 \cdot 2 \cdot x_{11} \cdot x_{24} + \\
& 30 \cdot 1 \cdot x_{11} \cdot x_{32} + 30 \cdot 1 \cdot x_{11} \cdot x_{33} + 30 \cdot 2 \cdot x_{11} \cdot x_{34} + \\
& 20 \cdot 1 \cdot x_{11} \cdot x_{42} + \ldots \\
& \ldots \qquad + 10 \cdot 1 \cdot x_{44} \cdot x_{32} + 10 \cdot 1 \cdot x_{44} \cdot x_{33}
\end{aligned}
$$

Die Nebenbedingungen lauten:

$$x_{i1} + x_{i2} + x_{i3} + x_{i4} = 1 \qquad i = 1(1)4$$

$$x_{1j} + x_{2j} + x_{3j} + x_{4j} = 1 \qquad j = 1(1)4$$

$$x_{ij} \in \{0,1\} \qquad i=1(1)4; \ j=1(1)4$$

---

[88] Sollte diese Annahme nicht zutreffen, so ist der Zielfunktionswert mit k_t zu multiplizieren.

38

Das obige Beispiel verdeutlicht, wie rechenintensiv vor allem die Berechnung der Zielfunktion ist. Ohne Berücksichtigung von k_t erfordert sie $3 \cdot M \cdot N \cdot (M-1) \cdot (N-1) \approx 3 \cdot M^2 \cdot N^2$ Multiplikationen und $M \cdot N \cdot (M-1) \cdot (N-1) \approx M^2 \cdot N^2$ Additionen.[89] Bei M=N=10 müssen zur Berechnung der Zielfunktion bereits 24.300 Multiplikationen und 8.100 Additionen durchgeführt werden.

Durch Variation der angeführten Annahmen (A1) - (A8) lassen sich nun zahlreiche Modifikationen des Grundmodells QZP1 formulieren, so daß die meisten betrieblichen Gegebenheiten ausreichend genau abgebildet werden können. Die wichtigsten Modifikationen werden im folgenden dargestellt und diskutiert.

3.2 Modifikationen des allgemeinen quadratischen Zuordnungsproblems

3.2.1 Berücksichtigung einer ungleichen Anzahl von Elementen und Standorten

Eine einfache Modifikation des QZP1 entsteht, wenn für die M anzuordnenden Elemente N>M potentielle Standorte verfügbar sind.[90] Diese Annahme ist insbesondere bei Umstellungsplanungen durchaus praxisnah, wogegen der umgekehrte Fall, daß N<M ist, die Lösbarkeit des Problems ausschließt. Der Problemtyp N>M wird als QZP2 bezeichnet. Es umfaßt alle bei dem QZP1 angeführten Modellannahmen mit Ausnahme der Annahme (A4), die durch (A4') ersetzt wird.

(A4')   Es existieren N>M gleichgroße potentielle Standorte. Auf jedem potentiellen Standort kann maximal ein anzuordnendes Element angeordnet werden.

Bei der optimalen Lösung von QZP2 wird es N-M Standorte geben, denen kein Element zugeordnet wird. Das Gleichungssystem (3.3) muß deshalb durch ein Ungleichungssystem ersetzt werden. Ansonsten würde bei N-M Standorten die linke Seite der Gleichung den unzulässigen Wert 0 annehmen. Das QZP2 lautet also,

QZP2:   Min. (3.1)

unter den Nebenbedingungen

(3.2), (3.4) und

$$\sum_{i=1}^{M} x_{ij} \leq 1 \qquad\qquad (j=1(1)N) \qquad\qquad\qquad (3.5)$$

Problemstellungen mit N>M Standorten können aber auch mit dem QZP1 abgebildet werden, wenn man bei der Modellbildung N-M sogenannte "dummy"-Elemente

---

[89] Bei M=N ungefähr $3 \cdot N^4$ Multiplikationen und N^4 Additionen.

[90] Vgl. Domschke/Drexl, 1990, S. 141.

einführt,[91] die man den N-M in Wirklichkeit nicht belegten Standorten zuordnet. In der Transportintensitätsmatrix T wird die Transportintensität zwischen den "dummy"-Elementen und den anderen Elementen mit dem Wert 0 angesetzt, da zwischen ihnen keine Transportbeziehungen bestehen. Durch die Einführung der "dummy"-Elemente ist das Gleichungssystem (3.3) erfüllt, sodaß eine Neuformulierung von QZP1 nicht erforderlich ist.[92]

3.2.2 Berücksichtigung symmetrischer Transportentfernungen bzw. -intensitäten

Ist die Transportentfernungsmatrix D^r bzw. D^e symmetrisch, kann die Modellannahme (A7) durch (A7') ersetzt werden.[93]

(A7')   Die Transportentfernung zwischen den Standorten j und l ist bekannt und symmetrisch, d.h. $d^r_{jl} = d^r_{lj}$ bzw. $d^e_{jl} = d^e_{lj}$ (mit $j,l \in S$)

Derartige Problemstellungen seien mit QZP3 gekennzeichnet. Da die Transportentfernungen symmetrisch sind, kann in der Zielfunktion $t_{ik} \cdot d_{jl} + t_{ki} \cdot d_{lj}$ durch $(t_{ik} + t_{ki}) \cdot d_{jl}$ ersetzt werden. Dadurch vereinfacht sich die Zielfunktion.

$$\textbf{QZP3:} \qquad \text{Min. } K^T = \sum_{i=1}^{M-1} \sum_{j=1}^{N} \sum_{k=i+1}^{M} \sum_{\substack{l=1 \\ l \neq j}}^{N} k_t \cdot (t_{ik} + t_{ki}) \cdot d_{jl} \cdot x_{ij} \cdot x_{kl} \qquad (3.6)$$

unter den Nebenbedingungen (3.2) - (3.4)

Die Berechnung der Zielfunktion (3.6) erfordert "nur" $3 \cdot M \cdot N \cdot (M-1) \cdot (N-1)/2 \approx 3 \cdot M^2 \cdot N^2/2$ Multiplikationen und $M \cdot N \cdot (M-1) \cdot (N-1) \approx M^2 \cdot N^2$ Additionen. Im Vergleich zu dem QZP1 hat sich die Anzahl der erforderlichen Multiplikationen also halbiert.

Die Zielfunktion vereinfacht sich gleichermaßen, wenn statt der Transportentfernung die Transportintensitätsmatrix T symmetrisch ist. Die Modellannahme (A3) wird dann durch

(A3')   Die Transportintensität t_{ik} zwischen den anzuordnenden Elementen i und k (mit $i,k \in E$) ist bekannt, symmetrisch (d.h. $t_{ik} = t_{ki}$) und unabhängig von der Zuordnung der anzuordenden Elemente zu bestimmten Standorten.

ersetzt. Bei der mit QZP3' bezeichneten Problemstellung kann in der Zielfunktion $t_{ik} \cdot d_{jl} + t_{ki} \cdot d_{lj}$ durch $(d_{jl} + d_{lj}) \cdot t_{ik}$ ersetzt werden. Die mathematische Formulierung lautet:

---

[91] "dummy"-Elemente sind fiktive Elemente, vgl. z.B. Foulds, 1983, S. 1415.

[92] Den Vorschlag "dummy"-Elementen einzuführen, wenn N>M ist, findet man beispielsweise bei Wäscher, 1985, S. 241 oder Kusiak/Heragu, 1987, S. 231.

[93] Vgl. Domschke/Drexl, 1990, S. 140.

$$\textbf{QZP3':} \qquad \mathbf{Min.\,K^T} = \sum_{i=1}^{M} \sum_{j=1}^{N-1} \sum_{\substack{k=1 \\ k \neq i}}^{M} \sum_{l=j+1}^{N} k_t \cdot t_{ik} \cdot (d_{jl} + d_{lj}) \cdot x_{ij} \cdot x_{kl} \qquad (3.7)$$

unter den Nebenbedingungen (3.2) - (3.4)

Der Fall, daß sowohl die Transportentfernungs- als auch die Transportintensitäts-matrix symmetrisch sind, wird in der Literatur nicht erwähnt. Es wird nur darauf hingewiesen, daß es unerheblich ist, ob das quadratischen Zuordnungsproblem auf-grund der Transportintensitäten oder der Transportentfernungen symmetrisch ist, da die Symmetrie einer der beiden Matrizen T oder D ausreicht, um die andere durch $(t_{ik}+t_{ki})\cdot d_{jl}$ bzw. $(d_{jl}+d_{lj})\cdot t_{ik}$ zu symmetrisieren.[94]

Trotzdem verringert sich aber die Anzahl der Rechenoperationen nochmals, wenn in der Praxis tatsächlich beide Matrizen symmetrisch sind. Bei der mathematischen Formulierung derartiger Problemstellungen kann nämlich entweder QZP3 oder QZP3' in der Weise vereinfacht werden, daß man in der Zielfunktion (3.6) bzw. (3.7) jeweils auf die Addition von $(t_{ik}+t_{ki})$ bzw. $(d_{jl}+d_{lj})$ verzichtet, und dafür den Zielfunktionswert abschließend mit 2 multipliziert. Die Anzahl der bei dem QZP1 bis QZP3' erforderlichen $M \cdot N \cdot (M-1) \cdot (N-1)$ Additionen halbiert sich dadurch.

3.2.3 Berücksichtigung bereits angeordneter Elemente

In der Realität können einige Elemente bereits angeordnet sein. Dieser Tatbestand muß im Modell allerdings nur dann berücksichtigt werden, wenn zwischen den be-reits angeordneten (alten) Elementen und den noch anzuordnenden (neuen) Elemen-ten Transportbeziehungen bestehen. Die dem Grundmodell zugrunde gelegten Modellannahmen (A1) und (A3) sind dann durch

(A1') Es existieren M gleichgroße anzuordnende Elemente und P bereits ange-ordnete Elemente.

(A3") Die Transportintensität t_{ik} zwischen den anzuordnenden Elementen i und k (mit i,k$\in$E) und die Transportintensität t_{iP} zwischen dem anzuordnenden Element i und allen P bereits angeordneten Elementen ist bekannt und unab-hängig von der Zuordnung der anzuordenden Elemente zu bestimmten Standorten.

zu ersetzen. Aufgrund der Modellannahme (A3") lassen sich durch

c_{ij}^P die Transportkosten, die während einer Zeiteinheit zwischen dem anzuord-nenden Element i und sämtlichen P bereits angeordneten Elementen anfal-len, wenn das Element i auf dem Standort j angeordnet wird (mit i$\in$E und j$\in$S),

berechnen. Die Kosten, die für die Transporte zwischen den bereits angeordneten

---

[94] Vgl. Burkard, 1973, S. 101.

Elementen anfallen, kann man vernachlässigen, da sie nicht entscheidungsrelevant sind.[95] Die als QZP4 bezeichnete Problemstellung kann auf der Grundlage dieser Vorüberlegungen aus dem QZP1 durch Modifikation der Zielfunktion unter Beibehaltung der Nebenbedingungen abgeleitet werden.[96]

$$\textbf{QZP4:} \qquad \text{Min.} \, K^T = \sum_{i=1}^{M} \sum_{j=1}^{N} c_{ij}^{P} \cdot x_{ij} + \sum_{i=1}^{M} \sum_{j=1}^{N} \sum_{\substack{k=1 \\ k \neq i}}^{M} \sum_{\substack{l=1 \\ l \neq j}}^{N} k_t \cdot t_{ik} \cdot d_{jl} \cdot x_{ij} \cdot x_{kl} \qquad (3.8)$$

unter den Nebenbedingungen (3.2) - (3.4)

Das QZP4 verdeutlicht auch die Beziehung zwischen dem quadratischen und dem linearen Zuordnungsproblem. Wären die noch anzuordnenden Elemente zwar mit den bereits angeordneten Elementen, nicht aber untereinander durch Transportbeziehungen verbunden (d.h. alle $t_{ik}=0$; $i,k \in E$), so geht (3.8) mit (3.2) - (3.4) in ein lineares Zuordnungsproblem über.[97]

3.2.4 Berücksichtigung unterschiedlicher Transportmittel

In der Transportplanung wird für jeden Transportvorgang in Abhängigkeit von der Transportentfernung und/oder der Transportintensität das jeweils kostengünstigste Transportmittel festgelegt. Ist die zurückzulegende Transportentfernung und/oder die während einer Zeiteinheit zu transportierende Menge bei den einzelnen Transportvorgängen sehr unterschiedlich, so ist der Einsatz verschiedenartiger Transportmittel sehr wahrscheinlich. Die Modellannahme (A8) muß dementsprechend geändert werden.

(A8') Der Transportkostensatz k_t (W) von dem Transportmittel W ist bekannt und unabhängig von der Transportmenge und der Transportentfernung.

Bei der mathematischen Formulierung des Modells ist nun zu unterscheiden, ob bei der Auswahl der Transportmittel nur die Transportentfernungen, nur die Transportintensitäten oder sowohl die Transportentfernungen als auch die Transportintensitäten berücksichtigt werden. Beim QZP5 wird zunächst davon ausgegangen, daß bei der Auswahl der Transportmittel nur die zurückzulegende Transportentfernung berücksichtigt wird. Hierfür sind

---

[95] Die Festlegung der zieloptimalen Standorte für die noch anzuordnenden Elemente kann die Höhe der Transportkosten zwischen den bereits angeordneten Elementen nämlich nicht beeinflussen.

[96] In Anlehnung an Domschke/Drexl, 1990, S. 142.

[97] Für lineare Zuordnungsprobleme existieren in der Literatur sehr effiziente Lösungsverfahren, z. B. die Ungarische Methode, mit der man auch für große Problemstellungen optimale Lösungen ermitteln kann (Vgl. z.B. Hillier/Lieberman, 1988, S. 205; Domschke/Drexl, 1991 S. 79 f.).

c_{jl}^{W} die Transportkosten je Mengeneinheit für die gesamte zwischen den Standorten j und l zurückzulegende Entfernung, wenn das Transportmittel W eingesetzt wird (mit j,l∈S; und j≠l), gemessen in [GE]/[ME].[98] Dabei ist $c_{jl}^{W}=k_t(W){\cdot}d_{jl}$.

Damit erhält man

QZP5: $\quad$ $\mathrm{Min.}\,K^{T} = \sum_{i=1}^{M}\sum_{j=1}^{N}\sum_{\substack{k=1 \\ k\neq i}}^{M}\sum_{\substack{l=1 \\ l\neq j}}^{N} c_{jl}^{W}\cdot t_{ik}\cdot x_{ij}\cdot x_{kl}$ $\hfill$ (3.9)

unter den Nebenbedingungen (3.2) - (3.4)

Ist für die Auswahl der Transportmittel nur die Transportmenge wesentlich und gibt c_{ik}^{W} die Transportkosten je Enfernungseinheit für die gesamte Transportintensität zwischen den Elementen i und k, wenn das Transportmittel W eingesetzt wird (mit i,k∈E und i≠k), gemessen in [GE]/([EE]·[ZE]) mit $c_{ik}^{W}=k_t(W){\cdot}t_{ik}$ an,

dann ist

QZP5': $\quad$ $\mathrm{Min.}\,K^{T} = \sum_{i=1}^{M}\sum_{j=1}^{N}\sum_{\substack{k=1 \\ k\neq i}}^{M}\sum_{\substack{l=1 \\ l\neq j}}^{N} c_{ik}^{W}\cdot d_{jl}\cdot x_{ij}\cdot x_{kl}$ $\hfill$ (3.10)

unter den Nebenbedingungen (3.2) - (3.4)

Soll bei der Auswahl der Transportmittel sowohl die Transportmenge als auch die Transportintensität berücksichigt werden, benötigt man
c_{ikjl}^{W} die Transportkosten, die bei Nutzung des Transportmittels W während einer Zeiteinheit zwischen den Elementen i und k anfallen, wenn das Element i auf dem Standort j und das Element k auf dem Standort l angeordnet werden (mit i,k∈E; j,l∈S; i<k und j≠l), gemessen in [GE]/[ZE].
Dabei ist $c_{ikjl}^{W}=k_t(W){\cdot}t_{ik}{\cdot}d_{jl}$.

Diese mit QZP5" bezeichnete Problemstellung läßt sich dann wie folgt mathematisch formulieren:[99]

QZP5": $\quad$ $\mathrm{Min.}\,K^{T} = \sum_{i=1}^{M-1}\sum_{j=1}^{N}\sum_{k=i+1}^{M}\sum_{\substack{l=1 \\ l\neq j}}^{N} c_{ikjl}^{W}\cdot x_{ij}\cdot x_{kl}$ $\hfill$ (3.11)

unter den Nebenbedingungen (3.2) - (3.4)

---

[98] Zu beachten ist, daß unterschiedliche Entfernungen zwischen j und l die Auswahl des Transport-mittels W und damit auch $k_t(W)$ determinieren.

[99] Vgl. Domschke/Drexl, 1990, S.142.

3.2.5 Berücksichtigung unterschiedlicher Anordnungs- bzw. Umstellungskosten

Wie bereits erwähnt,[100] sind die einmaligen Anordnungs- bzw. Umstellungskosten der anzuordnenden Elemente zum Teil abhängig von der Standortzuordnung. Die dem Grundmodell zugrunde gelegte Annahme (A6) ist dann den realen Gegebenheiten entsprechend zu modifizieren, so daß in der Zielfunktion neben den Transportkosten nun auch die Anordnungs- bzw. Umstellungskosten relevant werden.

(A6') Die Anordnungs- bzw. Umstellungskosten c_{ij}, die entstehen, wenn das Element i dem Standort j zugeordnet wird (mit $i \in E$; $j \in S$), sind bekannt.

Das Ziel ist die Minimierung der Summe aus Anordnungs- bzw. Umstellungskosten und Transportkosten. Die mathematische Formulierung dieser Problemstellung lautet:[101]

$$\textbf{QZP6:} \qquad \text{Min.} \, K^{A,T} = \sum_{i=1}^{M} \sum_{j=1}^{N} c_{ij} \cdot x_{ij} + \sum_{i=1}^{M} \sum_{j=1}^{N} \sum_{\substack{k=1 \\ k \neq i}}^{M} \sum_{\substack{l=1 \\ l \neq j}}^{N} k_t \cdot t_{ik} \cdot d_{jl} \cdot x_{ij} \cdot x_{kl} \qquad (3.12)$$

unter den Nebenbedingungen (3.2) - (3.4)

Eine identische, aber etwas vereinfachte Formulierung dieser Problemstellung ist auf Lawler zurückzuführen,[102] der mit

$$b_{ijkl} = \begin{cases} k_t \cdot t_{ik} \cdot d_{jl} + c_{ij} & \text{für } i = k \text{ und } j = l \\ k_t \cdot t_{ik} \cdot d_{jl} & \text{für } i \neq k \text{ und } j \neq l \end{cases} \qquad (3.13)$$

die Zielfuntkion (3.12) komprimierter definiert. Die vollständige mathematische Formulierung lautet:[103]

$$\textbf{QZP6':} \qquad \text{Min.} \, K^{A,T} = \sum_{i=1}^{M} \sum_{j=1}^{N} \sum_{k=1}^{M} \sum_{l=1}^{N} b_{ikjl} \cdot x_{ij} \cdot x_{kl} \qquad (3.14)$$

unter den Nebenbedingungen (3.2) - (3.4)

---

[100] Vgl. Kap. 2.2.7 dieser Arbeit.

[101] Kusiak/Heragu, 1987, S. 231; Bazaraa/Sherali, 1980, S.29; Kaku/Thompson/Baybars, 1988, S. 385.

[102] Lawler, 1963, S. 586 - 599.

[103] Vgl. dazu auch Kusiak/Heragu, 1987, S. 231.

44

3.2.6 Berücksichtigung unterschiedlicher Flächenbedarfe

Eine wesentliche Veränderung des Grundmodells ergibt sich, wenn zu berücksichtigen ist, daß nicht alle M anzuordnenden Elemente den gleichen Flächenbedarf haben. Für diesen Problemtyp existieren drei sehr unterschiedliche Modellformulierungen.

(1): Eine Möglichkeit, den Flächenbedarf der anzuordnenden Elemente zu berücksichtigen, besteht darin, den von einem anzuordnenden Element i benötigten Flächenbedarf durch eine Kreisfläche mit dem Radius d_i zu approximieren und sicherzustellen, daß die euklidische Entfernung zwischen den Mittelpunkten zweier anzuordnender Elemente i und k mindestens so groß ist wie die Summe der Radien der beiden Kreise, die den Flächenbedarf dieser beiden Elemente approximieren.

Diese z.B. von Wäscher[104] gewählte Formulierungsmöglichkeit geht mit Ausnahme von (A1) und (A4) von den Annahmen des Grundmodells QZP1 aus.

(A1") Es existieren M anzuordnende Elemente. Ihr Flächenbedarf wird jeweils durch eine Kreisfläche mit dem Radius d_i approximiert.

(A4') Es existieren N>M gleichgroße potentielle Standorte. Auf jede potentielle Standortfläche kann maximal ein anzuordnendes Element angeordnet werden.

Eine erste mögliche mathematische Formulierung bei ungleichem Flächenbedarf lautet damit,

QZP7:   Min. (3.1) unter den M·N Nebenbedingungen (3.2) - (3.4) und

$$(d_i + d_k) \cdot x_{ij} \cdot x_{kl} \leq \sqrt{\left(y_{1j} - y_{1l}\right)^2 + \left(y_{2j} - y_{2l}\right)^2} \tag{3.15}$$

(mit i,k=1(1)M; j,l=1(1)N)

Das nur um das Ungleichungssystem (3.15) erweiterte Grundmodell approximiert das reale Problem umso besser, je quadratischer die von jedem der anzuordnenden Elemente benötigte Grundfläche ist.

(2): Sind die realen Grundflächen der anzuordnenden Elemente nicht quadratisch, ist die auf Bazarra[105] zurückzuführende Modellformulierung bei ungleichem Flächenbedarf geeigneter. Er geht von einer in gleichgroße Flächeneinheiten eingeteilten Planungsfläche aus und ermittelt zunächst für jedes anzuordnende Element i alle möglichen Standortflächen r in der Planungsfläche (mit r=1(1)I(i)). Die mögliche

---

[104] Vgl. Wäscher, 1982, S. 108.

[105] Vgl. Bazarra, 1975, S. 432 - 437.

Standortfläche r eines anzuordnenden Elementes i umfaßt dabei genau a_i Flächeneinheiten. In Abbildung 3.2 sind beispielhaft die zwei potentiellen Standortflächen r und s für das Element 1 (mit $a_1=4$) dargestellt, wenn von einer Planungsfläche ausgegangen wird, die aus 6 Flächeneinheiten besteht.

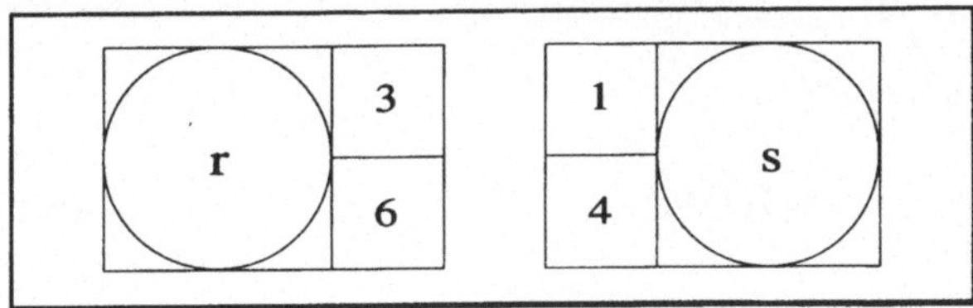

Abb. 3.2: Potentielle Standortflächen

Bei der Formulierung der Annahmen und des mathematischen Modells kennzeichnet

N   die Anzahl der Flächeneinheiten, die als potentielle Standorte bzw. als Teil einer Standortfläche betrachtet werden.

a_i die Anzahl der Flächeneinheiten, die das Element i belegt.

I(i)   die Anzahl der möglichen Standortflächen für das anzuordnende Element i

$R_i(r)$ die Menge der Flächeneinheiten, die das Element i belegt, wenn es auf der Standortfläche r angeordnet wird.

$d(r_i,s_k)$ die Entfernung zwischen den Mittelpunkten der Standortflächen r und s, wenn das anzuordnende Element i auf der potentiellen Standortfläche r und das anzuordnende Element k auf der potentiellen Standortfläche s angeordnet wird.

Dem Problem QZP7' liegen außer (A2), (A3), (A5), (A6) und (A8) noch folgende Annahmen zugrunde:

(A1''')   Es existieren M anzuordnende Elemente. Ihr Flächenbedarf sei jeweils ein ganzzahliges Vielfaches einer Flächeneinheit ($0<a_i<N$, mit i=1(1)M).

(A4'')   Es existieren $N\geq|A|$ gleichgroße Flächeneinheiten (mit $A=\bigcup_{i=1}^{M}A_i$).[106]

(A7')   Die Transportentfernung $d(r_i,s_k)$ zwischen den Mittelpunkten der Standortflächen r und s ist, wenn i auf r und k auf s angeordnet wird, bekannt.

(A9)   Für jedes anzuordnende Element findet man in der Planungsfläche mindestens eine Standortfläche, formal $I(i)\geq 1$.

Mit den Variablen

$$x_{ir} = \begin{cases} 1, & \text{wenn das anzuordnende Element i der Standortfläche r zugeordnet wird} \\ 0 & \text{sonst} \end{cases}$$

$$p_{irj} = \begin{cases} 1, & \text{wenn die Flächeneinheit } j \in R_i(r) \\ 0 & \text{sonst} \end{cases} \qquad (i=1(1)M, r=1(1)I(i) \text{ und } j=1(1)N)$$

---

[106] Zur Definition von A_i vgl. auch Kap. 2.2.6 dieser Arbeit.

46

lautet die vollständige mathematische Formulierung von QZP7':[107]

$$\textbf{QZP7':} \qquad \text{Min.} K^T = \sum_{i=1}^{M} \sum_{j=1}^{I(i)} \sum_{\substack{k=1 \\ k \neq i}}^{M} \sum_{\substack{l=1 \\ l \neq j}}^{I(k)} k_t \cdot t_{ik} \cdot d(r_i, s_k) \cdot x_{ij} \cdot x_{kl} \qquad (3.16)$$

unter den Nebenbedingungen

$$\sum_{r=1}^{I(i)} x_{ir} = 1 \qquad\qquad (i=1(1)M) \qquad\qquad (3.17)$$

$$\sum_{i=1}^{M} \sum_{r=1}^{I(i)} p_{irj} \leq 1 \qquad\qquad (j=1(1)N) \qquad\qquad (3.18)$$

$$x_{ir} \in \{0,1\} \qquad\qquad (i=1(1)M; \; r=1(1)I(i)) \qquad\qquad (3.19)$$

$$p_{irj} \in \{0,1\} \qquad\qquad (i=1(1)M; \; r=1(1)I(i); \; j=1(1)N) \qquad\qquad (3.20)$$

Das Gleichungssystem (3.17) stellt sicher, daß jedes anzuordnende Element genau einer Standortfläche zugewiesen wird, und das Ungleichungssystem (3.18) stellt sicher, daß jede Flächeneinheit höchstens von einem anzuordnenden Element belegt wird.

(3): Bei der dritten zu betrachtenden Formulierungsmöglichkeit für Problemstellungen mit ungleichem Flächenbedarf wird schließlich so vorgegangen, als ob von jeder der a_i Flächeneinheiten Transporte ausgingen. Das QZP1 wird also in ein QZP7" transformiert, bei dem jedes anzuordnende Element i in so viele fiktive Elemente zerlegt wird, wie es Flächeneinheiten in der Planungsfläche benötigt. Dividiert man die gesamte Transportintensität t_{ik} zwischen den Elementen i und k durch das Produkt aus der Anzahl der Flächeneinheiten a_i und a_k, so erhält man die $a_i \cdot a_k$ "Teil"-Transportintensitäten[108] $\tilde{t}_{ik}$ zwischen den a_i fiktiven Elementen von i und den a_k fiktiven Elementen von k.[109] Den a_i fiktiven Elementen, die in QZP7" zum gleichen Element i gehören, wird in der Transportintensitätsmatrix jeweils eine hohe Transportintensität C zugeordnet, um sicherzustellen, daß die a_i Elemente einen zusammenhängenden Bereich in der Planungsfläche einnehmen.

Bei der Formulierung sei
a,b   der Index der a_i bzw. a_k fiktiven Elemente von i bzw. k, mit a=1(1)a_i und b=1(1)a_k

---

[107] Vgl. auch Kusiak/Heragu, 1987, S. 232.

[108] Domschke/Drexl, 1990, S. 145 benutzen den Begriff der Teiltransportintensitäten.

[109] Vgl. zur Berechnung von t_{ik} auch Kap. 2.2.6 dieser Arbeit.

$t'_{i^a k^b}$ die Transportintensität zwischen den anzuordnenden Elementen i^a und k^b, mit

$$t'_{i^a k^b} = \begin{cases} t_{ik} / (a_i \cdot a_k) & \text{wenn } i \neq k \\ C & \text{wenn } i = k \text{ und } a \neq b \\ 0 & \text{sonst} \end{cases}$$

$$(i,k=1(1)M, \; a=1(1)a_i \text{ und } b=1(1)a_k)$$

$x_{i^a j}$ die Zuordnungsvariable, mit

$$x_{i^a j} = \begin{cases} 1 & \text{wenn das anzuordnende Element } i^a \text{ dem Standort j zugeordnet wird} \\ 0 & \text{sonst} \end{cases}$$

Mit den etwas modifizierten Annahmen

(A1'''')   Es existieren $|A|$ gleichgroße anzuordnende Elemente,

(A3''')   Die Transportintensität $t_{i^a k^b}$ zwischen den anzuordnenden Elementen i^a und k^b ist bekannt und unabhängig von der Zuordnung der anzuordnenden Elemente zu bestimmten Standorten,

(A4''')   Es existieren $N=|A|$ gleichgroße potentielle Standorte. Auf jedem potentiellen Standort kann genau ein anzuordnendes Element i^a bzw. k^b angeordnet werden ($i^a, k^b \in E$),

lautet die vollständige mathematische Formulierung dieser Problemstellung,[110]

$$\textbf{QZP7''}: \quad \text{Min.} K^T = \sum_{i=1}^{M} \sum_{j=1}^{N} \sum_{k=1}^{M} \sum_{l=1}^{N} \sum_{a=1}^{a_i} \sum_{b=1}^{a_k} k_t \cdot t'_{i^a k^b} \cdot d_{jl} \cdot x_{i^a j} \cdot x_{k^b l} \quad\quad (3.21)$$

unter den Nebenbedingungen

$$\sum_{j=1}^{N} x_{i^a j} = 1 \quad\quad (a=1(1)a_i; \; i=1(1)M,) \quad\quad (3.22)$$

$$\sum_{i=1}^{M} \sum_{a=1}^{a_i} x_{i^a j} = 1 \quad\quad (j=1(1)N) \quad\quad (3.23)$$

$$x_{i^a j} \in \{0,1\} \quad\quad (a=1(1)a_i; \; i=1(1)M; \; j=1(1)N) \quad\quad (3.24)$$

QZP7'' kann aber auch wie QZP1 formuliert werden, wenn im voraus der Index i^a der anzuordnenden Elemente wie folgt geändert wird:[111]

$$i=1, \dots, a_1, a_1+1, \dots, a_1+a_2, \dots, |A|$$

---

[110] Kusiak/Heragu, 1987, S. 233 formulieren zwar ein etwas einfacheres Modell, stellen dafür aber nicht sicher, daß die a_i fiktiven Elemente von i zusammenhängend angeordnet werden.

[111] Domschke/Drexl, 1990, S. 145 unterstellen in ihren Ausführungen wohl eine derartige Umindizierung, verzichten aber auf eine mathematische Formulierung.

3.2.7 Berücksichtigung weiterer Zielgrößen

Bei den bisher betrachteten Problemstellungen war das Ziel nur die Minimierung der pro Zeiteinheit anfallenden Transportkosten und - bei QZP6 - auch die Minimierung der Anordnungs- bzw. Umstellungskosten. Die bedeutenden Zielgrößen der Layoutplanung[112] sind bisher also allenfalls rudimentär bei der mathematischen Modellformulierung berücksichtigt worden. Im folgenden soll deshalb zunächst diskutiert werden, wie man weitere quantitative Zielgrößen in der Zielfunktion berücksichtigen kann. Anschließend wird auf die Ansätze zur Layoutplanung eingegangen, die ausschließlich qualitative Zielgrößen betrachten. Von besonderem Interesse sind aber die erst seit kurzem in der Literatur recht intensiv diskutierten Ansätze, die sowohl quantitative als auch qualitative Zielgrößen berücksichtigen. Sie werden abschließend analysiert.

Zu den bisher nicht betrachteten maßgeblichen kostenorientierten Zielen gehört vor allem die Minimierung der Lagerhaltungskosten. Obwohl in fast allen einschlägigen Literaturquellen auf die Bedeutung der Lagerhaltungskosten hingewiesen wird, ist kein Modell bekannt, daß die Minimierung der Lagerhaltungskosten explizit berücksichtigt. Die hier vorgeschlagene Erweiterung des QZP1 um diese Zielgröße erfordert zusätzlich zu den Modellannahmen (A1) bis (A8) noch die Annahmen

(A10) Die Produktionsgeschwindigkeit v_{Pi} ist bekannt.

(A11) Die Abgangsgeschwindigkeit v_{Aik} des Lagers zwischen i und k ist bekannt.

(A12) Der Lagerkostensatz k_l ist bekannt und unabhängig von der Lagermenge, der Lagerdauer und den eingesetzten Lagermitteln.

(A13) Die bei einem Transportvorgang von dem Element i zu dem Element k transportierte Menge entspricht jeweils der optimalen Transportlosgröße $\bar{t}_{ik}^{*}$.[113]

Das mit QZP8 bezeichnete Problem minimiert die Summe der pro Zeiteinheit anfallenden Transportkosten und der pro Zeiteinheit anfallenden Lagerhaltungskosten.

$$\textbf{QZP8:} \quad \text{Min.}\, K^{T,L} = \sum_{i=1}^{M}\sum_{j=1}^{N}\sum_{\substack{k=1\\k\neq i}}^{M}\sum_{\substack{l=1\\l\neq j}}^{N} k_t \cdot t_{ik} \cdot d_{jl} \cdot x_{ij} \cdot x_{kl}$$

$$+ \sum_{i=1}^{M}\sum_{j=1}^{N}\sum_{\substack{k=1\\k\neq i}}^{M}\sum_{\substack{l=1\\l\neq j}}^{N} k_l \cdot \sqrt{\frac{1}{2} \cdot t_{ik} \cdot d_{jl} \cdot \frac{k_t}{k_l} \cdot \left(1 + \frac{v_{Aik}}{v_{Pi}}\right)} \cdot x_{ij} \cdot x_{kl} \qquad (3.25)$$

unter den Nebenbedingungen (3.2) - (3.4)

Der Wurzelausdruck gibt in (3.25) den durchschnittlichen Lagerbestand an.[114]

---

[112] Vgl. dazu den Zielkatalog im Kap. 2.2.2 dieser Arbeit.

[113] Zur Definition von v_{Pi}, v_{Aik} und der optimalen Transportlosgröße vgl. Kap. 2.2.2.

[114] Vgl. Kap. 2.2.2.

Als weitere maßgebliche Zielgröße ist die Minimierung der Raumkosten zu nennen. Relevant ist diese Zielgröße allerdings nur, wenn die Gebäudeform noch nicht feststeht, sondern das Ergebnis der Zuordnung der anzuordnenden Elemente zu den potentiellen Standorten ist. Bei der Zuordnung der Elemente sollte dann nämlich berücksichtigt werden, daß das kleinste das Layout umschreibende Rechteck möglichst wenig vom Quadrat abweicht, weil dann die Raumkosten am niedrigsten sind.[115] Es existiert in der Literatur allerdings kein Ansatz, der versucht, den genannten Sachverhalt in die Zielfunktion miteinzubringen.[116] Im folgenden wird gezeigt, wie Raumkosten formal miterfaßt werden können.

Die Annahmen des mit QZP9 bezeichneten Problems lauten:

(A1) Es existieren M gleichgroße anzuordnende Elemente.

(A4') Es existieren N>M gleichgroße potentielle Standorte.[117] Auf jedem potentiellen Standort kann maximal ein anzuordnendes Element angeordnet werden.

(A14) Der Gebäudegrundriß ist festgelegt durch das kleinste Rechteck, das alle belegten Standorte umschreibt.

(A15) Die Raumkosten sind linear abhängig von der Länge der Außenwände des Gebäudes.

(A16) Der zur Länge der Außenwände proportionale Raumkostensatz k_g ist bekannt, in [GE]/[RE].

Das Ziel ist die Minimierung der Raumkosten K^G.

$$\textbf{QZP9:} \quad \text{Min } K^G = \left[\left(\underset{j}{\text{Max}} \left\{ y_{1j} \middle| x_{ij} = 1 \, \forall \, i = 1(1)M, j = 1(1)N \right\} \right) \right.$$

$$- \left(\underset{j}{\text{Min}} \left\{ y_{1j} \middle| x_{ij} = 1 \, \forall \, i = 1(1)M, j = 1(1)N \right\} \right) + 1$$

$$+ \left(\underset{j}{\text{Max}} \left\{ y_{2j} \middle| x_{ij} = 1 \, \forall \, i = 1(1)M, j = 1(1)N \right\} \right)$$

$$\left. - \left(\underset{j}{\text{Min}} \left\{ y_{2j} \middle| x_{ij} = 1 \, \forall \, i = 1(1)M, j = 1(1)N \right\} \right) + 1 \right] \cdot 2 \cdot k_g \quad (3.26)$$

unter den Nebenbedingungen (3.2) - (3.4)

In der Zielfunktion (3.26) wird aus dem Index der belegten Standorte jeweils der maximale und der minimale Koordinatenwert in y_1 und y_2 Richtung ermittelt. Die

---

[115] Vgl. Kapitel 2.2.2 dieser Arbeit und die dort zitierte Literatur.

[116] Dangelmaier, 1986, S. 64 versucht die Veränderung der Gebäudekosten bei nicht quadratischem Grundriß mit dem Quotienten aus der Länge und der Breite des Gebäudes zu berücksichtigen.

[117] Bei N=M ist der Gebäudegrundriß durch die Planungsfläche bereits vorgegeben.

50

Differenz aus dem maximalen und dem minimalen y_1-Wert plus 1 gibt die Länge des Rechtecks, die Differenz aus dem maximalen und dem minimalen y_2-Wert plus 1 gibt die Breite des Rechtecks an.[118]

In der Praxis kann es aber auch erwünscht sein, daß das kleinste das Layout umschreibende Rechteck möglichst wenig unbelegte Flächeneinheiten (Leerflächen) umfaßt. Dieser Sachverhalt kann in der Zielfunktion relativ einfach berücksichtigt werden, wenn man jede nicht belegte Flächeneinheit innerhalb des Rechtecks (bzw. Gebäudes) mit einem Strafkostensatz belegt. Im folgenden kennzeichnet

k_s den Strafkostensatz für eine unbelegte Flächeneinheit innerhalb des Rechtecks [GE]/[FE]

Mit den Annahmen analog zum QZP9 und dem Ziel, die Strafkosten K^S für unbelegte Flächeneinheiten zu minimieren, lautet das mit QZP10 bezeichnete Problem:

$$
\textbf{QZP10:} \quad \text{Min } K^S = \left[\left[\left(\underset{j}{\text{Max}}\left\{y_{1j}\middle|x_{ij}=1\,\forall\,i=1(1)M, j=1(1)N\right\}\right)\right.\right.
$$

$$
\left.-\left(\underset{j}{\text{Min}}\left\{y_{1j}\middle|x_{ij}=1\,\forall\,i=1(1)M, j=1(1)N\right\}\right)+1\right]
$$

$$
\cdot\left[\left(\underset{j}{\text{Max}}\left\{y_{2j}\middle|x_{ij}=1\,\forall\,i=1(1)M, j=1(1)N\right\}\right)\right.
$$

$$
\left.\left.-\left(\underset{j}{\text{Min}}\left\{y_{2j}\middle|x_{ij}=1\,\forall\,i=1(1)M, j=1(1)N\right\}\right)+1\right]-\sum_{i=1}^{M}a_i\right]\cdot k_s \qquad (3.27)
$$

unter den Nebenbedingungen (3.2) - (3.4)

Ist im Gegensatz zu QZP9 und QZP10 davon auszugehen, daß die Gebäudeform bereits feststeht, so kann mit Hilfe der Layoutplanung nur noch sichergestellt werden, daß die N-M nicht belegten Flächeneinheiten nach Möglichkeit einen zusammenhängenden Bereich innerhalb des Gebäudes einnehmen.[119] Dazu führt man N-M fiktive anzuordnende Elemente ein, zwischen denen eine bestimmte, ebenfalls fiktive Transportintensität, besteht. Durch unterschiedliche Wahl der Transportintensität zwischen den fiktiv anzuordnenden Elementen kann darauf Einfluß genommen werden, ob die in Wirklichkeit nicht belegten Flächeneinheiten mit hoher oder geringer Wahrscheinlichkeit innerhalb der bereits feststehenden Gebäudeform einen zusammenhängenden Bereich einnehmen.

---

[118] Plus eins, weil bei der Berechnung der Koordinatenwerte von den Mittelpunkten der Flächeneinheiten ausgegangen wird.

[119] In der Planungsfläche weit verteilt angeordnete Leerflächen sind nämlich nicht nur unkontrollierbar, sondern auch für spätere Erweiterungsplanungen weit weniger geeignet als zusammenhängende Leerflächen. Harmon/Peterson, 1990, S. 56 schlagen z.B. vor, die zusammengefaßten Leerflächen zu vermieten.

Alle im Kapitel 2 aufgeführten kostenorientierten Zielgrößen sind damit mathematisch formuliert. Auf die Formulierung der genannten mengenorientierten Subziele wird verzichtet, denn deren Formulierung bringt durch die Vernachlässigung der entsprechenden Wertkomponente keine neuen Erkenntnisse. Stattdessen wird im folgenden auf einige qualitative Zielgrößen näher eingegangen.

Die qualitativen Aspekte der Layoutplanung kann man durch die bereits definierten closeness ratings zum Ausdruck bringen, die jeweils den Grad der anzustrebenden Nachbarschaft zweier Elemente bewerten, und zwar bezüglich der genannten qualitativen Zielgrößen (möglichst übersichtliche Fertigung, möglichst hohe Arbeitssicherheit, möglichst geringe Störanfälligkeit, etc.).[120] Auch dieser Problemtyp kann als quadratisches Zuordnungsproblem formuliert werden. Dabei kennzeichnet w_{ik} den Wert der anzustrebenden Nachbarschaft zweier anzuordnender Elemente.

Außer (A1) und (A4) gilt:

(A2') Die Beziehungsarten zwischen den anzuordnenden Elementen werden als closeness ratings erfaßt.

(A3'''') Die Beziehungsklasse zwischen den anzuordnenden Elementen i und k und deren numerischer Wert w_{ik} ist bekannt und unabhängig von der Zuordnung der anzuordnenden Elemente zu bestimmten Standorten.

Das Ziel ist die Maximierung der closeness rating. Mit

$$
r_{ijkl} \;=\; \begin{cases} w_{ik} \text{ wenn man die Elemente i und k} \\ \quad \text{den benachbarten Standorten j und l zuordn}[121] \\ 0 \quad \text{sonst} \end{cases}
$$

lautet das mit QZP11 bezeichnete Problem[122]

QZP11: $\quad \text{Max.} W^{C} = \sum_{i=1}^{M} \sum_{j=1}^{N} \sum_{\substack{k=1 \\ k \neq i}}^{M} \sum_{\substack{l=1 \\ l \neq j}}^{N} r_{ijkl} \cdot x_{ij} \cdot x_{kl}$ $\qquad$ (3.28)

unter den Nebenbedingungen (3.2) - (3.4)

---

[120] Vgl. Kap. 2.2.5.

[121] In dieser Arbeit gelten zwei Elemente mit einer gemeinsamen Seite als benachbart. Bei einigen Ansätzen sind zwei Elemente allerdings auch schon dann benachbart, wenn sie nur einen gemeinsamen Punkt haben (vgl. Rosenblatt, 1979, S. 325; Dutta/Sahu, 1982, S. 147).

[122] Vgl. vor allem Rosenblatt, 1979, S. 325.

52

In der Vergangenheit wurden üblicherweise entweder nur die qualitativen oder nur die quantitativen Aspekte in den Modellen (QZP1 - QZP10) berücksichtigt. Da es einerseits aber nicht richtig ist, die qualitativen Aspekte völlig zu vernachlässigen, es andererseits aber auch nicht den Erfordernissen der Praxis entspricht, wenn die tatsächliche Transportintensität nur durch sechs unterschiedliche closeness ratings zum Ausdruck gebracht wird, ist es verständlich, daß man in der jüngeren Literatur einige Modellformulierungen findet,[123] die durch Kombination der quantitativen und qualitativen Aspekte die jeweiligen Nachteile kompensieren.

Der erste kombinierte Ansatz von QZP1 und QZP11 stammt von Rosenblatt.[124] Da es sich bei beiden Problemen um ein quadratisches Zuordnungsproblem handelt und auch die Nebenbedingungen identisch sind, schlägt er vor, die beiden Problemstellungen in einem mathematischen Modell mit mehrfacher Zielsetzung zusammenzufassen, wobei der eventuell existierende Zielkonflikt zwischen der Minimierung der Transportkosten und der Maximierung der closeness ratings durch Zielgewichtung gelöst wird.[125]

Bei der Zielgewichtung werden die zu berücksichtigenden Ziele ihrer Bedeutung entsprechend jeweils mit einer reellen Zahl bewertet. Dabei soll die Summe der Zielgewichte 1 betragen. Durch die Summe der gewichteten ursprünglichen Zielfunktionen erhält man eine übergeordnete Zielfunktion, deren Maximierung bzw. Minimierung aufgrund eines Satzes der nichtlinearen Programmierung[126] auch dann effizient in bezug auf die ursprünglichen Zielfunktionen ist, wenn sie aufgrund unterschiedlicher Dimensionen inhaltlich sinnlos erscheint.

Zusätzlich zu den Annahmen (A1) und (A4) - (A8) gelten bei dem mit QZP12 bezeichneten Problem die Modellannahmen:

(A2")   Von den Beziehungsarten zwischen den anzuordnenden Elementen ist nur die Transportintensität und die closeness rating von Bedeutung.

(A3'''') Die Transportintensität t_{ik} und auch die mit w_{ik} bewertete Beziehungsklasse zwischen den anzuordnenden Elementen i und k (mit $i,k \in E$) sind bekannt und unabhängig von der Zuordnung der anzuordenden Elemente zu bestimmten Standorten.

---

[123] Vgl. vor allem Fortenberry/Cox, 1985, S. 773 - 782; Rosenblatt, 1979, S. 323 - 332 und Urban, 1987, S. 1805 - 1812.

[124] QZP1 wird exemplarisch betrachtet. Die anderen quantitativen Ansätze kann man mit entsprechenden Modifikationen ebenfalls mit QZP11 kombinieren.

[125] Auf andere Vorgehensweisen zur Lösung von Zielkonflikten, wie z. B. Lexikographische Ordnung oder Goal-Programming als spezielle Art der Zielgewichtung, wird hier nicht eingegangen (vgl. Domschke/Drexl, 1991, S. 45 ff.).

[126] Der vollständige Satz lautet: Maximiert man eine übergeordnete Zielfunktion, die ein gewogenes Mittel mehrerer ursprünglicher Zielfunktionen darstellt, so ist die gefundene Lösung effizient in bezug auf die ursprünglichen Zielfunktionen (vgl. Joksch, 1966, S. 8; bzw. Dinkelbach, 1982, S. 182 f.).

Das Ziel ist die Minimierung der Differenz zwischen den gewichteten Transport-kosten und den entsprechend gewichteten closeness ratings.

Die mathematische Formulierung von QZP12 bei Zielgewichtung lautet:[127]

QZP 12: $\quad \text{Min.} Z = \alpha_1 \cdot K^T - (1 - \alpha_1) \cdot W^C \qquad\qquad (3.29)$

$$= \sum_{i=1}^{M} \sum_{j=1}^{N} \sum_{\substack{k=1 \\ k \neq i}}^{M} \sum_{\substack{l=1 \\ l \neq j}}^{N} \left[\alpha_1 \cdot \left(k_t \cdot t_{ik} \cdot d_{jl} \right) - (1 - \alpha_1) \cdot r_{ijkl} \right] \cdot x_{ij} \cdot x_{kl}$$

unter den Nebenbedingungen (3.2) - (3.4) und

$$\alpha_1 \in [0,1] \qquad\qquad (3.30)$$

Ist der Gewichtungsfaktor α_1 vorgegeben, so kann QZP12 durch eine einfache Trans-formation auch als quadratisches Zuordnungsproblem formuliert werden. In der Zielfunktion (3.29) wird $\alpha_1 \cdot \left(k_t \cdot t_{ik} \cdot d_{jl} \right) - (1 - \alpha_1) \cdot r_{ijkl}$ durch z_{ijkl} (mit $i,k=1(1)M$; $j,l=1(1)N$) ersetzt, und die Nebenbedingung (3.30) wird eliminiert. QZP12' lautet:

QZP12': $\quad \text{Min.} Z = \sum_{i=1}^{M} \sum_{j=1}^{N} \sum_{\substack{k=1 \\ k \neq i}}^{M} \sum_{\substack{l=1 \\ l \neq j}}^{N} z_{ijkl} \cdot x_{ij} \cdot x_{kl} \qquad\qquad (3.31)$

unter den Nebenbedingungen (3.2) - (3.4).

Sowohl bei QZP12 als auch bei QZP12' geht w_{ik}, der Wert der anzustrebenden Nachbarschaft zweier Elemente i und k, nur in die Zielfunktion ein, wenn i und k benachbart angeordnet werden. Fortenberry und Cox formulieren deshalb ein Mo-dell, bei dem die zwischen zwei Elementen ermittelte closeness rating auch dann den Wert der Zielfunktion beeinflußt, wenn die Elemente nicht benachbart angeord-net werden. Um dies zu erreichen, verzichten sie auf die Definition von r_{ijkl} (d.h. bei ihnen ist $r_{ijkl}=w_{ik}$) und verknüpfen in der Zielfunktion t_{ik} und w_{ik} multiplikativ miteinander.[128]

QZP12'': $\quad \text{Min.} Z = \sum_{i=1}^{M} \sum_{j=1}^{N} \sum_{\substack{k=1 \\ k \neq i}}^{M} \sum_{\substack{l=1 \\ l \neq j}}^{N} z'_{ijkl} \cdot x_{ij} \cdot x_{kl} \qquad\qquad (3.32)$

unter den Nebenbedingungen (3.2) - (3.4).

wobei: $\quad z'_{ijkl} = k_t \cdot t_{ik} \cdot d_{jl} \cdot w_{ik}$

---

[127] Die Darstellung von Rosenblatt, 1979, S. 325, ist fehlerhaft, weil er in der Zielfunktion die nicht definierte Variable x_{ijkl} benutzt.

[128] Vgl. Fortenberry/Cox, 1985, S. 775.

Die Autoren wollen mit der bei QZP12'' erzeugten multiplikativen Verknüpfung von t_{ik} und w_{ik} erreichen, daß die Transportentfernung zwischen zwei Elementen mit einer jeweils gleich hohen Transportintensität umso geringer ist, je höher die closeness rating zwischen den zwei Elementen ist. Damit Elemente, deren Nachbarschaft unerwünscht ist (Beziehungsklasse U), auch wirklich räumlich getrennt angeordnet werden, schlagen Fortenberry und Cox zusätzlich vor, die Beziehungsklasse U mit einer negativen Zahl (-1) zu bewerten.[129]

Ein wesentlicher Nachteil ihrer Vorgehensweise ist, daß zwei Elementen i und k mit unerwünschter Nachbarschaft (also negativem w_{ik}), mit zunehmender Transportintensität t_{ik} räumlich entfernter angeordnet werden, wenn die Zielfunktion minimiert werden soll (vgl. zum besseren Verständnis das Beispiel in Abb. 3.3). Ein zweiter wesentlicher Nachteil der von Fortenberry und Cox vorgeschlagenen multiplikativen Verknüpfung von t_{ik} und w_{ik} besteht darin, daß der Wert der anzustrebenden Nachbarschaft w_{ik} den Wert der Zielfunktion nicht beeinflußt, wenn zwischen i und k keine Transportbeziehung besteht ($t_{ik}=0$).

Die genannten Schwachstellen hat Urban 1987 nicht nur erkannt, sondern auch durch eine verbesserte Kombination der quantitativen und qualitativen Aspekte behoben. Die auf ihn zurückzuführende Formulierung der mit QZP12''' bezeichneten Problemstellung lautet:[130]

$$\textbf{QZP12''':} \quad \text{Min.} \, Z = \sum_{i=1}^{M} \sum_{j=1}^{N} \sum_{\substack{k=1 \\ k \neq i}}^{M} \sum_{\substack{l=1 \\ l \neq j}}^{N} z''_{ijkl} \cdot x_{ij} \cdot x_{kl} \tag{3.33}$$

unter den M·N Nebenbedingungen (3.2) - (3.4).

wobei: $\quad z''_{ijkl} = d_{jl} \cdot \left(k_t \cdot t_{ik} + C \cdot w_{ik} \right)$

Auch Urban bewertet die Beziehungsklasse U mit einer negativen Zahl (-1).[131] Er verknüpft t_{ik} und w_{ik} aber additiv und gewichtet die closeness ratings mit einer Konstanten C, die zwischen Null und ∞ schwanken kann ($C \in [0, \infty]$). Ist C=0, so wird nur die Transportintensität berücksichtigt. Ein großes C stellt dagegen die qualitativen Aspekte der Layoutplanung in den Vordergrund. Es wird empfohlen, daß C genau so groß sein sollte, wie die größte Transportintensität zwischen zwei Elementen ($C = \text{Max}\{t_{ik} ; i = 1(1)M \wedge k = 1(1)M\}$). Damit stellt Urban sicher, daß bei unerwünschter Nachbarschaft die Summe aus t_{ik} und $C \cdot w_{ik}$ niemals positiv wird.

---

[129] Vgl. die in Abb. 2.5 genannten Bewertungszahlen von Fortenberry und Cox.

[130] Vgl. Urban, 1987, S. 1807.

[131] Vgl. die in Abb. 2.5 genannten Bewertungszahlen.

Zusammenfassend ist festzuhalten, daß der Ansatz von Urban den anderen eindeutig überlegen ist, da

- die closeness ratings auch zwischen nicht benachbart angeordneten Elementen berücksichtigt werden,
- die Transportentfernung auch bei unerwünschter Nachbarschaft mit zunehmender Transportmenge nicht steigt, wenn die Zielfunktion minimiert werden soll (vgl. Abb. 3.3),
- die closeness rating zwischen zwei Elementen auch dann berücksichtigt wird, wenn zwischen den beiden Elementen keine Transportbeziehung besteht.[132]

Fortenberry/Cox

	w_{ik}	t_{ik}	$w_{ik} \cdot t_{ik}$
1.Paar (i,k)	-1	10	-10
2.Paar (i,k)	-1	100	-100
Ver-änderung	bleibt konstant	nimmt zu	nimmt ab

Urban

	w_{ik}	t_{ik}	$t_{ik} + C \cdot w_{ik}$
1.Paar (i,k)	-1	10	10-C
2.Paar (i,k)	-1	100	100-C
Ver-änderung	bleibt konstant	nimmt zu	nimmt zu

Abb. 3.3: Beispiele für unterschiedliche Verknüpfungen von t_{ik} und w_{ik}

---

[132] Vgl. Urban, 1987, S. 1807 ff..

56

3.2.8 Definition der Variablen als Permutationsvektor

Für die Implementierung von Lösungsverfahren ist die bisher gewählte Schreibweise der Variablen nicht sehr sinnvoll. Der Rechenaufwand der Lösungsverfahren kann nämlich erheblich reduziert werden, wenn man bei der Formulierung der Problemstellung auf einen Permutationsvektor zurückgreift.[133]

Kennzeichnet S weiterhin die Indexmenge der potentiellen Standorte (S={1,2, ... , M}) und E weiterhin die Indexmenge der anzuordnenden Elemente (E={1,2, ... , N}), so beschreibt jede bijektive Abbildung

$$\bar{a}: E \rightarrow S \tag{3.34}$$

eine zulässige Lösung von QZP1. Die als Permutationsvektor bezeichnete Abbildung $\bar{a}$ ordnet jedem anzuordnenden Element i genau einen Standort a_i zu:[134]

$$\bar{a} = (a_1, a_2, ... , a_M) \tag{3.35}$$

wobei a_i denjenigen Standort j bezeichnet, dem das anzuordnende Element i zugeordnet wird.[135] Für das auf Seite 34 bereits dargestellte Beispiel mit M=N=4 anzuordnenden Elementen und Standorten ist z.B. $\bar{a} = (4, 1, 3, 2)$ eine zulässige Lösung. Dabei bedeutet:

a_1=4 das anzuordnende Element 1 wird auf dem Standort 4 angeordnet,

a_2=1 das anzuordnende Element 2 wird auf dem Standort 1 angeordnet, etc..

QZP1 ließe sich mit dem Permutationsvektor $\bar{a}$ und den bereits genannten Annahmen danach auch wie folgt formulieren:[136]

(3.

$$\text{Min. } K^T(\bar{a}) = \sum_{\substack{i=1 \\ }}^{M} \sum_{\substack{k=1 \\ k \neq i}}^{M} k_t \cdot t_{ik} \cdot d(a_i, a_k) \quad {}^{137}$$

unter der Nebenbedingung

$$\bar{a}: E \rightarrow S \qquad \text{ist bijektiv}^{138} \tag{3.37}$$

---

[133] Unter einer Permutation versteht man eine bijektive Abbildung einer endlichen Menge in sich.

[134] Die Inverse von $\bar{a}$ ordnet jedem Standort genau ein anzuordnendes Element zu.

[135] Da jedes Element im folgenden nur eine Flächeneinheit belegt, kennzeichnet a_i nicht mehr die Zahl der Flächeneinheiten die das Element i belegt, sondern den Standort.

[136] Vgl. Francis/Ginnis/White, 1992, S. 557 f.; Domschke/Drexl, 1990, S. 141.

[137] Zur besseren Lesbarkeit wird statt d_{a_i,a_k} die Bezeichnung $d(a_i,a_k)$ gewählt.

[138] Also eine Permutation von (1,2, ... , S).

Der Zielfunktionswert kann bei dieser Formulierung mit $M(M-1) \approx M^2$ Multiplikationen und $M(M-1) \approx M^2$ Additionen bestimmt werden. Gegenüber den $\approx 3M^4$ Multiplikationen und $\approx M^4$ Additionen, die ohne diese Transformation bei QZP1 erforderlich sind, hat sich der Rechenaufwand erheblich, nämlich um mehr als 50% reduziert.

Besonders deutlich wird die Vorteilhaftigkeit dieser Schreibweise bei der Implementierung von Lösungsverfahren, die primär der Verbesserung eines Layouts dienen.[139] Verbesserungsverfahren gehen im allgemeinen von einer gegebenen Lösung $\bar{a}$ aus und überprüfen, ob der Zielfunktionswert durch die Vertauschung zweier Elemente i und k verbessert werden kann. Für eine effiziente Berechnung der Kostenveränderung $\Delta_{ik}(\bar{a})$ bei paarweiser Vertauschung der Standorte von Element i und k, ist die folgende Definition hilfreich.

$$K_i(\bar{a}) = \sum_{\substack{m=1 \\ m \neq i}}^{M} \left[k_t \cdot t_{im} \cdot d(a_i, a_m) + k_t \cdot t_{mi} \cdot d(a_m, a_i) \right] \tag{3.38}$$

Mit (3.38) werden die dem Element i zuzuordnenden Kosten ermittelt. Der erste Term berücksichtigt die Kosten, die durch Transporte von Element i nach Element m entstehen (m=1(1)M; m≠i). Der zweite Term erfaßt die Kosten, die durch Transporte von Element m nach Element i entstehen. Zur Bestimmung der Kostenveränderung $\Delta_{ik}(\bar{a})$ muß (3.38) insgesamt viermal angewandt werden:

1. Berechnung der Kostenveränderung, wenn Element i von dem Standort a_i entfernt wird.
2. Berechnung der Kostenveränderung, wenn Element k von dem Standort a_k entfernt wird.[140]
3. Berechnung der Kostenveränderung, wenn Element i dem Standort a_k zugeordnet wird.
4. Berechnung der Kostenveränderung, wenn Element k dem Standort a_i zugeordnet wird.[141]

Bei dieser Vorgehensweise sind 8M - 12 Multiplikationen und 8M - 12 Additionen erforderlich, um $\Delta_{ik}(\bar{a})$ zu ermitteln. Die Kostenveränderung kann jedoch mit erheblich geringerem Rechenaufwand bestimmt werden. Dazu wird zunächst $K_{ik}^{-}(\bar{a})$, die Kosteneinsparung bei Entfernung von Element i von Standort a_i sowie Element k von Standort a_k, definiert:

---

[139] Verbesserungsverfahren werden im Kapitel 4.3 ausführlich diskutiert.

[140] Hierbei dürfen die Kosten zwischen Element i und k nicht berücksichtigt werden, da sie schon in (1.) enthalten sind.

[141] Hierbei dürfen die Kosten zwischen Element k und i nicht berücksichtigt werden, da sie schon in (3.) enthalten sind.

58

$$K_{ik}^{-}(\bar{a}) = \sum_{\substack{m=1 \\ m\neq i \\ m\neq k}}^{M} k_t \cdot \left[t_{im} \cdot d(a_i, a_m) + t_{mi} \cdot d(a_m, a_i) + t_{km} \cdot d(a_k, a_m) + t_{mk} \cdot d(a_m, a_k) \right]$$

$$+ k_t \cdot \left[t_{ik} \cdot d(a_i, a_k) + t_{ki} \cdot d(a_k, a_i) \right] \tag{3.39}$$

Analog werden die durch die Zuordnung von Element i zu Standort a_k und Element k zu Standort a_i entstehenden Kosten $K_{ik}^{+}(\bar{a})$ ermittelt:

$$K_{ik}^{+}(\bar{a}) = \sum_{\substack{m=1 \\ m\neq i \\ m\neq k}}^{M} k_t \cdot \left[t_{im} \cdot d(a_k, a_m) + t_{mi} \cdot d(a_m, a_k) + t_{km} \cdot d(a_i, a_m) + t_{mk} \cdot d(a_m, a_i) \right]$$

$$+ k_t \left[t_{ik} \cdot d(a_k, a_i) + t_{ki} \cdot d(a_i, a_k) \right] \tag{3.40}$$

Im Gegensatz zu (3.38) sind in (3.39) und (3.40) die Terme, die sowohl i als auch k als Indizes enthalten, separat aufgeführt. Dies ermöglicht durch einige elementare Umformungen eine wesentlich effizientere Berechnung der Kostenveränderung $\Delta_{ik}(\bar{a})$ bei paarweiser Vertauschung der Standorte von Element i und k:

$$\Delta_{ik}(\bar{a}) = K_{ik}^{+}(\bar{a}) - K_{ik}^{-}(\bar{a})$$

$$= \sum_{\substack{m=1 \\ m\neq i \\ m\neq k}}^{M} k_t \left[(t_{im} - t_{km}) \cdot \left(d(a_k, a_m) - d(a_i, a_m) \right) + (t_{mi} - t_{mk}) \cdot \left(d(a_m, a_k) - d(a_m, a_i) \right) \right]$$

$$+ k_t (t_{ik} - t_{ki}) \cdot \left(d(a_k, a_i) - d(a_i, a_k) \right) \tag{3.41}$$

Der Rechenaufwand wird durch (3.41) von 8M - 12 Multiplikationen und 8M - 12 Additionen auf 2M - 3 Multiplikationen und 6M - 9 Additionen reduziert.

Die Effizienz der Berechnung von $\Delta_{ik}(\bar{a})$ kann allerdings durch die Vorberechnung der Transportintensitätsdifferenzen (t_{mi} - t_{mk} und t_{im} - t_{km}) und/oder der Entfernungsdifferenzen ($d(a_k,d_m)$ - $d(a_i,a_m)$ und $d(a_m,a_k)$ - $d(a_m,a_i)$) nochmals gesteigert werden.[142] Die Differenzen werden dann bei Bedarf aus einer Tabelle gelesen.

Durch die Vorberechnung der Transportintensitäts- oder Entfernungsdifferenzen verringert sich in (3.41) die Zahl der Additionen von 6M - 9 auf 4M - 5. Die Anzahl der Multiplikationen bleibt unverändert 2M - 3. Die vor Beginn des eigentlichen Algorithmus zu erstellende Tabelle der Transportintensitäts- oder Entfernungsdifferenz erfordert einen Rechenaufwand von 2M(M-1)(M-2) Additionen.

---

[142] Zur Idee der Vorberechnung vgl. Francis et al., 1992, S. 559. Es sei darauf hingewiesen, daß (t_{ik} - t_{ki}) bzw. $d(a_k,a_i)$ - $d(a_i,a_k)$ nicht vorberechnet werden, da sie weder einen gemeinsamen ersten noch einen gemeinsamen zweiten Index haben.

Für eine gegebene Anzahl von Elementen und Standorten, M=N, kann die Anzahl der zu berechnenden paarweisen Vertauschungen U berechnet werden, ab welcher eine Implementierung mit Vorberechnung ökonomisch ist (vgl. (3.42)). Unter der Annahme, daß M>2 ist, rentiert sich die Vorberechnung, wenn die Anzahl der Additionen mit Vorberechnung kleiner ist als die Anzahl der Additionen ohne Vorberechnung .

$$U(6M - 9) > U(4M - 5) + 2\,M(M-1)(M-2) \tag{3.42}$$

aufgelöst nach U: $\quad\quad U > M(M - 1)$

Nur wenn ein Algorithmus mehr als M(M-1) Vertauschungen überprüfen soll, wird der Rechenaufwand durch Implementierung der Vorberechnung der Transportintensitäts- oder Entfernungsdifferenz reduziert.

Bei der Überlegung, sowohl die Transportintensitäts- als auch die Entfernungsdifferenzen vorzuberechnen, wird eine analoge Formel aufgestellt.[143] Auch hier rentiert sich die Vorberechnung erst, wenn der Algorithmus mehr als M(M-1) Vertauschungen überprüfen soll.

Bei der Vorberechnung ist allerdings zu beachten, daß für große M genügend Arbeitsspeicher zur Verfügung steht. Unter der Annahme, daß 8-Byte Fließkommazahlen verwendet werden, beträgt der Speicherbedarf für eine vorzuberechnende Tabelle bereits $8 \cdot 2M(M-1)(M-2) \approx 16M^3$ Bytes. Ein Layoutproblem mit M=100 anzuordnenden Elementen benötigt danach ca. $16 \cdot 10^6$ Bytes, also ungefähr 16 Megabytes Arbeitsspeicher.[144] Ist der zur Verfügung stehende Arbeitsspeicher nicht groß genug, sollte auf die Vorberechnung verzichtet werden, da bei Speicherung auf anderen Medien (z.B. Festplatte) die Ersparnisse aufgrund einer geringen Anzahl von Additionen durch hohe Zugriffszeiten konterkariert werden.

Alle anderen bereits diskutierten Problemstellungen kann man ähnlich transformieren, und damit den Rechenaufwand erheblich reduzieren. Bei dem QZP2 mit M anzuordnenden Elementen (E=1(1)M) und N potentiellen Standorten, mit N>M (S=1(1)N), beschreibt z.B. jede injektive Abbildung

$$\bar{a}: E \rightarrow S \tag{3.44}$$

eine zulässige Lösung.[145] Die Abbildung $\bar{a}$ ordnet jedem anzuordnenden Element genau einen potentiellen Standort a_i zu, ihre Inverse jedem potentiellen Standort aber höchstens ein anzuordnendes Element.

---

[143] U(6M-9)>U(2M-1)+4M(M-1)(M-2) ergibt aufgelöst nach U ebenfalls U>M(M-1).

[144] 1Megabyte = 1024 · 1024 Bytes.

[145] Vgl. Domschke/Drexl, 1990, S. 142.

60

QZP2 könnte also auch wie folgt formuliert werden:

44)

$$\mathrm{Min.}\, K^T(\bar{a}) = \sum_{i=1}^{M} \sum_{k=1}^{M} k_t \cdot t_{ik} \cdot d(a_i, a_k)$$

unter der Nebenbedingung

$$\bar{a} : E \rightarrow S \qquad\qquad \text{ist injektiv} \qquad\qquad (3.45)$$

Auf die Transformation der anderen Problemstellungen wird zur Verbesserung der Lesbarkeit und um einer einheitlichen Darstellung willen verzichtet, obwohl bei der Implementierung darauf zurückgegriffen wird.

3.3 Ansätze zur Linearisierung des quadratischen Zuordnungsproblems

In diesem Kapitel soll untersucht werden, ob man durch eine Linearisierung der Zielfunktion einer befriedigenden Lösung des Layoutproblems näher kommt. Zunächst werden zwei Ansätze vorgestellt, die durch eine detailliertere Definition der Binärvariablen das quadratische Zuordnungsproblem linearisieren. Anschließend wird ein Ansatz diskutiert, bei dem die Binärvariablen substituiert werden.

3.3.1 Linearisierung durch Detaillierung der Binärvariablen

Eines der ersten linearen ganzzahligen Programme zur Abbildung des Layoutproblems hat Lawler formuliert.[146] Bei seinen Überlegungen geht Lawler davon aus, daß man in der Zielfunktion die binären Variablen x_{ij} und x_{kl} auch zu einer binären Variablen x_{ijkl} zusammenfassen kann. Er definiert in seinem Ansatz zusätzlich M^4 binäre Variablen mit der Bedeutung:

$$x_{ijkl} = x_{ij} \cdot x_{kl} = \begin{cases} 1 & \begin{array}{l}\text{wenn das anzuordnende Element i dem Standort j} \\ \text{und das anzuordnende Element k dem Standort l} \\ \text{zugeordnet wird}\end{array} \\ \\ 0 & \text{sonst} \end{cases}$$

(mit i,k=1(1)M und j,l=1(1)N=M).

Die mathematische Formulierung von QZP1 mit dem linearen ganzzahligen Programm von Lawler lautet:[147]

---

[146] Vgl. Lawler, 1963, S. 586 - 599.

[147] Vgl. auch Conrad, 1971, S.43 f.; Kusiak/Heragu, 1987, S. 233.

$$\text{Min.}\,K^T = \sum_{i=1}^{M}\sum_{j=1}^{N}\sum_{k=1}^{M}\sum_{l=1}^{N} k_t \cdot t_{ik} \cdot d_{jl} \cdot x_{ijkl} \tag{3.46}$$

unter den Nebenbedingungen

$$\sum_{j=1}^{N} x_{ij} = 1 \qquad\qquad (i=1(1)M) \tag{3.47}$$

$$\sum_{i=1}^{M} x_{ij} = 1 \qquad\qquad (j=1(1)N) \tag{3.48}$$

$$\sum_{i=1}^{M}\sum_{j=1}^{N}\sum_{\substack{k=1\\k\neq i}}^{M}\sum_{\substack{l=1\\l\neq j}}^{N} x_{ijkl} = M^2 \tag{3.49}$$

$$x_{ij} + x_{kl} - 2x_{ijkl} \geq 0 \qquad\qquad (i,k=1(1)M;\ j,l=1(1)N) \tag{3.50}$$

$$x_{ij} \in \{0,1\} \qquad\qquad (i=1(1)M;\ j=1(1)N) \tag{3.51}$$

$$x_{ijkl} \in \{0,1\} \qquad\qquad (i,k=1(1)M;\ j,l=1(1)N) \tag{3.52}$$

Lawler formuliert, analog zu Koopmans und Beckmann,[148] die Nebenbedingungen (3.47) und (3.48), damit einerseits jedem anzuordnenden Element i genau ein Standort j (mit $j\in S$) zugeordnet wird und andererseits auf jedem Standort j (bei M=N) genau ein Element i (mit $i\in E$) angeordnet wird. Mit (3.49) muß zusätzlich sichergestellt werden, daß in jeder zulässigen Lösung genau M^2 der M^4 binären Variablen x_{ijkl} den Wert 1 annehmen.[149] Die Nebenbedingungen (3.50) gewährleisten, daß $x_{ijkl}=1$ ist, wenn sowohl x_{ij} als auch x_{kl} in einer zulässigen Lösung den Wert 1 annehmen.

Die diskutierte lineare ganzzahlige Formulierung von Lawler ist zwar äquivalent zu der quadratischen ganzzahligen Formulierung von Koopmans und Beckmann (QZP1), benötigt im Gegensatz dazu aber wesentlich mehr Binärvariablen und Nebenbedingungen. QZP1 hat M^2 binäre Variablen x_{ij} und 2M Nebenbedingungen. Lawler formuliert hingegen M^2 binäre Variablen x_{ij}, M^4 binäre Variablen x_{ijkl} und M^4+2M+1 Nebenbedingungen.[150]

---

[148] Vgl. Kap. 3.1 dieser Arbeit.

[149] Bei E={A, B, C} und S={1, 2, 3} bilden z.B. folgende 9 Binärvariablen eine zulässige Lösung: $x_{A1A1}=1$, $x_{A1B2}=1$, $x_{A1C3}=1$, $x_{B2A1}=1$, $x_{B2B2}=1$, $x_{B2C3}=1$, $x_{C3A1}=1$, $x_{C3B2}=1$, $x_{C3C3}=1$.

[150] Kusiak/Heragu, 1987, S. 233 weisen darauf hin, daß Kaku/Thompson, 1986, S. 382 - 390, fälschlicher die Zahl der Nebenbedingungen für Lawlers lineares ganzzahliges Programm mit $2M^4+2M$ Nebenbedingungen angeben.

Praktischen Nutzen hätte diese Formulierung, wenn man auf (3.51) und (3.52) verzichten könnte. Die Unzulässigkeit einer solchen Transformation hat Conrad[151] jedoch bereits gezeigt, so daß darauf hier nicht weiter eingegangen werden muß. Stattdessen wird versucht eine Formulierung des linearen Programms zu finden, die ganzzahlige Lösungen gewährleistet.

Auch hier werden die Variablen x_{ij} und x_{kl} wieder zu einer Binärvariablen x_{ijkl} zusammengefaßt. Allerdings wird davon ausgegangen, daß i<k ist, so daß man statt M^4 nur $1/2 \cdot (M-1)^2 \cdot M^2 \approx 1/2 \cdot M^4$ Binärvariablen definiert. Auf die Einführung der M^2 Binärvariablen x_{ij} wird völlig verzichtet. Die Möglichkeiten, die Werte für x_{ijkl} festzulegen, sind dann allerdings durch entsprechend modifizierte Nebenbedingungen so einzuschränken, daß einerseits jedem möglichen Paar i und k der anzuordnenden Elemente (mit i<k) genau ein Standortpaar j und l zugeordnet wird und andererseits auf jedem potentiellen Standortpaar j und l auch nur ein Paar der anzuordnenden Elemente i und k angeordnet wird. Darüber hinaus muß mit zusätzlichen Nebenbedingungen noch sichergestellt werden, daß bei allen $1/2(M-1)M$ Binärvariablen x_{ijkl}, die in einer der M! zulässigen Lösungen den Wert 1 annehmen, die anzuordnenden Elemente jeweils dem gleichen Standort zugeordnet werden.[152]

Auf der Grundlage dieser Vorüberlegungen läßt sich das QZP1 folgendermaßen als lineares ganzzahliges Programm formulieren.

$$\text{Min } K^T = \sum_{i=1}^{M-1} \sum_{j=1}^{N} \sum_{k=i+1}^{M} \sum_{\substack{l=1 \\ l \neq j}}^{N} k_t \cdot t_{ik} \cdot d_{jl} \cdot x_{ijkl} \tag{3.53}$$

unter den Nebenbedingungen

$$\sum_{j=1}^{N} \sum_{\substack{l=1 \\ l \neq j}}^{N} x_{ijkl} = 1 \qquad \text{(mit i=1(1)M-1; k=i+1(1)M)} \tag{3.54}$$

$$\sum_{i=1}^{M} \sum_{\substack{k=1 \\ k \neq i}}^{M} x_{ijkl} = 1 \qquad \text{(mit j=1(1)N-1; j=l+1(1)N)} \tag{3.55}$$

$$\sum_{\substack{k=1 \\ k \neq i}}^{M} x_{ijkl} = \sum_{\substack{k=1 \\ k \neq i}}^{M} x_{ijkl+1} \qquad \text{(mit i=1(1)M; j=1(1)N-1; l=j+1(1)N)} \tag{3.56}$$

---

[151] Vgl. Conrad, 1971, S. 46.

[152] Bei E={A, B, C} und S={1, 2, 3} muß, wenn $x_{A1B2}=x_{A1C3}=1$ ist, sichergestellt werden, daß nicht $x_{B3C2}=1$, sondern $x_{B2C3}=1$ ist.

$$\sum_{\substack{i=1\\i\neq k}}^{M} x_{ijkl} = \sum_{\substack{i=1\\i\neq k}}^{M} x_{kj+1il+1} \qquad \text{(mit } k=1(1)M; \; j=1(1)N\text{-}1; \; l=j+1(1)N) \qquad (3.57)$$

$$\sum_{\substack{i=1\\i\neq k}}^{M} x_{ijkl} = \sum_{\substack{i=1\\i\neq k}}^{M} x_{ij+1kl} \qquad \text{(mit } k=1(1)M; \; j=1(1)N\text{-}2; \; l=j+2(1)N) \qquad (3.58)$$

$$x_{ijkl} \in \{0,1\} \qquad (i,k=1(1)M; \; j,l=1(1)N) \qquad (3.59)$$

Die Nebenbedingung (3.54) wird aufgestellt, damit jedes Paar der anzuordnenden Elemente nur einmal in einer zulässigen Lösung vorkommt. (3.55) stellt sicher, daß jedes Standortpaar nur einmal in einer zulässigen Lösung vorkommt. Die Nebenbedingungen (3.56)-(3.58) garantieren, daß ein anzuordnendes Element in einer zulässigen Lösung jeweils dem gleichen Standort zugeordnet wird. Mit insgesamt (M-1)M+M^2(M-2) Nebenbedingungen, werden die M^4+2M+1 Nebenbedingungen von Lawler deutlich unterschritten.

Die eigentliche Intention dieser Formulierung war aber der Versuch, ein Programm zu entwickeln, bei dem man, wegen der speziellen Struktur der Nebenbedingungen (3.54)-(3.58), die Ganzzahligkeitsbedingung (3.59) auch durch die Nichtnegativitätsbedingung $x_{ijkl} \geq 0$ ersetzen kann, und bei dem ein Lösungsverfahren, wie z.B. der Simplex Algorithmus, trotzdem stets ganzzahlige Lösungen liefert. Der dafür erforderliche Nachweis der speziellen Struktur der Nebenbedingungen ist erbracht, wenn man zeigen kann, daß die Matrix B aller Koeffizienten der Variablen unimodular ist.[153] Eine ganzzahlige Matrix B ist völlig unimodular, wenn jede quadratische, nichtsinguläre[154] Submatrix von B unimodular ist. Eine quadratische Submatrix von B heißt unimodular, wenn ihre Determinate ± 1 ist (det (B)=± 1). Die durchgeführten Tests ergaben aber leider, daß nicht jede ganzzahlige, quadratische, nichtsinguläre Submatrix von B eine Determinante mit dem Wert ± 1 hatte. Das entwickelte Modell kommt im Vergleich zu den Modellen aus der Literatur aber mit deutlich weniger Binärvariablen und Nebenbedingungen aus.

3.3.2 Linearisierung durch Substitution der Binärvariablen

Ein sehr aktueller Ansatz zur Linearisierung des Layoutproblems ist auf Heragu und Kusiak zurückzuführen.[155] Sie formulieren ein gemischt ganzzahliges lineares Modell, bei dem zum einen die für die Praxis im allgemeinen unrealistische Annahme

---

[153] Vgl. zur Unimodularität Papadimitriou/Steiglitz, 1982, S. 316 f..

[154] Eine quadratische Matrix ist nur dann nichtsingulär, wenn ihre Determinante von Null verschieden ist (Vgl. Hillier/Lieberman, 1988, S. 826).

[155] Vgl. Heragu/Kusiak, 1991, S. 1-13; Kusiak, 1990, S. 296 ff.

gleicher Flächenbedarfe fallengelassen wird. Zum anderen ist ihr Ansatz aber auch der einzige bisher bekannte, der horizontale und vertikale Mindestabstände zwischen den anzuordnenden Elementen explizit berücksichtigt. Es handelt sich also um eine sehr praxisnahe Erweiterung der mit QZP7 bezeichneten Problemstellung. Ausgangsbasis der Linearisierung von Heragu und Kusiak ist ein gemischt ganzzahliges nichtlineares Programm, das mit QZP7''' bezeichnet wird. Da QZP7''' sehr zum Verständnis der Linearisierung beiträgt, wird es im folgenden etwas ausführlicher diskutiert. Dabei verdeutlichen die Annahmen, die QZP7''' zugrunde liegen, bereits die wichtigsten Unterschiede zu den bisher betrachteten Modellen.

(A1'''')   Es existieren M anzuordnende Elemente mit einem quadratischen oder rechteckigen Grundriß. Die Länge und die Breite der anzuordnenden Elemente ist bekannt.[156]

(A4'''')   Es existiert eine $ny_1 \cdot ny_2$ große Planungsfläche, auf der die anzuordnenden Elemente angeordnet werden. Auf jeder Rastereinheit der Planungsfläche kann höchstens ein anzuordnendes Element angeordnet werden.

(A7'')   Die Transportentfernung zwischen den Elementen i und k wird rechtwinklig vom Mittelpunkt des Elements i ($y_{1i};y_{2i}$) zum Mittelpunkt des Elements k ($y_{1k};y_{2k}$) gemessen.

(A17)   Der erwünschte horizontale und vertikale Mindestabstand zwischen den Elementen i und k ist bekannt.

und   die bereits bekannten Annahmen: (A2), (A3), (A5), (A6) und (A8).

Bei der mathematischen Formulierung von QZP7''' werden folgende Parameter benutzt:

l_i^h horizontale Länge des Elements i (mit (i = 1(1)M)). [EE]

l_i^v vertikale Länge des Elements i (mit (i = 1(1)M)). [EE]

d_{ik}^h Mindestabstand zwischen den horizontal nächstgelegenen Randpunkten der Elemente i und k (mit (i,k = 1(1)M)). [EE]

d_{ik}^v Mindestabstand zwischen den vertikal nächstgelegenen Randpunkten der Elemente i und k (mit (i,k = 1(1)M)). [EE]

C   willkürlich gewählte große positive Zahl. [EE]

Die definierten Parameter werden bei dem QZP7''' durch folgende Entscheidungsvariablen ergänzt:

y_{1i} den horizontalen Abstand zwischen dem Mittelpunkt des Elements i und der vertikalen Bezugsachse y_2 (mit (i = 1(1)M)). [EE]

y_{2i} den vertikalen Abstand zwischen dem Mittelpunkt des Elements i und der horizontalen Bezugsachse y_1 (mit (i = 1(1)M)). [EE]

z_{ik} eine Binärvariable ($z_{ik} \in \{0;1\}$), mit folgender Bedeutung:

$$z_{ik} = \begin{cases} 1 & \text{wenn} \quad |y_{1i} - y_{1k}| < \frac{1}{2}\left(l_i^h + l_k^h\right) + d_{ik}^h \\ 0 & \text{sonst} \end{cases}$$

---

[156] Damit ist der Flächenbedarf und die Flächenform der anzuordnenden Elemente vorgegeben.

Sowohl die Entscheidungsvariablen y_{1i} und y_{2i} als auch die wichtigsten Parameter der Problemstellung sind in Abbildung 3.4 zusätzlich graphisch dargestellt. Das mit QZP7''' bezeichnete Problem kann nun wie folgt als gemischt ganzzahliges nichtlineares Programm formuliert werden:[157]

$$\text{Min } K^T = \sum_{i=1}^{M-1} \sum_{k=i+1}^{M} k_t(i,k) \cdot t_{ik} \cdot \left(|y_{1i} - y_{1k}| + |y_{2i} - y_{2k}| \right) \qquad (3.60)$$

unter den Nebenbedingungen:

$$|y_{1i} - y_{1k}| + C \cdot z_{ik} \geq \frac{1}{2}\left(l_i^h + l_k^h\right) + d_{ik}^h \qquad (i=1(1)M\text{-}1);\ k=i+1(1)M) \qquad (3.61)$$

$$|y_{2i} - y_{2k}| + C \cdot (1 - z_{ik}) \geq \frac{1}{2}\left(l_i^v + l_k^v\right) + d_{ik}^v \qquad (i=1(1)M\text{-}1);\ k=i+1(1)M) \qquad (3.62)$$

$$z_{ik}(1 - z_{ik}) = 0 \qquad (i=1(1)M\text{-}1);\ k=i+1(1)M) \qquad (3.63)$$

$$y_{1i},\ y_{2i} \geq 0 \qquad (i=1(1)M) \qquad (3.64)$$

Die Nebenbedingungen (3.61) und (3.62) sind so formuliert, daß sich zwei Elemente i und k bei der Anordnung zwar niemals überschneiden, es aber trotzdem möglich ist, i und k, entweder horizontal gesehen nebeneinander oder vertikal gesehen übereinander anzuordnen. Dieser Zusammenhang wird durch die verschiedenen Anordnungssituationen die in Abbildung 3.4 dargestellt sind, verdeutlicht.

Liegen zwei Elemente, wie A und B in Abb. 3.4, vertikal gesehen übereinander (d.h. $|y_{1i} - y_{1k}| < 0,5 \cdot \left(l_i^h + l_k^h\right) + d_{ik}^h$), so garantiert (3.62), daß der vertikale Mindestabstand eingehalten wird. Bei zwei Elementen, die wie C und D in Abb. 3.4, horizontal gesehen nebeneinander angeordnet werden (d.h. $|y_{2i} - y_{2k}| < 0,5 \cdot \left(l_i^v + l_k^v\right) + d_{ik}^v$), wird mit (3.61) sichergestellt, daß der horizontale Mindestabstand eingehalten wird.

Mit der Binärvariablen z_{ik} bzw. (3.63) wird schließlich sichergestellt, daß nur eine der beiden Nebenbedingungen (3.61) - (3.62) im konkreten Fall restriktiv wirkt.[158]

---

[157] In Anlehnung an Heragu/Kusiak, 1991, S. 7.

[158] $z_{ik}(1 - z_{ik}) = 0$ ist gleichbedeutend mit $z_{ik} \in \{0;1\}$.

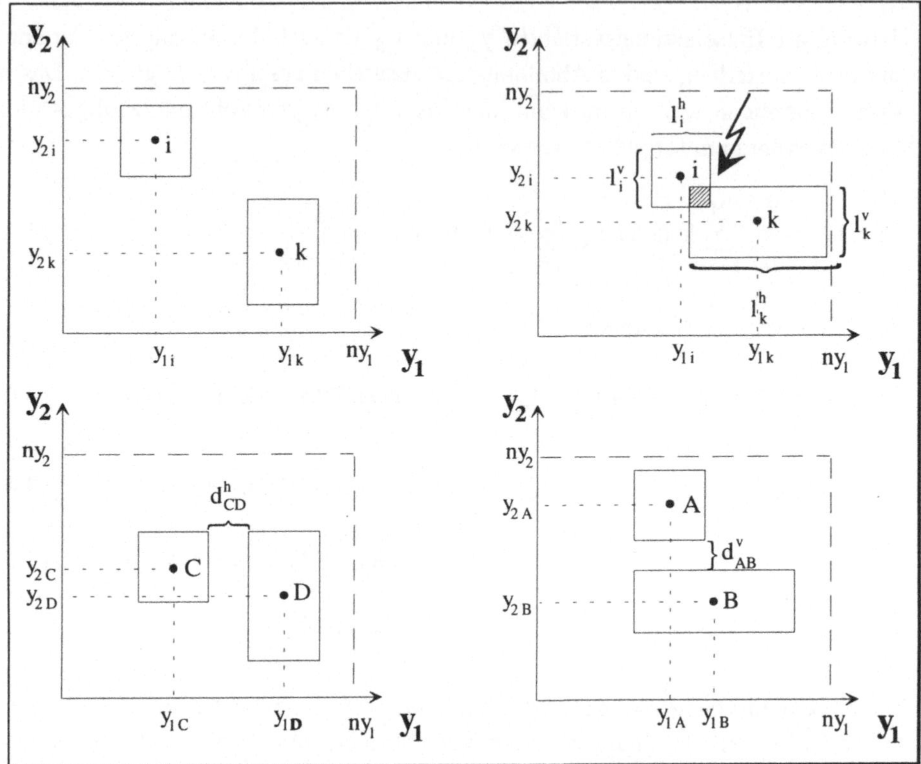

Abb. 3.4: Darstellung verschiedener Anordnungssituationen

Das zuletzt diskutierte Modell ist jedoch ein nichtlineares Programm, da sowohl in der Zielfunktion als auch in den Nebenbedingungen Absolutwerte vorkommen.[159] Es kann aber durch eine Transformation der Entscheidungsvariablen y_{1i} und y_{2i} in ein lineares gemischt ganzzahliges Modell transformiert werden. Dazu müssen "nur" die Entscheidungsvariablen neu definiert werden. Sie lauten bei dem mit QZP7'''' gekennzeichneten Modell:

$$y_{1ik}^{+} = \begin{cases} (y_{1i} - y_{1k}) & \text{wenn } (y_{1i} - y_{1k}) > 0 \\ 0 & \text{wenn } (y_{1i} - y_{1k}) \leq 0 \end{cases} \qquad (3.65)$$

$$y_{1ik}^{-} = \begin{cases} -(y_{1i} - y_{1k}) & \text{wenn } (y_{1i} - y_{1k}) < 0 \\ 0 & \text{wenn } (y_{1i} - y_{1k}) \geq 0 \end{cases} \qquad (3.66)$$

$$y_{2ik}^{+} = \begin{cases} (y_{2i} - y_{2k}) & \text{wenn } (y_{2i} - y_{2k}) > 0 \\ 0 & \text{wenn } (y_{1i} - y_{1k}) \leq 0 \end{cases} \qquad (3.67)$$

$$y_{2ik}^{-} = \begin{cases} -(y_{2i} - y_{2k}) & \text{wenn } (y_{2i} - y_{2k}) < 0 \\ 0 & \text{wenn } (y_{2i} - y_{2k}) \geq 0 \end{cases} \qquad (3.68)$$

---

[159] Solche Funktionen sind nur stückweise linear.

Mit (3.65) - (3.68) gilt

$$\left|y_{1i} - y_{1k}\right| = y_{1ik}^{+} + y_{1ik}^{-} \tag{3.69}$$

$$\left|y_{2i} - y_{2k}\right| = y_{2ik}^{+} + y_{2ik}^{-} \tag{3.70}$$

Auf der Grundlage dieser Vorüberlegungen läßt sich QZP7''' nun relativ einfach in das gemischt ganzzahlige lineare Programm QZP7'''' transformieren.

$$\text{Min } K^{T} = \sum_{i=1}^{M-1} \sum_{k=i+1}^{M} k_{t}(i,k) \cdot t_{ik} \cdot \left(y_{1ik}^{+} + y_{1ik}^{-} + y_{2ik}^{+} + y_{2ik}^{-}\right) \tag{3.71}$$

unter den Nebenbedingungen (3.65) - (3.70) und

$$y_{1i} - y_{1k} + C \cdot \left(z_{ik1} + z_{ik2}\right) \geq \frac{1}{2}\left(l_{i}^{h} + l_{k}^{h}\right) + d_{ik}^{h} \tag{3.72}$$

$$(i=1(1)M-1); \; k=i+1(1)M)$$

$$-y_{1i} + y_{1k} + C \cdot z_{ik1} + C \cdot \left(1 - z_{ik2}\right) \geq \frac{1}{2}\left(l_{i}^{h} + l_{k}^{h}\right) + d_{ik}^{h} \tag{3.73}$$

$$(i=1(1)M-1); \; k=i+1(1)M)$$

$$y_{2i} - y_{2k} + C \cdot \left(1 - z_{ik1}\right) + C \cdot z_{ik2} \geq \frac{1}{2}\left(l_{i}^{b} + l_{k}^{b}\right) + d_{ik}^{b} \tag{3.74}$$

$$(i=1(1)M-1); \; k=i+1(1)M)$$

$$-y_{2i} + y_{2k} + C \cdot \left(1 - z_{ik1}\right) + C \cdot \left(1 - z_{ik2}\right) \geq \frac{1}{2}\left(l_{i}^{b} + l_{k}^{b}\right) + d_{ik}^{b} \tag{3.75}$$

$$(i=1(1)M-1); \; k=i+1(1)M)$$

$$y_{1ik}^{+}, y_{1ik}^{-}, y_{2ik}^{+}, y_{2ik}^{-} \geq 0 \qquad (i=1(1)M-1); \; k=i+1(1)M) \tag{3.76}$$

$$y_{1i}, \; y_{2i} \geq 0 \qquad (i=1(1)M) \tag{3.77}$$

$$z_{ik1}\left(1 - z_{ik1}\right) = 0 \qquad (i=1(1)M-1); \; k=i+1(1)M) \tag{3.78}$$

$$z_{ik2}\left(1 - z_{ik2}\right) = 0 \qquad (i=1(1)M-1); \; k=i+1(1)M) \tag{3.79}$$

Die Nebenbedingungen (3.65) - (3.75) von QZP7'''' verhindern wiederum, daß es Überschneidungen bei der Anordnung der Elemente geben kann. Die Nebenbedingung (3.76) garantiert, daß nur eine der vier Nebenbedingungen (3.69) - (3.73) wirklich "greift". Damit ist QZP7'''' vollständig erläutert.

An dieser Stelle wird die Diskussion der Modelle zur Formulierung des Layoutproblems abgeschlossen. Eine weitere Modifikation oder Transformation der bisher bekannten Modelle - z.B. andere gemischt ganzzahlige lineare Programme - erscheint wenig sinnvoll, da der zusätzliche Erkenntnisgewinn relativ gering sein dürfte.[160] Festzuhalten bleibt aber, daß die modifizierten Modelle den existierenden vorzuziehen sind. Sie integrieren die betragsmäßig wesentlichen Teile der entscheidungsrelevanten Kosten (z.B. die Lagerhaltungskosten) in die Zielfunktion, berücksichtigen die wichtigsten realen Randbedingungen (z.B die Größe der anzuordnenden Elemente) angemessener und kommen mit deutlich weniger Binärvariablen und Randbedingungen aus. Da die lineare Formulierung der real nicht linearen Zusammenhänge aber keine ganzzahlige Lösung gewährleistet, ist der Nutzen der formulierten Modelle für die tatsächliche Lösung von praxisrelevanten Problemen eher gering, da keine geeigneten Rechenverfahren zur Verfügung stehen, die innerhalb einer angemessenen Zeitspanne eine optimale Lösung bestimmen. Um dies zu zeigen, wird im folgenden auf die Komplexität des quadratischen Zuordnungsproblems eingegangen.

3.4 Komplexität des quadratischen Zuordnungsproblems

Obwohl das quadratische Zuordnungsproblem relativ einfach zu formulieren ist, handelt es sich um ein nur "schwer lösbares" Problem, da eine optimale Lösung für praxisrelevante Problemgrößen nicht mit vertretbarem Rechenaufwand zu bestimmen ist. Eine erste Abschätzung des tatsächlich zu erwartenden Rechenaufwandes liefert im allgemeinen die auf Cook[161] zurückzuführende Komplexitätstheorie.

Zur Abschätzung des Rechenaufwandes wird üblicherweise die sogenannte O-Notation benutzt.[162] Danach ist der Rechenaufwand $R(N)$ eines Verfahrens von der (Größen-) Ordnung $f(N)$, in Zeichen $O(f(N))$, wenn er für hinreichend große N proportional zur Funktion $f(N)$ ist; d.h. es muß eine positive Konstante c existieren, so daß für alle $N \geq 0$ gilt: $R(N) \leq c \cdot f(N)$.[163] Ist die Funktion $f(N)$ ein Polynom k-ten Grades von N, so ist der Rechenaufwand des Verfahrens durch $O(N^k)$ polynomial begrenzt.[164] Kann der Rechenaufwand eines Verfahrens hingegen nicht polynomial

---

[160] Zur ausführlichen Diskussion weiterer Modelle vgl. Kaufman/Broeckx, 1978, S. 204 - 211; Domschke/Drexl, 1990, S. 160 ff.; Kusiak/Heragu, 1987, S. 234 f.; Kusiak, 1990, S. 304 f..

[161] Vgl. Cook, 1971, S. 151-158.

[162] Vgl. Melhorn, 1984, S. 37.

[163] Vgl. Domschke/Drexl, 1991, S. 111.

[164] Benötigt ein Algorithmus z.B. $4N^2+8N-12$ Elementarschritte (Additionen, Multiplikationen, etc.) zur Lösung eines Problems, so ist er von der Ordnung $f(N)=N^2$ (d.h. er hat eine sogenannte O-Notation von $O(N^2)$).

durch ein Polynom k-ten Grades begrenzt werden, so nennt man den Rechenaufwand exponentiell (oder nicht polynomial).[165] Die Unterscheidung dieser zwei Verfahrenstypen ist bei der Entwicklung oder Anwendung von Verfahren zur Lösung praxisrelevanter Probleme von besonderer Bedeutung. Grundsätzlich gelten nämlich nur Verfahren mit polynomial begrenztem Rechenaufwand als effizient. Sie sind auch zur Lösung "großer" Probleme geeignet, sofern das Polynom höchstens vom Grad 3 ist und die Koeffizienten des Problems nicht extrem groß sind.[166]

Auf der Grundlage dieser Vorüberlegungen hat man in der Komplexitätstheorie für zahlreiche Problemtypen untersucht, welchen Rechenaufwand sie im ungünstigsten Fall verursachen. Nach dieser Untersuchung lassen sich die zugrundeliegenden Entscheidungsprobleme aller bekannten Optimierungsprobleme im wesentlichen in zwei Klassen unterteilen:

- die Klasse P, zu der alle Probleme gehören, die durch einen deterministischen Turing-Automaten mit polynomial beschränktem Rechenaufwand gelöst werden können, und
- die Klasse NP, zu der alle Probleme gehören, die durch einen nichtdeterministischen Turing-Automaten mit polynomial beschränktem Rechenaufwand gelöst werden können.[167]

Für die Entwickler von Lösungsalgorithmen sind zunächst einmal die zuletzt genannten NP-komplexen Probleme von besonderem Interesse, da sie im Gegensatz zu den P-komplexen Problemen als schwierig gelten. Da sich aber fast alle praxisrelevanten Operations Research Probleme in der Klasse NP befinden, haben Komplexitätstheoretiker versucht, auch innerhalb der Klasse NP eine Hierarchie bezüglich des Schwierigkeitsgrads zu etablieren. So entstand die Klasse der NP-vollständigen Probleme, die einen Sonderfall der NP-komplexen Probleme darstellen. Ihre Definition setzt den von Cook erbrachten Beweis der Reduzierbarkeit eines Problems auf ein anderes Problem voraus, auf den hier jedoch nicht weiter eingegangen werden soll.[168] Danach heißt ein Problem NP-vollständig, wenn es erstens zur Klasse NP gehört und zweitens alle NP-komplexen Probleme auf dieses Problem reduziert werden können. Wenn ein Problem als NP-vollständig nachgewiesen wird, gilt dies als Rechtfertigung, zu seiner Lösung nicht nach effizienten Algorithmen zu suchen, sondern sofort entweder ineffiziente Algorithmen zu seiner exakten Lösung heranzuziehen oder aber auf eine exakte Lösung zu verzichten und stattdessen heuristische Algorithmen anzuwenden.[169]

---

[165] O(2^N) ist ein Beispiel für exponentiellen Aufwand.

[166] Vgl. Garey/Johnson, 1979, S. 6 - 9.

[167] Vgl. zur Beschreibung von Turing Automaten z.B. Zelewski, 1989, S. 19 ff..

[168] Vgl. Cook, 1971, S. 155 ff..

[169] Vgl. Zelewski, 1989, S. 69 f..

Für einige bedeutende Probleme, wie z.B. das dem Traveling Salesman Problem zugrundeliegende Entscheidungsproblem, wurde explizit nachgewiesen, daß sie NP-vollständig sind.[170] Für zahlreiche andere Probleme fehlt dieser formelle Beweis allerdings. Wenn trotzdem der Verdacht der NP-Vollständigkeit besteht, wird vielfach versucht, zu zeigen, daß das vorliegende Entscheidungsproblem mindestens so schwer lösbar ist wie ein bereits bekanntes NP-vollständiges Problem. Falls dies gelingt, wird das Problem als NP-hart bezeichnet.[171] Folglich sind NP-harte Probleme mindestens so komplex wie die NP-vollständigen Probleme, die ihrerseits die schwierigsten Probleme aus der Klasse NP darstellen. Dieser Vorgehensweise entsprechend haben Sahni und Gonzalez das quadratische Zuordnungsproblem auf das Traveling Salesman Problem zurückgeführt und damit gezeigt, daß es NP-hart ist.[172]

Betrachtet man die Größe der bisher optimal gelösten Probleme als weiteren Indikator für die Komplexität, so ist das quadratische Zuordnungsproblem auch noch als eines der schwierigeren Probleme in dieser Klasse zu bezeichnen. Während in der Literatur z.B. Traveling Salesman Probleme bekannt sind, die bereits mit einigen hundert Städten optimal gelöst wurden,[173] hat das größte bekannte quadratische Zuordnungsproblem, das optimal gelöst wurde, lediglich 18 Elemente und Standorte.[174]

Die Komplexität des quadratischen Zuordnungsproblems und damit auch die Bedeutung effizienter Lösungsverfahren soll an einem kleinen Beispiel verdeutlicht werden. Bei M=N anzuordnenden Elementen und potentiellen Standorten existieren N! mögliche Zuordnungen. Für ein quadratisches Zuordnungsproblem der Größe N=100 gibt es 100! also $\approx 10^{158}$ mögliche Zuordnungen. Einer der schnellsten zur Zeit existierenden Prozessoren rechnet mit einer Geschwindigkeit von maximal 333 Mega-FLOP.175 In einem optimistischen Szenario, in dem davon ausgegangen wird, daß man die Kosten einer Zuordnung mit einer Floating Point Operation berechnen kann und ein (Single-Prozessor) Computer mit einer Rechengeschwindigkeit von 1 Giga-FLOPS verfügbar wird, werden zur Berechnung aller möglichen Zuordnungen immer noch $(100!)/(60.60.24.365.10^9) \approx 3 \cdot 10^{141}$ Jahre benötigt. Auch wenn zukünftig erheblich schnellere Computer mit parallel arbeitenden Prozessoren entwickelt werden, wird es offensichtlich nicht möglich sein, quadratische Zuordnungsprobleme dieser Größenordnung optimal zu lösen.

---

[170] Vgl. Garey/Johnson, 1979, Anhang.

[171] Vgl. Garey/Johnson, 1979, S. 109 - 117.

[172] Vgl. Sahni/Gonzalez, 1976, S. 555 - 565.

[173] Vgl. Padberg/Rinaldi, 1987, S. 1 - 7.

[174] Vgl. Huntley/Brown, 1991, S. 279.

[175] FLOPS bedeutet Floating Point Operations per Second. Der oben zitierte Prozessor wurde von CRAY entwickelt und in der CRAY-YMP verwendet.

4. Verfahren zur Lösung von Layoutproblemen

4.1 Lösungsverfahren im Überblick

Der Überblick über die im Operations Research bekannten Lösungsverfahren orientiert sich sinnvollerweise an dem speziellen Typ des vorliegenden Entscheidungsmodells. Da die im Kapitel 3 formulierten Modelle für das Layoutproblem diskret sind,[176] kann sich auch der Überblick auf die dafür geeigneten Lösungsverfahren beschränken.

Alle bekannten Lösungsverfahren kann man zunächst einmal in konvergente und nicht konvergente einteilen, je nachdem ob die Verfahren eine optimale Lösung (bzw. deren Nichtexistenz) garantieren oder nicht. Zunächst werden die konvergenten Verfahren diskutiert.

Bei den konvergenten Verfahren, die auch als Optimierungsverfahren oder exakte Verfahren bezeichnet werden, handelt es sich entweder um Verfahren der vollständigen Enumeration oder um Verfahren der unvollständigen Enumeration (vgl. Abb. 4.1).[177] Die Verfahren der vollständigen Enumeration, die zunächst für alle potentiellen Lösungen des Entscheidungsmodells den Zielfunktionswert berechnen und dann erst die optimalen Lösungen auswählen, sind theoretisch gesehen nicht nur stets anwendbar, sondern auch am einfachsten zu implementieren. Diese Verfahren sind aber auch die ineffizientesten, da bei M=N Elementen und Standorten alle N! zulässigen Zuordnungen berechnet werden müssen. Das Beispiel in Kapitel 3 verdeutlicht, daß diese Verfahren nur auf sehr kleine Probleme anwendbar sind.

Einen im Vergleich zu den Verfahren der vollständigen Enumeration verringerten Rechenaufwand weisen die Verfahren der unvollständigen Enumeration auf. Sie beruhen auf der Vernachlässigung von potentiellen Lösungen, die bei der Lösungssuche möglichst frühzeitig als eindeutig nicht optimal erkannt werden. Die gebräuchlichsten Verfahren der unvollständigen Enumeration basieren auf Branch and Bound (B&B). Dabei wird die Menge der zulässigen Lösungen (der Lösungsraum) in Untermengen aufgeteilt (Branch). Durch Berechnung von unteren Schranken für den Zielfunktionswert in den Untermengen werden diejenigen Untermengen, die das Optimum nicht enthalten können, vom Lösungsraum entfernt (Bound). Der Algorithmus terminiert, wenn in allen Untermengen die unteren Schranken größer oder gleich dem bis dahin gefundenen minimalen Zielfunktionswert sind. Dieser Wert ist dann das Optimum.[178]

---

[176] Vgl. zur Definition von diskreten und stetigen Entscheidungsmodellen z.B. Kistner, 1987, S.4 f..

[177] In Anlehnung an Dinkelbach, 1979, S.1388 ff..

[178] Zur ausführlichen Diskussion des B&B-Verfahrens siehe z.B. Reklaitis et. al., 1983, S.468 - 479.

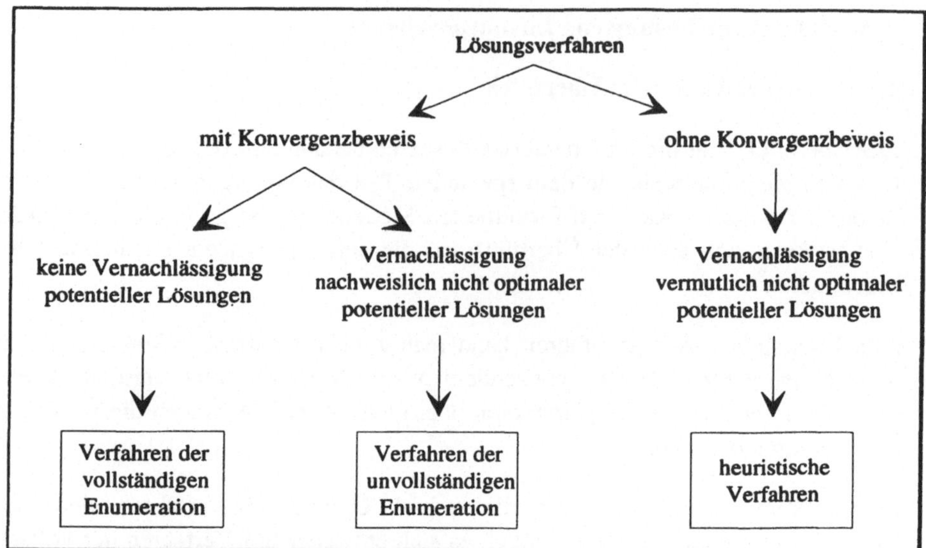

Abb. 4.1: Lösungsverfahren im Überblick

Für die hier betrachtete Problemstellung scheidet Branch and Bound aber ebenfalls aus, da man im Gegensatz zu anderen Problemen (z.B. Traveling Salesman) keine wirksamen unteren Schranken für den Zielfunktionswert finden kann.[179]

Andere Lösungsverfahren, wie z.B. das Schnittebenenverfahren von Bazaraa und Sherali oder das Extrempunktrankingverfahren von Cabot und Francis seien hier nur erwähnt, da sie noch ineffizienter sind als B&B.[180] Aber selbst bei Verfahren, die in ihrer Vorgehensweise sehr effizient an die speziellen Problemstrukturen angepaßt sind, ist die Anzahl der Lösungen, die man frühzeitig als nicht optimal erkennen kann, nicht groß genug, um Layoutprobleme mit 20-30 anzuordnenden Elementen und potentiellen Standorten in akzeptabler Rechenzeit zu lösen. Das schnelle Ansteigen der Lösungszeit mit der Problemgröße bei solchen Verfahren verdeutlicht Abb. 4.2. Während ein Problem der Größe M=6 noch in Bruchteilen einer Sekunde gelöst werden kann, beträgt die Lösungszeit für das größte dem Autor bekannte exakt gelöste quadratische Zuordnungsproblem mit M=18 anzuordnenden Elementen bereits ungefähr 18 Stunden.[181] Die Entwicklung von speziellen Verfahren dieser Art hätte daher eher theoretische als praktische Bedeutung.

---

[179] Vgl. Müller-Merbach, 1970, S. 159 f..

[180] Vgl. Bazaraa/Sherali, 1980, S. 37; Cabot/Francis, 1970, S. 82 - 86.

[181] Der Algorithmus, mit dem das Problem der Größe M=18 gelöst wurde, wurde auf einem 32-Prozessor Intel IPSC/2 Hyperwürfel implementiert (vgl. Huntley/Brown, 1991, S. 279).

M (in Anz. Elemente)	Rechenzeit (in Sekunden)
5	0,005
6	0,020
7	0,059
8	0,260
12	46,711
15	2.947,320
18	$\approx$ 64.800,000

Abb. 4.2: Rechenzeit konvergenter Verfahren zur Lösung von Layoutproblemen[182]

Da offensichtlich keine konvergenten Verfahren existieren, die Probleme realistischer Größenordnung mit vertretbarem Rechenaufwand lösen können, ist es verständlich, daß Theorie und Praxis zahlreiche nicht konvergente Verfahren entwickelt haben. Solche Verfahren ohne Konvergenzbeweis werden in Anlehnung an Dinkelbach[183] nachfolgend auch als heuristisch bezeichnet. Heuristische Verfahren zeichnen sich vor allem dadurch aus, daß sie bei der Lösungssuche auch potentielle Lösungen des Problems vernachlässigen, ohne zu wissen, ob diese nicht optimal sind (vgl. Abb. 4.1).

Bei den entwickelten und erprobten heuristischen Verfahren findet die Entscheidung, eine potentielle Lösung vom Suchprozeß auszuschließen, normalerweise aber nicht willkürlich statt. Sie ist vielmehr an bestimmte Kriterien gebunden, die man so zu gestalten versucht, daß eine möglichst "gute" Lösung "relativ schnell" berechnet werden kann. Dabei ist eine Lösung als "gut" zu bezeichnen, wenn sie nur wenige Prozentpunkte vom Optimum abweicht. Es ist jedoch nur selten möglich, die Güte einer Lösung mit einer worst-case Analyse - die den im ungünstigsten Fall noch bestehenden "Abstand zum Optimum" angibt - zu beurteilen.[184] Die Lösung ist "relativ schnell" berechenbar, wenn die Lösungszeit vom Entscheidungsträger für vertretbar gehalten wird und bis zum Entscheidungszeitpunkt vorliegt.

Zusammenfassend kann festgestellt werden, daß der Einsatz von Modellen und konvergenten Verfahren zur optimalen Lösung von Layoutproblemen in der Praxis

---

[182] Die genannten Lösungszeiten ermitteln Burkhard, 1984, S. 286; Domschke/Drexl, 1990, S. 147 f., Huntley/Brown, 1991, S. 279.

[183] Dinkelbach, 1979, S. 1382 nennt auch unterschiedliche Gründe für die fehlende Konvergenz. Streim, 1975, S. 148 unterscheidet im Gegensatz dazu die nicht konvergenten Verfahren in heuristische und willkürliche Verfahren, je nachdem ob die Vernachlässigung von potentiellen Lösungen willkürlich oder nicht immer willkürlich erfolgt.

[184] Vgl. Dinkelbach, 1979, S. 1384 und die Analyse der Lösungsverfahren im Kapitel 5 dieser Arbeit.

innerhalb der normalerweise zur Verfügung stehenden Zeitspanne aufgrund der Komplexität des Problems (NP-vollständig) nur für sehr kleine Probleme möglich sein wird. Praktische Relevanz haben nur die heuristischen Verfahren. Diese werden im folgenden betrachtet. Sie lassen sich nach ihrer primären Aufgabenstellung unterteilen in heuristische Verfahren zur Erzeugung eines Layouts und heuristische Verfahren zur Verbessserung eines Layouts.[185] Die beiden Verfahrenstypen kann man zur Kompensierung ihrer jeweiligen Schwächen auch miteinander kombinieren. Zunächst werden die Verfahren zur Erzeugung eines Layouts ausführlich diskutiert.

4.2 Heuristische Verfahren zur Erzeugung eines Layouts

Heuristische Verfahren zur Erzeugung eines Layouts werden zur Konstruktion einer (ersten) zulässigen Zuordnung der anzuordnenden Elemente zu den potentiellen Standorten benutzt. Mit anderen Worten, Verfahren die sich dieser Klasse zuordnen lassen, haben die Aufgabe, die anzuordnenden Elemente erstmalig auf den potentiellen Standorten zu plazieren. Sie sind i.d.R. einfach zu implementieren und haben kurze Laufzeiten. In der Literatur besteht jedoch Einigkeit darüber, daß die Lösungsqualität eher als schlecht zu beurteilen ist.[186] Wenn trotz der offensichtlich geringen Lösungsqualität auch in dieser Arbeit einige Verfahren zur Erzeugung eines Layouts diskutiert werden, dann nicht nur der Vollständigkeit halber, sondern auch oder vor allem, weil die qualitativ überlegenen Verfahren zur Verbesserung eines Layouts (vgl. Kap. 4.3) eine zulässige Anfangszuordnung benötigen.

4.2.1 Grundstruktur der Verfahren

Die hier betrachteten Verfahren zur Erzeugung eines Layouts gehen grundsätzlich von einer einfachen Zuordnung aus, d.h. in jeder Iteration wird genau ein Element aus E einem Standort aus S eindeutig zugeordnet. Denkbar sind auch Verfahren mit paarweiser Zuordnung,[187] d.h. in jeder Iteration wird ein Paar der anzuordnenden Elemente einem Paar der potentiellen Standorte zugeordnet. Verfahren mit paarweiser Zuordnung werden hier jedoch nicht betrachtet, da sie sich nicht sonderlich bewährt haben.[188] Bei einfacher Zuordnung und M anzuordnenden Elementen sind

---

[185] In der Literatur werden die Verfahren zur Erzeugung eines Layouts auch als Eröffnungs-, Konstruktions- oder Aufbauverfahren und die Verfahren zur Verbesserung eines Layouts auch als Iterations- oder Vertauschungsverfahren bezeichnet, vgl. Müller-Merbach, 1976, S. 72 f.; Martin, 1976, S. 20 ff.; Dangelmaier, 1986, S. 72.

[186] Vgl. Francis et al., 1992, S. 569.

[187] Vgl. z.B. das Verfahren von Müller-Merbach, 1970, S.162. Sehr ähnlich ist das Verfahren MAT von Edwards et al, 1970, S. 161 - 169 oder FATE von Block, 1978, S. 111 - 120 als Erweiterung von MAT. Siehe aber auch Land, 1963, S. 185 - 198.

[188] Vgl. Burkhard, 1975, S. 187 f..

also M Iterationen notwendig, um ein vollständiges Layout zu erzeugen. Da während der Konstruktion eines ersten zulässigen Layouts der Standort für ein einmal angeordnetes Element definitionsgemäß nicht mehr verändert wird, verringert sich bei den Verfahren sowohl die Menge der noch anzuordnenden Elemente als auch die Menge der potentiellen Standorte mit jeder Iteration. Es handelt sich also immer um Verfahren mit abnehmendem Freiheitsgrad.[189]

Zu überlegen ist aber, ob man bei der erstmaligen Konstruktion eines vollständigen Layouts ein Gesamt- oder Teillayoutverfahren benutzt. Ein Gesamtlayoutverfahren baut sukzessive ein vollständiges Layout auf, das alle anzuordnenden Elemente umfaßt. Im Unterschied dazu sind bei Teillayoutverfahren zwei Phasen zu durchlaufen, um ein Gesamtlayout zu entwickeln. In einer ersten Phase wird das Gesamtlayoutproblem in mindestens zwei Teillayoutprobleme zerlegt, von denen jedes nur einen Teil der anzuordnenden Elemente und potentiellen Standorte umfaßt. Nach der sukzessiven Lösung der Teillayoutprobleme ist aus den gebildeten Teillayouts mit Hilfe geeigneter Koordinationsmechanismen ein Gesamtlayout zu erzeugen.[190] Da in der Literatur mehrere Untersuchungen zu finden sind, die zu dem Ergebnis kommen, daß die Nachteile der Teillayoutverfahren deren Vorteile eindeutig überwiegen,[191] wird in dieser Arbeit nur auf Gesamtlayoutverfahren eingegangen.

Um nun die allgemeine Grundstruktur der (Gesamtlayout-) Verfahren zur Erzeugung eines Layouts mit einfacher Zuordnung einigermaßen überschaubar zu präsentieren, werden zunächst die zwei Prozeduren ZULÄSSIG und AUSWAHL unterschieden.

---

[189] Zur Definition von abnehmenden und zunehmenden Freiheitsgrad vgl.Müller-Merbach, 1976,S. 73. Zunehmender Freiheitsgrad würde hier bedeuten, daß man bereits angeordnete Elemente verschieben kann. Da das nicht der Definition von Verfahren zur Erzeugung eines Layouts entspricht, werden solche Verfahren hier den kombinierten Verfahren zur Erzeugung und Verbesserung eines Layouts zugeordnet.

[190] MSLP von Kaku/Thompson, 1988, S. 384 - 397 ist das einzige in der Literatur vorhandene aktuelle Teillayoutverfahren. Es wurde primär für Probleme entwickelt, bei denen die Standortfläche mehrere Etagen oder Stockwerke umfaßt. Bei K-Etagen teilen sie durch Clusteranalysen die anzuordnenden Elemente so in K-Gruppen auf, daß die Beziehungen zwischen den Elementen verschiedener Gruppen minimal und zwischen den Elementen derselben Gruppe maximal sind. Ein QZP besteht dann darin, die K-Gruppen den K-Etagen zuzuordnen. K weitere Probleme sind zu lösen, um die Elemente einer Gruppe auf der entsprechenden Etage zieloptimal anzuordnen.

[191] Teillayoutverfahren haben zwar den Vorteil, daß in Abhängigkeit von der Größe der Teillayoutprobleme der Einsatz exakter Lösungsverfahren möglich sein kann; die optimale Lösung der Teilprobleme führt aber nicht zu einer optimalen Lösung des Gesamtproblems. Nachteilig ist auch die geeignete Bestimmung der Anzahl der zu bildenden Teilprobleme und die Art der gewählten Zerlegung. Domschke/Drexl, 1990, S. 151 und die dort zitierten Untersuchungen kommen zu dem Ergebnis, daß Teillayoutverfahren theoretisch zwar sehr interessant sind, hinsichtlich der Güte der erzielbaren Lösungen den anderen Verfahren aber unterlegen zu sein scheinen.

Dabei kennzeichnet ZULÄSSIG eine Prozedur, die mit bestimmten Zulässigkeits-regeln aus der Menge der potentiellen Standorte diejenigen ermittelt, auf denen das i-te anzuordnende Element grundsätzlich angeordnet werden kann, und AUSWAHL eine Prozedur, die mit bestimmten Auswahlregeln die zu kombinierenden Elemente und Standorte aus E und S auswählt. Auf eine Darstellung der ohnehin recht ein-fachen Prozedur ZULÄSSIG wird hier verzichtet, da Zulässigkeitsregeln gemäß Annahme (A5) nicht zu beachten sind, d.h. die Zuordnung der anzuordnenden Ele-mente zu den potentiellen Standorten soll keinen Beschränkungen unterliegen. Der Schwerpunkt wird im folgenden auf die Diskussion der Prozedur AUSWAHL ge-legt, deren Konkretisierung das primäre Unterscheidungskriterium für die Verfahren zur Erzeugung eines Layouts ist.

Beim Start der Prozedur AUSWAHL sind noch keine Zuordnungen vorhanden, d.h. zunächst ist noch kein anzuordnendes Element aus E einem potentiellen Standort aus S zugeordnet. Die Prozedur soll im Verlauf des Verfahrens die anzuordnenden Elemente schrittweise den potentiellen Standorten zuweisen, und zwar so lange, bis allen anzuordnenden Elementen genau ein Standort zugeordnet ist. Diese Problem-stellung wird in der Literatur üblicherweise in zwei Teilaufgaben untergliedert:[192]
(1) Die Bestimmung der Reihenfolge, in der die anzuordnenden Elemente auf den potentiellen Standorten angeordnet werden sollen.
(2) Die Zuordnung der anzuordnenden Elemente zu bestimmten Standorten.

Für die Abarbeitung dieser zwei Teilaufgaben findet man in der Literatur verschie-dene Vorgehensweisen, die sich in serielle, alternierende und simultane unterschei-den lassen.[193]

Werden mit einem Verfahren zuerst eine vollständige Reihenfolge aller anzuord-nenden Elemente und anschließend erst die in jeder Iteration zu belegenden Stand-orte ermittelt, wird es als serielles Verfahren bezeichnet. Serielle Verfahren sind zwar recht einfach zu implementieren, haben aber den Nachteil, daß sie bei der Fest-legung der Anordnungsreihenfolge nur die Eigenschaften der anzuordnenden Ele-mente benutzen können.

Alternierende Verfahren ordnen im Gegensatz dazu jedes Element sofort nach sei-ner Auswahl als nächstes anzuordnendes Element einem potentiellen Standort zu. Sie bieten daher den Vorteil, daß man bei der Erstellung der Anordnungsreihenfolge für die anzuordnenden Elemente nicht nur die gegebenen Problemdaten, sondern auch schon die bereits ermittelten aktuellen Lösungsdaten berücksichtigen kann, d.h. der nach jedem Iterationsschritt entstandene Teilanordnungsplan kann mit zur Auswahl des nächsten anzuordnenden Elements verwendet werden. Serielle und

---

[192] Vgl. Domschke/Drexl, 1990, S. 149; Dangelmaier, 1986a, S. 74.

[193] Dangelmaier, 1986a, S. 75 unterscheidet nur serielle und parallele Verfahren.

alternierende Verfahren benutzen Auswahlregeln, die "nur" ein anzuordnendes Element auswählen sowie Regeln, die "nur" einen zu belegenden Standort ermitteln. Sie unterscheiden sich lediglich durch die zeitliche Abfolge der beiden Regeln.

Bei simultanen Verfahren wird im Gegensatz dazu mit einer einzigen Auswahlregel mit entsprechend erweitertem Aufgabenumfang quasi gleichzeitig das anzuordnende Element und der Standort, auf dem das ausgewählte Element angeordnet werden soll, bestimmt. Der in Abb. 4.3 in einer sehr allgemeinen Weise formulierte Pseudo-Code verdeutlicht die drei unterschiedlichen Vorgehensweisen.[194]

```
//A: Feld, das Elemente speichern kann//
k:=0;
WHILE |E| > 0
    1.Wähle ein i∈E
    2.A[k] ← i
    3.E   ← E\{i}
    4.k   ← k+1
ENDWHILE

//In A stehen die sortierten Elemente//
WHILE |S| > 0
    1.Wähle ein j∈S
    2.a_A[k] ← j
    3.S   ← S\{j}
    4.k   ← k+1
ENDWHILE
```
serielles Verfahren

```
WHILE |E| > 0
    1.Wähle ein i ∈ E
    2.Wähle ein j ∈ S
    3.a_i ← j
    4.E   ← E\{i}
    5.S   ← S\{j}
ENDWHILE
```
alternierendes Verfahren

```
WHILE |E| > 0
    1.Wähle ein {i;j} ∈ E X S
    2.a_i ← j
    3.E   ← E\{i}
    4.S   ← S\{j}
ENDWHILE
```
simultanes Verfahren

Abb. 4.3: Pseudo-Code für unterschiedliche Vorgehensweisen der Prozedur AUS-WAHL

---

[194] In dem Pseudo-Code werden Kommentare in der Form //<Kommentar>// gekennzeichnet.

Ein letztes wichtiges Klassifikationsmerkmal unterscheidet die Verfahren zur Erzeugung eines Layouts, unabhängig von der Vorgehensweise der Verfahren und auch unabhängig von dem Aufgabenumfang der Auswahlregeln, in Prioritäts- und Zufallsregelverfahren.[195] Prioritätsregelverfahren ermitteln auf der Grundlage der gegebenen Problemdaten und/oder der aktuellen Lösungsdaten nach einer deterministischen Vorschrift für jedes anzuordnende Element eine Priorität für dessen Anordnung, für jeden potentiellen Standort eine Priorität für dessen Belegung oder für jede zulässige Kombination von Element und Standort eine Priorität für deren Zuordnung. Das Element, der Standort oder die Kombination von Element und Standort mit der jeweils höchsten Priorität wird ausgewählt. Im Gegensatz dazu wird bei den Zufallsregeln in mindestens einer Iteration des Verfahrens das anzuordnende Element, der zu belegende Standort, die auszuwählende Kombination von Element und Standort oder die zu benutzende Prioritätsregel durch einen Zufallsmechanismus bestimmt.[196]

Während Prioritätsregelverfahren bei wiederholter Anwendung auf ein und dasselbe Problem stets dieselbe Lösung ermitteln, führt ein Zufallsregelverfahren durch die zufällige Komponente in der Regel zu unterschiedlichen Lösungen. Da die Vielzahl der möglichen Prioritäts- und Zufallsregelverfahren zur Erzeugung eines Layouts unüberschaubar groß ist, beschränkt sich diese Arbeit auf die Beschreibung von Verfahren, die sich in der Literatur durchgesetzt haben oder aufgrund spezifischer Charakteristika von besonderem Interesse sind. Im folgenden werden zunächst Prioritätsregeln und danach in Kapitel 4.2.3 Zufallsregelverfahren dargestellt und diskutiert.

4.2.2 Prioritätsregelverfahren

In Abb. 4.4 sind einige von zahlreichen denkbaren Auswahlregeln zur Realisierung der in Abb. 4.3 dargestellten Ablaufschritte 1 und 2 genannt. Die Abb. 4.4. vermittelt einen Überblick über die Vielzahl alternativer Prinzipien, nach denen man eine erste zulässige Lösung für ein QZP ermitteln kann. Die wichtigsten der dort genannten Prinzipien werden in den folgenden Abschnitten detaillierter beschrieben.

---

[195] Domschke/Drexl, 1990, S. 113 bezeichnen alle Verfahren mit einer zufälligen Komponente als stochastische Verfahren. Streim, 1975, S. 148 spricht von willkürlichen Verfahren, ordnet diese aber nicht den heuristischen Verfahren zu.

[196] Verfahren, die nicht jede Auswahlentscheidung zufällig treffen, sind zwar keine reinen Zufallsregelverfahren, aber trotzdem den Zufallsregelverfahren zuzuordnen.

	Auswahl anzuordnendes Element	Auswahl zuzuordnender Standort
Serielle Verfahren	**A1:** Wähle aus der Menge der anzuordnenden Elemente dasjenige mit der größten Summe der Transportintensitäten von und zu allen Elementen.	**B1:** Wähle aus der Menge der noch freien Standorte denjenigen mit der geringsten Summe der Entfernungen von und zu sämtlichen Standorten.
Alternierende Verfahren	**A2:** Wähle aus der Menge der anzuordnenden Elemente dasjenige mit der größten Transportintensität zum zuletzt angeordneten Element.	**B2:** Wähle aus der Menge der noch freien Standorte denjenigen, der dem Standort des zuletzt angeordneten Elements benachbart ist.
	A3: Wähle aus der Menge der anzuordnenden Elemente dasjenige mit der größten Transportintensität zu einem bereits angeordneten Element.	**B3:** Wähle aus der Menge der noch freien Standorte denjenigen, der die geringste Summe der Entfernungen zu den bereits belegten Standorten besitzt.
	A4: Wähle aus der Menge der anzuordnenden Elemente dasjenige mit der größten Summe der Transportintensitäten von und zu allen bereits angeordneten Elementen.	**B4:** Wähle aus der Menge der noch freien Standorte denjenigen, durch den der Transportkostenanstieg innerhalb der entstehenden Zuordnung minimiert wird.
Simultane Verfahren	**C1:** Wähle aus der Menge der noch nicht angeordneten Elemente und der Menge der noch freien Standorte das Element und den Standort, bei dem die Differenz zwischen dem maximalen und dem minimalen Zuwachs der Transportkosten der bisherigen Teilanordnung am größten ist.	
	C2: Wähle aus der Menge der noch nicht angeordneten Elemente und der Menge der noch freien Standorte das Element und den Standort, bei dem der potentielle Zuwachs der Transportkosten der bisherigen Teilanordnung am größten ist, wenn das entsprechende Element nicht dem Standort zugeordnet wird.	

Abb. 4.4: Überblick über alternative Auswahlregeln[197]

---

[197] Domschke/Drexl, 1990, S. 150 geben auch einen Überblick über mögliche Auswahlregeln.

4.2.2.1 Serielle Prioritätsregelverfahren

Das bekannteste, aber auch wohl einfachste serielle Prioritätsregelverfahren ist auf Gilmore zurückzuführen.[198] Er verwendet in seinem Algorithmus G-62 die in Abb. 4.4 genannten Regeln A1 und B1:

A1. Wähle aus der Menge der anzuordnenden Elemente dasjenige mit der größten Summe der Transportintensitäten von und zu allen Elementen.

B1. Wähle aus der Menge der noch freien Standorte denjenigen mit der geringsten Summe der Entfernungen von und zu sämtlichen Standorten.

Die Funktionsweise von G-62 kann folgendermaßen verdeutlicht werden: Die erste Regel dient dazu, die anzuordnenden Elemente i nach monoton abnehmender Summe der Transportintensitäten t_i mit

$$t_i = \sum_{k=1}^{M} t_{ik} + \sum_{k=1}^{M} t_{ki} \qquad (4.1)$$

zu sortieren, um somit die Reihenfolge festzulegen, in der die anzuordnenden Elemente anzuordnen sind. Die zweite Regel dient dazu, die potentiellen Standorte j nach monoton zunehmender Entfernung d_j mit

$$d_j = \sum_{l=1}^{N} d_{jl} + \sum_{l=1}^{N} d_{lj} \qquad (4.2)$$

zu sortieren, um somit die Reihenfolge festzulegen, in der die potentiellen Standorte zu belegen sind.Der Algorithmus ordnet dann das anzuordnende Element mit dem größten (zweitgrößten, usw.) t_i auf dem potentiellen Standort mit dem kleinsten (zweitkleinsten, usw.) d_j an.

Auch andere serielle Prioritätsregelverfahren benutzen ähnlich einfache Auswahlkriterien. So kann man beispielsweise die oben benutzte Transportintensität auch durch eine andere Beziehung, die zwischen den Elementen besteht, ersetzen (z.B. durch die Anzahl der Transportbeziehungen). Es ist aber auch möglich, spezielle Eigenschaften der Elemente als Auswahlkriterium zu benutzen. Ein solches Kriterium ist z.B. die Größe der Elemente. In Abhängigkeit von der Problemstellung (kleine oder große Planungsfläche im Verhältnis zum Flächenbedarf) kann es nämlich sinnvoll sein, zu Beginn des Verfahrens bevorzugt kleine bzw. große Elemente anzuordnen.[199] Die meisten Verfahren benutzen solche Kriterien wegen der geringen Güte der damit erzielbaren Lösungen aber nur in Verbindung mit anderen Kriterien.[200]

---

[198] Vgl. Gilmore, 1962, S. 307. Müller-Merbach, 1970, S. 161 publiziert die von Gilmore verwendeten Regeln einige Jahre später ebenfalls.

[199] Das Kriterium der Anordnung nach der kleinsten Fläche hat bei einer kleinen Planungsfläche z.B. Schwierigkeiten, am Rande der Teilanordnung ausreichend Platz für die noch zu positionierenden, großen Elemente zu finden (vgl. Dangelmaier, 1986, S. 91).

[200]Man benutzt sie z.B. zur eindeutigen Auswahl eines Elements, wenn mit der "ersten" Regel mehrere gleichwertige Elemente ermittelt werden.

4.2.2.2 Alternierende Prioritätsregelverfahren

Die bei den seriellen Prioritätsregelverfahren beschriebenen Auswahlregeln können natürlich auch bei den alternierenden Prioritätsregelverfahren benutzt werden. Dies erscheint jedoch wenig sinnvoll, da - bedingt durch das ständige Hin- und Herschalten zwischen den zwei Regeln - die gleiche Lösung mit einer höheren Rechenzeit ermittelt wird.

Deutlich hervorzuheben ist vielmehr der eigentliche Vorteil der alternierenden Verfahren, der in der Möglichkeit besteht, bei der Auswahl des Elements, das als nächstes anzuordnenden ist, auch schon die Beziehungen zu den bereits angeordneten Elementen zu berücksichtigen. Für das erste anzuordnende Element besteht diese Möglichkeit jedoch noch nicht, da noch keine Teilanordnung existiert, aus der man Informationen gewinnen könnte. Zur Auswahl des ersten anzuordnenden Elements können folglich nur die bereits im Rahmen der seriellen Verfahren diskutierten Regeln verwendet werden. Um den Rahmen dieser Arbeit nicht zu sprengen, sollen auch hier nur zwei Verfahren (SAT und CORELAP), die sich der alternierenden Vorgehensweise zuordnen lassen, detaillierter beschrieben werden.

SAT von Kiehne

Das wohl von Schmigalla[201] stammende und von Kiehne zu einem EDV-Programm erweiterte Verfahren SAT verwendet für die Auswahl und Anordnung des ersten Elements die bereits diskutierten Regeln A1 und B1 und ansonsten die in Abb.4.4 genannten Regeln A4 und B4:[202]

A4. Wähle aus der Menge der anzuordnenden Elemente dasjenige mit der größten Summe der Transportintensitäten von und zu allen bereits angeordneten Elementen.

B4. Wähle aus der Menge der noch freien Standorte denjenigen, durch den der Transportkostenanstieg innerhalb der entstehenden Zuordnung minimiert wird.

Die erste Regel benutzt zwar wiederum die Transportintensität als Auswahlkriterium; auswahlentscheidend ist aber nicht mehr die Summe der Transportintensitäten von und zu allen Elementen, sondern nur noch die Summe der Transportintensitäten von und zu allen bereits angeordneten Elementen. Das so ausgewählte Element wird dann, mit Hilfe der zweiten Regel, auf dem potentiellen Standort angeordnet, der nach dem augenblicklichen Stand der Anordnung am günstigsten ist, d.h. es wird der Standort zugeordnet, der den (Teil-) Zielfunktionswert der Teilanordnung am wenigsten erhöht.[203]

---

[201] Hardeck, 1977, S. 31 weist darauf hin, daß der Grundgedanke von Schmigalla, H.: Methoden zur optimalen Maschinenanordnung, Berlin 1970 stammt.

[202] SAT steht für Satelliten-Verfahren, vgl. Kiehne, 1969, S.19ff. Kiehne benutzt diese Regeln aber auch in dem Eröffnungsteil seines kombinierten Verfahrens.

[203] Vgl. auch Hardeck, 1977, S. 31; Kusiak/Heragu, 1987, S. 239.

Um zu entscheiden, auf welchem potentiellen Standort das ausgewählte Element angeordnet werden soll, muß zunächst für jeden dieser potentiellen Standorte des Elements der Teilzielfunktionswert berechnet werden. Der dafür erforderliche Rechenaufwand kann erheblich reduziert werden, wenn der Teilzielfunktionswert nicht für alle potentiellen Standorte berechnet wird, sondern nur für solche Standorte, die einem bereits belegten Standort benachbart sind.[204] Begründen läßt sich diese Vorgehensweise damit, daß alle Standorte, die mit der aktuellen Teilanordnung nicht benachbart sind, eine größere Transportentfernung zu den bereits angeordneten Elementen erzwingen als die benachbarten und damit auch der Teilzielfunktionswert zwangsläufig immer größer ist.

Von SAT kaum zu unterscheiden ist die von Neghabat gewählte Vorgehensweise.[205] Sein Verfahren **LPA** ordnet im Gegensatz zu SAT im ersten Anordnungsschritt die beiden Elemente an, zwischen denen die Transportintensität am größten ist. Anschließend benutzt er ebenfalls die Regeln A4 und B4. Eine weitere geringfügige Variation von SAT schlägt Müller-Merbach vor.[206] Sein Verfahren unterscheidet sich von dem eben beschriebenen dadurch, daß bei der Auswahl des Standorts, der als nächstes zu belegen ist, nicht derjenige ermittelt wird, durch den der Transportkostenanstieg innerhalb der entstehenden Zuordnung minimiert wird (B4), sondern derjenige, der die geringste Summe der Entfernungen zu den bereits belegten Standorten besitzt.[207]

CORELAP von Lee und Moore

Das von Lee und Moore[208] stammende Verfahren CORELAP wird in dieser Arbeit vor allem deshalb ausführlich diskutiert, weil es trotz seiner enormen Bekanntheit in den meisten Veröffentlichungen entweder falsch oder so unvollständig beschrieben wird, daß die Funktionsweise nicht nachvollzogen werden kann.[209]

---

[204] Zu den verschiedenen Definitionen von Nachbarschaft vgl. Kap. 2.2.3 und Dangelmaier, 1986, S. 92 ff. .

[205] LPA steht für linear placement algorithm, vgl. Neghabat, 1974, S. 622-628.

[206] Müller-Merbach, 1970, S. 161 f..

[207] Dies ist eine signifikante Vereinfachung, da hierbei die Transportmengen bei der Auswahl der Standorte nicht berücksichtigt werden.

[208] CORELAP steht für computerized relationship layout planning, vgl. Lee/Moore, 1967, S. 195-200. ALDEP von Seehof und Evans, 1967, S. 690-695 und SLP von Muther sind sehr ähnlich in ihrer Vorgehensweise. ALDEP unterscheidet sich von CORELAP z.B. nur dadurch, daß das erste anzuordnende Element zufällig ausgewählt wird. ALDEP ist also ein Zufallsregelverfahren.

[209] Vgl. z.B. Domschke/Drexl, 1990, S. 150 f.; Lüder, 1990, S. 80 ff. oder Tompkins/White, 1984, S. 286 ff., deren Beschreibung der Originalfassung noch am ehesten entspricht.

CORELAP soll die Erzeugung eines Layouts auch im nicht güterwirtschaftlichen Bereich (z.B. im Verwaltungsbereich) ermöglichen. Deshalb sind die Beziehungen zwischen den anzuordnenden Elementen in dem ursprünglich von Muther[210] entworfenen "relationship-chart" erfaßt, in dem die "closeness ratings" jeweils den Grad der anzustrebenden Nachbarschaft zweier anzuordnender Elemente zum Ausdruck bringen.[211] Bei der Erzeugung eines Layouts wird mit Hilfe dieser closeness ratings, d.h. den sechs Beziehungsklassen bzw. den Bewertungszahlen, die den Klassen zugeordnet sind (A=6, E=5, I=4, O=3, U=2, X=1), das jeweils nächste anzuordnende Element ausgewählt. Auswahlentscheidend kann aber auch w_i sein, die Summe der Bewertungszahlen, die den einzelnen Beziehungsklassen zugeordnet sind, mit

$$w_i = \sum_{k=1}^{M} w_{ik} \quad (w_i := \text{total closeness rating}) \tag{4.3}$$

Die Verfahrensschritte von CORELAP lauten (vgl. auch das in Abbildung 4.5 dargestellte Flußdiagramm):[212]

(1) Wähle aus der Menge der anzuordnenden Elemente dasjenige mit der größten Summe der Bewertungszahlen, die den einzelnen Beziehungsklassen zugeordnet sind (i:=Max.{w_i}). Bei gleich guten Alternativen, wähle das Element mit der größeren Fläche und bei gleichgroßen Flächen das mit der kleineren Bezeichnungsnummer. Lee und Moore bezeichnen das so ausgewählte Element als "winner".

(2) Wähle aus der Menge der noch freien Standorte denjenigen als Standort für den "winner", der die geringste Summe der Entfernungen zu sämtlichen Standorten aufweist.

(3) Wähle aus der Menge der anzuordnenden Elemente als nächstes dasjenige, mit einer A-Beziehung zu dem "winner". Falls eine solche A-Beziehung nicht existiert, wähle das Element mit einer E-Beziehung (I-Beziehung usw.) zu dem "winner". Gibt es mehrere gleichwertige Alternativen, wähle diejenige mit der größeren Summe der Bewertungszahlen (und bei identischer Summe der Bewertungszahlen die mit der größeren Fläche usw. s.o.). Lee und Moore bezeichnen das so ausgewählte Element als "victor".

(4) Wähle aus der Menge der noch freien Standorte denjenigen, der die Summe der Bewertungszahlen zu den bereits angeordneten, unmittelbar benachbarten Elementen maximiert.[213]

---

[210] Vgl. Muther, 1961, S. 12 ff..

[211] Vgl. dazu auch Kap. 2.2.5 dieser Arbeit.

[212] Vgl. Lee/Moore, 1967, S. 196.

[213] Domschke/Drexl, 1990, S. 150 f. schreiben:"Ein freier Platz, der der zuletzt angeordneten OE benachbart ist."

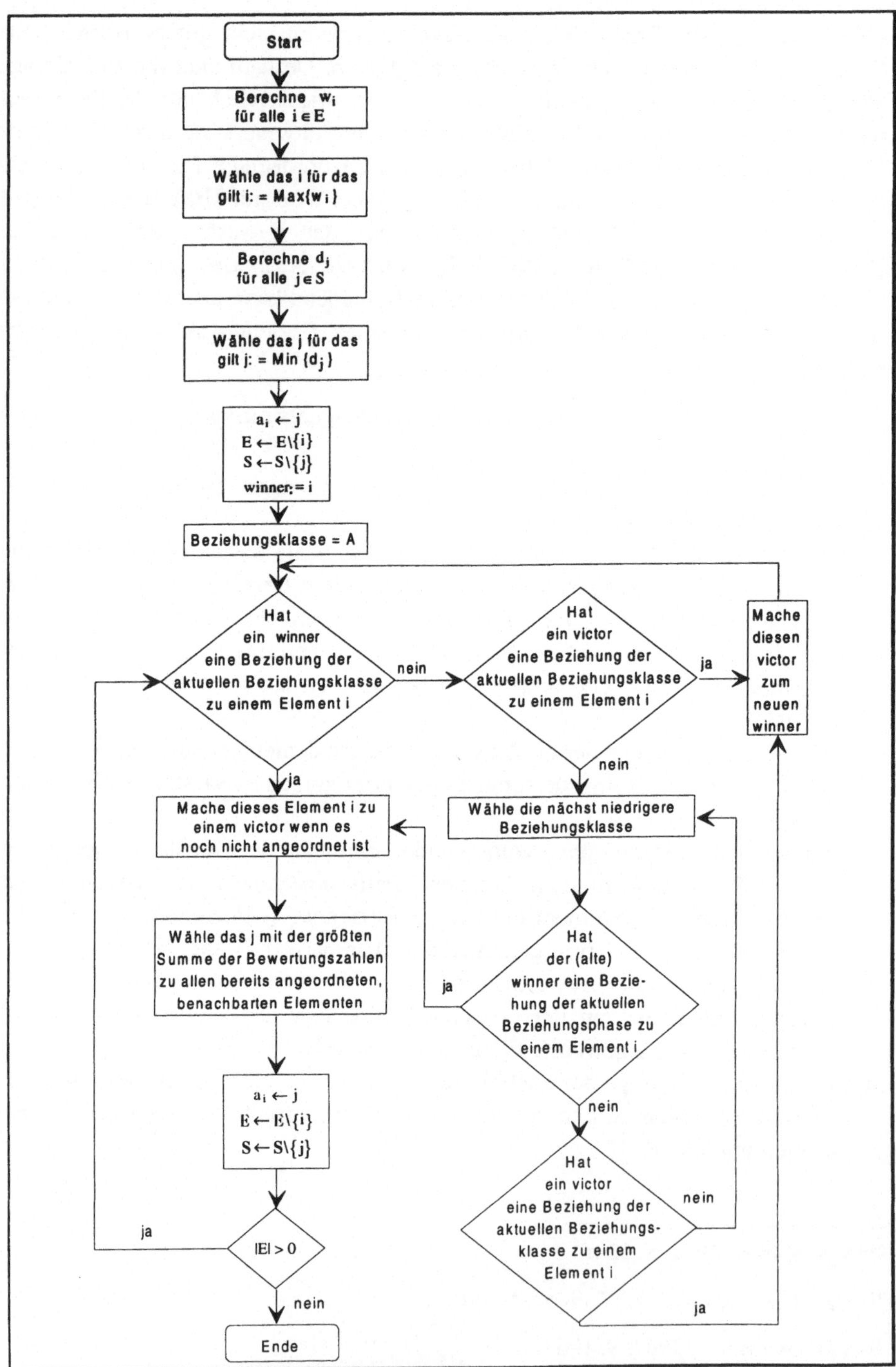

Abb. 4.5: CORELAP-Flußdiagramm

(5) Wähle aus der Menge der anzuordnenden Elemente dasjenige mit einer A-Beziehung zu dem "winner". Gibt es mehrere gleichwertige Alternativen, wähle diejenige mit der größeren Summe der Bewertungszahlen (und bei identischer Summe der Bewertungszahlen die mit der größeren Fläche usw. s.o.). Falls eine solche A-Beziehung mit dem "winner" nicht existiert, überprüfe (in der in (3) beschriebenen Reihenfolge),[214] ob ein bereits angeordneter "victor" eine A-Beziehung zu einem noch nicht angeordneten Element besitzt. Hat ein "victor" mit mehreren noch nicht angeordneten Elementen eine A-Beziehung, wähle das Element mit der größeren Summe der Bewertungszahlen (und bei identischer Summe der Bewertungszahlen die mit der größeren Fläche usw. s.o.). Der alte "victor" mit der A-Beziehung zu einem noch nicht angeordneten Element wird der neue "winner".[215] Wenn weder der "winner" noch ein "victor" eine A-Beziehung zu einem noch nicht angeordneten Element hat, überprüfe zunächst den letzten "winner" und anschließend jeden "victor" auf eine E-Beziehung (I-Beziehung usw.) zu einem noch nicht angeordneten Element. Gibt es mehrere gleichwertige Alternativen, wähle diejenige mit der größeren Summe der Bewertungszahlen (und bei identischer Summe der Bewertungszahlen die mit der größeren Fläche usw. s.o.). Hat ein "victor" die höchste Bewertungszahl zu einem noch nicht angeordneten Element, wird der alte "victor" zum neuen "winner".

(6) Wähle aus der Menge der noch freien Standorte denjenigen, der die Summe der Bewertungszahlen zu den bereits angeordneten benachbarten Elementen maximiert.

4.2.2.3 Simultane Prioritätsregelverfahren

Simultane Prioritätsregelverfahren haben die besondere Eigenschaft, daß die benutzten Regeln quasi gleichzeitig jeweils das Element und den Standort auswählen, die miteinander zu kombinieren sind. Die Grundidee dieser Vorgehensweise besteht darin, den Teilzielfunktionswert (also die Transportkosten, da aus Vereinfachungsgründen nur von der Minimierung der Transportkosten als Zielsetzung ausgegangen wird) der bereits bestehenden Teilanordnung nicht erst bei der Auswahl der Standorte, sondern bereits bei der Auswahl der Elemente zu berücksichtigen. Eine Aussage über den Teilzielfunktionswert, der bei der Auswahl eines anzuordnenden Elements entsteht, impliziert aber zwangsläufig eine Standortaussage, denn die Transportentfernung, die zwischen bestimmten Elementen besteht, resultiert ebenso wie die Transportkosten aus deren Zuordnung zu Standorten. Auf diesen Grundgedanken basiert die zunächst einmal sehr naheliegende Strategie der Anordnung nach dem größten minimalen Zuwachs des Teilzielfunktionswerts. Diese

---

[214] Lee und Moore geben nicht an, ob man mit dem zuletzt oder zuerst angeordneten victor beginnen soll.

[215] Dieser nicht unerhebliche Hinweis fehlt nicht nur bei Domschke/Drexl, 1990, S. 150 f., sondern auch bei Lüder, 1990, S. 80 ff. und Tompkins/White, 1984, S. 286.

von Dangelmaier[216] publizierte Strategie entspricht der Regel C1 in Abb. 4.4. Sein Verfahren wird in dieser Arbeit mit DA-86 bezeichnet.

C1. Wähle aus der Menge der noch nicht angeordneten Elemente und der Menge der noch freien Standorte das Element und den Standort, bei dem der minimale Zuwachs der Transportkosten der bisherigen Teilanordnung am größten ist.

Die Regel C1 ordnet zunächst jedes noch nicht angeordnete Element auf jedem potentiellen Standort an und ermittelt jeweils den dadurch entstehenden Zuwachs der Transportkosten der bisherigen Teilanordnung. Für jedes Element wird dann der Standort vorläufig zur Anordnung ausgewählt, bei dem der Zuwachs der Transportkosten minimal ist. Anschließend wird das Element, das bei der Anordnung auf dem dafür bestmöglichen Standort die Transportkosten maximal erhöht, tatsächlich dort angeordnet.

Eine Weiterentwicklung der zuletzt genannten Strategie ist die Anordnung nach der größten potentiellen Verschlechterung des Teilzielfunktionswerts. Diese in Abb. 4.4 mit C2 bezeichnete Strategie ist in dem Verfahren **MODULAP** (MO-77) von Sauter und Minten implementiert:[217]

C2. Wähle aus der Menge der noch nicht angeordneten Elemente und der Menge der noch freien Standorte das Element und den Standort, bei dem der potentielle Zuwachs der Transportkosten der bisherigen Teilanordnung am größten ist, wenn das entsprechende Element nicht dem Standort zugeordnet wird.

Zur Auswahl und Anordnung des ersten Elements verwenden Sauter und Minten ebenfalls die bereits diskutierten Regeln A1 und B1. Wesentlich ist aber die Funktionsweise der Regel C2. Sie kann wie folgt verdeutlicht werden: Zunächst wird, wie bei C1, jedes noch nicht angeordnete Element auf jedem zulässigen noch freien Standort angeordnet und der dadurch jeweils entstehende Zuwachs der Transportkosten der bisherigen Teilanordnung ermittelt. Für jedes Element wird dann aber nicht nur der Standort mit dem minimal möglichen Zuwachs der bisherigen Transportkosten, sondern auch der Standort mit dem maximal möglichen Zuwachs der bisherigen Transportkosten festgehalten. Die anschließend errechnete Differenz zwischen dem maximalen und dem minimalen Zuwachs gibt für jedes Element den Wert an, um den die Transportkosten maximal zunehmen können, wenn der für dieses Element momentan bestmögliche Standort von einem anderen Element belegt wird. Das Element, das die größte Differenz zwischen größtem und kleinstem Teilzielwert aufweist, wird dann tatsächlich auf dem dafür günstigsten Standort angeordnet (vgl Abb. 4.6).[218]

---

[216] Vgl. Dangelmaier, 1986, S. 84; eine Beurteilung der Regel wird von Dangelmaier jedoch nicht vorgenommen.

[217] Vgl. Sauter, 1977, S. 17 ff.; Minten, 1977, S. 50 ff.. MODULAP steht für Modularprogramm für Layoutplanung. Eine Weiterentwicklung von MODULAP ist PLADIS, vgl. Dolezalek/Warnecke, 1981, S. 347.

[218] Vgl. Minten, 1977, S. 50; Sauter, 1977, S. 17; Sauter, 1972, S. 214.

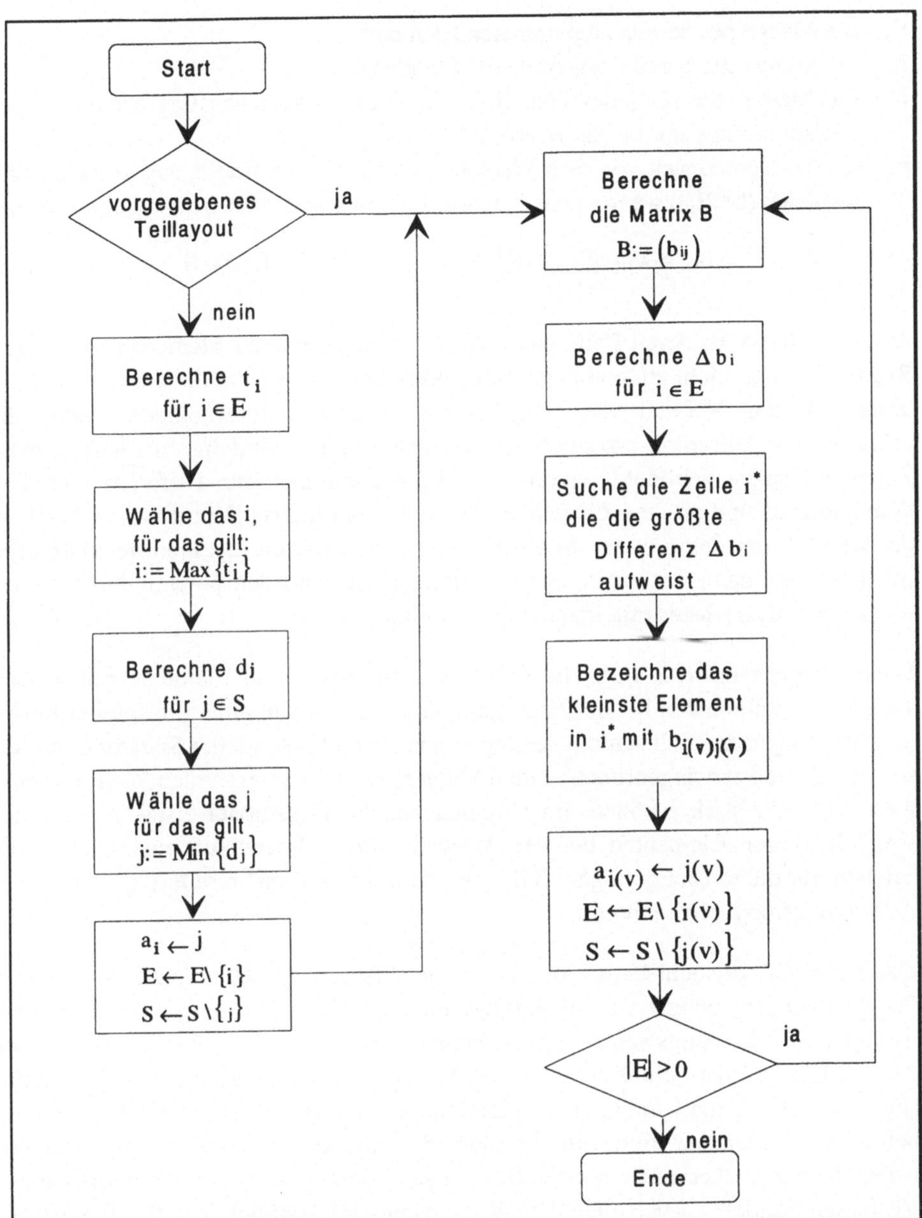

Abb. 4.6: MODULAP-Flußdiagramm

Bei der bereits verbal beschriebenen Auswahl benutzten Sauter und Minten eine modifizierte Form der Vogel´schen Approximationsmethode.[219] Dabei kennzeichnet:

---

[219] Sauter und Minten meinen, die modifizierte Vorgehensweise sei für die Layoutoptimierung günstiger (vgl. z.B. Minten, 1977, S. 50).

E_z die Menge der bereits zugeordneten Elemente

S_z die Menge der bereits zugeordneten Standorte

B   die Matrix, die für jedes Paar [i;j] den Transportkostenanstieg der bisherigen Teilanordnung angibt, mit $B:=(b_{ij})$

b_{ij} die Transportkosten von dem Element i ($i \in E$) zu allen bereits angeordneten Elementen k ($k \in E_z$), wenn i dem Standort j ($j \in S$) zugeordnet wird (vgl. (4.4)[220]).

$$b_{ij} = k_t \cdot \sum_{k \in E_z} t_{ik} \cdot d(j, a_k) \qquad \forall\ i \in E;\ j \in S \qquad (4.4)$$

Aus der Matrix B, deren Zeile aus noch nicht angeordneten Elementen und deren Spalte aus noch nicht zugeordneten Standorten besteht, wird nun, anders als bei der ursprünglichen Version der Vogel´schen Approximationsmethode, nicht die arithmetische Differenz zwischen dem kleinsten und zweitkleinsten Element jeder Zeile und Spalte gebildet, sondern nur Δb_i, die arithmetische Differenz zwischen dem kleinsten und größten Element der Zeile i in der Matrix B (mit i=1(1)M).[221] In der Zeile i* mit der größten arithmetischen Differenz gibt das kleinste Matrixelement $b_{i(v),j(v)}$ dann das anzuordnende Element i(v) und den potentiellen Standort j(v) an, die als nächstes miteinander zu kombinieren sind.

Dieser Vorgehensweise liegt die Erkenntnis zugrunde, daß Elemente mit großen Teilzielwertdifferenzen bei der Erzeugung eines Layouts in einem fortgeschrittenen Stadium wegen der sich ständig verringernden Anzahl potentieller Standorte nur auf solchen Standorten angeordnet werden können, wo sie den gesamten Zielfunktionswert u.U. sehr stark erhöhen. Im Hinblick auf das Gesamtziel erscheint es daher sinnvoll, diesen Elementen bei der Auswahl höhere Prioritäten einzuräumen als solchen, für die es (bei geringen Teilzielwertdifferenzen) mehrere fast gleichwertige Anordnungsmöglichkeiten gibt.

Die Regel C2 versucht damit als einzige der bisher betrachteten, die potentiellen Folgewirkungen einer Auswahlentscheidung auf den Gesamtzielfunktionswert wenigstens näherungsweise abzuschätzen und bei der Bestimmung der Auswahlpriorität zu berücksichtigen. Da bei der Abschätzung der Folgewirkungen aber nur die aktuell möglichen Kombinationen der Elemente und Standorte betrachtet werden, ist nicht nur die Güte der Abschätzung sehr niedrig, sondern wahrscheinlich, aber nicht notwendigerweise - weil es sich um ein heuristisches Verfahren handelt - auch die Güte der Lösung im Hinblick auf die betrachtete Zielsetzung. Im übernächsten Kapitel 4.2.4 soll deshalb gezeigt werden, wie man

---

[220] Die Formel (4.4) gilt für symmetrische Problemstellungen. Im asymmetrischen Fall lautet sie $b_{ij} = k_t \cdot \sum_{k \in E_z} (t_{ik} \cdot d(j, a_k)) + (t_{ki} \cdot d(a_k, j))$.

[221] Die Originalversion der Vogel´schen Approximation (vgl. z.B. Domschke/Drexl, 1991, S.73 f.) berechnet außerdem nicht nur Zeilen, sondern auch Spaltendifferenzen.

mit sogenannten vorausschauenden Prioritätsregelverfahren eine Verbesserung der Abschätzungsgüte erreichen kann. Zunächst wird jedoch ein Überblick über Zufallsregelverfahren gegeben.

4.2.3 Zufallsregelverfahren

4.2.3.1 Grundidee

Die bisher beschriebenen Verfahren sind rein deterministisch. Sie erzeugen auch bei wiederholter Anwendung auf gleiche Problemdaten identische Lösungen. Es ist jedoch häufig von Vorteil, eine probabilistische Komponente in die Lösungsverfahren einzubauen. Dann können durch mehrfache Anwendung des Algorithmus mit unterschiedlichen Zufallszahlen i.d.R. auch unterschiedliche Lösungen ermittelt werden. Die beste der so erzeugten Lösungen ist oftmals besser als die mit einem rein deterministischen Verfahren ermittelte einzige Lösung.[222]

In der Literatur fehlt jedoch häufig der Hinweis, wieviele Layouts zu erzeugen sind, um eine gute Lösung des Layoutproblems zu erhalten. Daher wird in dieser Arbeit vorgeschlagen, die Anzahl der zufällig zu erzeugenden Layouts nicht fest vorzugeben, sondern zum Zwecke des korrekten Vergleichs mit einer Zeitsteuerung zu versehen. Die Rechenzeitvorgabe für das Zufallsregelverfahren soll sich dabei an der Rechenzeit desjenigen Prioritätsregelverfahrens orientieren, das die längste Laufzeit aufweist. In dieser vorgegebenen Zeitspanne zieht das Zufallsregelverfahren eine Stichprobe aus der Menge aller möglichen Lösungen. Das Verhältnis von Stichprobenumfang und Menge aller möglichen Lösungen N! wird als Indikator für die mögliche Güte einer gefundenen Lösung genommen.

4.2.3.2 Entwurf konkreter Algorithmen

Ein reines Zufallsregelverfahren trifft jede Auswahlentscheidung zufällig. Es bedient sich zur Lösung des Layoutproblems beispielsweise der Regeln **Z1** und **Z2**, die man u.a. bei Domschke und Drexl findet.[223]

Z1. Wähle aus der Menge der anzuordnenden Elemente zufällig ein Element aus.

Z2. Wähle aus der Menge der noch freien Standorte zufällig einen Standort aus.

Nach diesen beiden Regeln wird sowohl jedes Element als auch jeder Standort mit einer gleich hohen Wahrscheinlichkeit aus der Menge der anzuordnenden Elemente bzw. der Menge der noch freien Standorte ausgewählt. Die Auswahlwahrscheinlichkeit eines jeden Elements beträgt also $1/|E|$, die eines jeden Standorts $1/|S|$. Das zu-

---

[222] Vgl. Francis et al., 1992, S. 560 ff.

[223] Vgl. Domschke/Drexl, 1990, S. 150.

fällig ausgewählte Element wird anschließend dem zufällig ausgewählten Standort zugeordnet. Bei M Elementen wiederholt sich diese Prozedur M mal, um ein vollständiges Layout zu erzeugen. Die beiden Regeln sind in dieser Arbeit in dem Verfahren BR-84 implementiert.[224]

Zufallsregelverfahren sind jedoch nur selten rein stochastischer Natur. In der Literatur überwiegen vielmehr Verfahren, die zwar einige, aber nicht alle Auswahlentscheidungen zufällig treffen. Obwohl solche Verfahren strenggenommen eine Zwischenstellung zwischen Prioritäts- und Zufallsregelverfahren einnehmen, werden sie hier den Zufallsregelverfahren zugeordnet. Das Verfahren von Francis et al. ist danach kein reines Zufallsregelverfahren.[225] Ihr Algorithmus CONSTRUCT bedient sich bei der Auswahl der Elemente der Regel **Z1**, d.h. das als nächstes anzuordnende Element wird zufällig ausgewählt. Die anschließende Auswahl des Standorts erfolgt jedoch durch die Prioritätsregel **B4**, d.h. sie erfolgt deterministisch.

Auch das hier bereits zitierte Programm ALDEP[226] ist kein reines, sondern ein (gezieltes) Zufallsregelverfahren, da nur das erste anzuordnende Element zufällig ausgewählt wird. Alle anderen Auswahlentscheidungen von ALDEP stimmen mit denen von CORELAP überein.[227]

Neue Zufallsregelverfahren zu entwerfen ist bei den vielen Möglichkeiten, die sich anbieten, ebenfalls eine relativ einfache Aufgabe. Denkbar sind beispielsweise Zufallsregelverfahren, die auf der Basis von zufällig ausgewählten Prioritätsregeln ein vollständiges Layout erzeugen. Ebenso könnte man mit relativ geringem Aufwand in alle bisher genannten Prioritätsregeln an den verschiedensten Stellen eine oder mehrere probabilistische Komponenten einbauen. Beispielhaft wird das im folgenden beschriebene Verfahren von Hillier[228] anschließend durch Einbau einer zufälligen Komponente "stochastifiziert". Der zusätzliche Erkenntnisgewinn durch den Einbau zufälliger Komponenten in weitere Prioritätsregelverfahren dürfte relativ gering sein.

---

[224] Die Bezeichnung BR-84 wurde in dieser Arbeit gewählt, da Burkhard und Rendl die oben genannten Regeln in ihrem kombinierten Verfahren verwenden. Rein stochastisch ist aber vielfach der "Eröffnungsteil" eines kombinierten Verfahrens zur Erzeugung und Verbesserung eines Layouts. Ein solches Verfahren stammt beispielsweise von Burkard und Rendl (vgl. Burkard und Rendl, 1984, S.169-174).

[225] Vgl. Francis et al., 1992, S. 560 - 563.

[226] Vgl. Seehof und Evans, 1967, S. 690-695.

[227] Vgl. S. 74 dieser Arbeit.

[228] Vgl. Hillier/Connors, 1966, S. 42 - 57 und S. 16 ff. dieser Arbeit.

4.2.4 Vorausschauende Prioritätsregelverfahren

4.2.4.1 Grundidee

Vorausschauende Prioritätsregelverfahren basieren auf dem sukzessiven Aufbau eines Layouts.[229] Allerdings wird bei der Bestimmung der jeweils nächsten Kombination von Element und Standort die Auswahlentscheidung auch von anderen Kriterien als den bisher betrachteten abhängig gemacht. Insbesondere geht es dabei um die (rechtzeitige) Berücksichtigung der Transportkosten der nachfolgend anzuordnenden Elemente.

Eine vorausschauende Prioritätsregel[230] unterscheidet sich also von einer "kurzsichtigen" Prioritätsregel vor allem dadurch, daß vor jeder Auswahlentscheidung die induzierte Folgewirkung auf eine bestimmte Anzahl nachfolgend zuzuordnender Elemente und Standorte abgeschätzt und bei der Bestimmung der Auswahlpriorität berücksichtigt wird. Die Anzahl der nachfolgenden Elemente und Standorte, die bei dem k-ten zuzuordnenden Element und Standort in die Abschätzung der Folgewirkungen einbezogen werden, wird als Vorausschauhorizont H bezeichnet. Für die vorläufige Zuordnung der nachfolgend zuzuordnenden Elemente und Standorte (k+1, ... , k+H) wird eine kurzsichtige Prioritätsregel verwendet. Wenn das k-te anzuordnende Element und der k-te zuzuordnende Standort endgültig ermittelt sind, wird die vorläufige Zuordnung der nachfolgend zugeordneten Elemente und Standorte wieder aufgehoben. Anschließend wird die nächste endgültige Kombination von Element und Standort durch erneute Anwendung der vorausschauenden Prioritätsregel bestimmt. Dabei kann der Vorausschauhorizont H ($1 \leq H < N$) solange beibehalten werden, bis k+H=N ist. Anschließend ist der Vorausschauhorizont schrittweise um jeweils eine Einheit zu verkürzen.

Mit zunehmendem Vorausschauhorizont steigt sowohl die Güte der Vorausschau als auch der Rechenaufwand. Eine steigende Güte der Vorausschau ist aufgrund der heuristischen Vorgehensweise aber nicht notwendigerweise gleichbedeutend mit einer Erhöhung der Lösungsgüte des Verfahrens im Hinblick auf die betrachtete Zielsetzung.[231]

Im folgenden wird zunächst ein vorausschauendes Prioritätsregelverfahren aus der Literatur ausführlich beschrieben und anschließend modifiziert, um seine Lösungsqualität zu steigern.

---

[229] Ebenfalls mit einfacher Zuordnung, vgl. Kap. 4.2.1 dieser Arbeit.

[230] Zur allgemeinen Definition von Vorausschauregeln vgl. Müller-Merbach, 1970, S. 1817.

[231] Vgl. Ziegler, 1991, S. 212.

4.2.4.2 Algorithmus von Hillier und Connors (HC-66)

Das erste und auch einzige[232] vorausschauende Prioritätsregelverfahren zur Lösung eines QZPs geht auf Hillier und Connors zurück.[233] Ihr "New Suboptimal Algorithm" berücksichtigt bei der Bestimmung der Auswahlpriorität für jede mögliche Kombination von Element und Standort sowohl deren Transportkosten zu dem bereits bestehenden Teillayout (vgl. Regel C2) als auch die Transportkosten der jeweiligen Kombination von Element und Standort zu den restlichen noch nicht angeordneten Elementen, die dafür natürlich vorläufig bestimmten Standorten zugeordnet werden müssen, und zwar mit einer noch zu konkretisierenden kurzsichtigen Prioritätsregel. Sehr komprimiert formuliert lautet die dem Verfahren HC-66 zugrunde liegende Regel H1:

H1. Wähle aus der Menge der noch nicht angeordneten Elemente und der Menge der noch freien Standorte das Element und den Standort, bei dem der minimale Zuwachs der Summe der Transportkosten zu der bisherigen Teilanordnung und der Transportkosten zu den restlichen noch nicht angeordneten Elementen am größten ist.

Die Grundstruktur von HC-66 ist in Abb. 4.7 zunächst einmal relativ überschaubar in einem Flußdiagramm dargestellt. Die dort aufgeführten Schritte werden im folgenden ausführlich diskutiert. Dabei wird der Einfachheit halber von einer symmetrischen Problemstellung ausgegangen.[234] Auf notwendige Veränderungen für den asymmetrischen Fall wird jedoch an den entsprechenden Stellen hingewiesen. Dolezalek und Warnecke erläutern die Funktionsweise von HC-66 an einem numerischen Beispiel.[235]

Der Algorithmus befindet sich im k-ten Schritt (k=1(1)N). In diesem Zeitpunkt sind bereits k-1 anzuordnende Elemete i ($i \in E$) einem potentiellen Standort j ($j \in S$) zugeordnet. Zu Beginn des Verfahrens sind E=S={ 1, 2, ... , N} und $|E_z|=|S_z|=0$.[236]

① Eingabedaten

Zur besseren Lesbarkeit sind die Eingabedaten nocheinmal zusammengefaßt aufgeführt:

---

[232] Abgesehen von einem Verfahren von Gilmore, 1962, S. 305 - 313, das sich aber nur unwesentlich von dem "New Suboptimal Algorithm" von Hillier (HC-66) unterscheidet.

[233] Vgl. Hillier/Connors, 1966, S. 42 - 57.

[234] Das heißt D und/oder T ist symmetrisch. Das Verfahren eignet sich aber auch für asymmetrische Problemstellungen.

[235] Vgl. Dolezalek/Warnecke, 1981, S. 335 ff.. Die dort (auf S. 338) dargestellte Transportaufwandsmatrix T_2^* ist jedoch fehlerhaft. Die richtigen Werte lauten [130, 130, 230, 250].

[236] Zur Definition von E_z und S_z vgl. Kap. 4.2.2.3 dieser Arbeit.

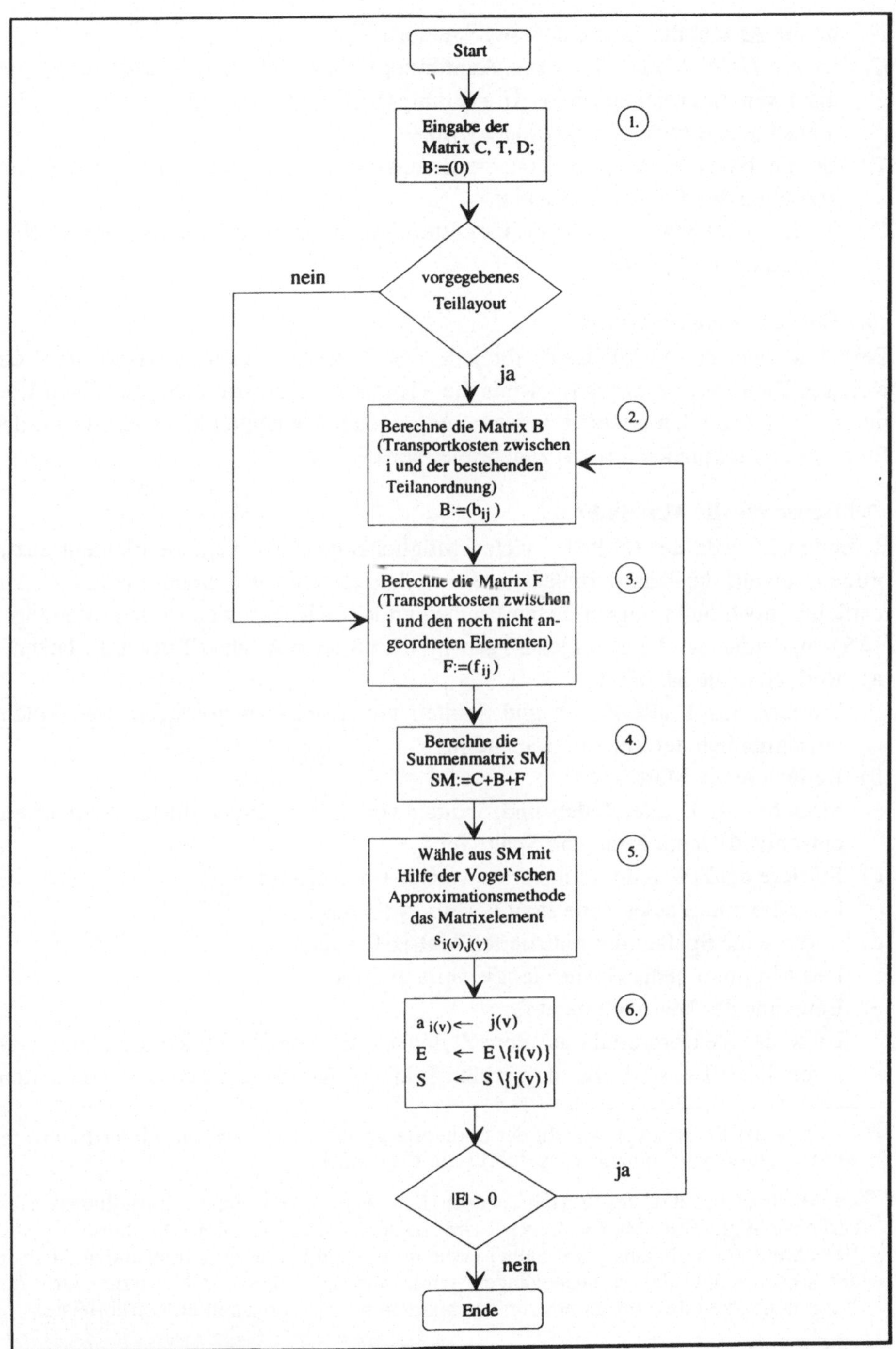

Abb. 4.7: Hillier/Connors-Flußdiagramm

N   ist die Anzahl der Elemente bzw. Standorte[237]

C   ist die $N \times N$ Matrix der fixen Anordnungs- bzw. Umstellungskosten. c_{ij} sind die fixen Anordnungs- bzw. Umstellungskosten, die entstehen, wenn das Element i dem Standort j zugeordnet wird.[238]

T   ist die $N \times N$ Matrix der Transportintensitäten. t_{ik} ist die Transportintensität zwischen den Elementen i und k.

D   ist die $N \times N$ Matrix der Transportentfernungen. d_{jl} ist die Entfernung zwischen den Standorten j und l.

②. Berechne die Matrix B:

Berechne (wie bei MODULAP) für jede der $(N-k+1)^2$ vielen Möglichkeiten, ein weiteres Element anzuordnen, jeweils die Transportkosten von dem jeweiligen Element i ($i \in E$) zu allen anderen bereits angeordneten Elementen k ($k \in E_z$), wenn das Element i dem Standort j ($j \in S$) zugeordnet wird.[239]

③. Berechne die Matrix F:

Berechne für jede der $(N-k+1)^2$ vielen Möglichkeiten, ein weiteres Element anzuordnen, jeweils die Transportintensitäten von dem jeweiligen Element i ($i \in E$) zu den restlichen noch nicht angeordneten Elementen k ($k \in E \setminus \{i\}$), wenn i dem Standort j ($j \in S$) zugeordnet wird. Die für jedes Paar $(i,j) \in E \times S$ erforderlichen Teilschritte lauten:

(a)   Reduziere die Matrix T:
    Streiche aus T alle Zeilen und Spalten von bereits zugeordneten Elementen, einschließlich der Zeile und Spalte für i.

(b)   Reduziere die Matrix D:
    Streiche aus D alle Zeilen und Spalten von bereits zugeordneten Standorten, einschließlich der Zeile und Spalte für j.

(c)   Sortiere die Zeilen der reduzierten Matrix T absteigend:
    Das Maximum jeder Zeile steht jeweils in Spalte 1.

(d)   Sortiere die Spalten der reduzierten Matrix D aufsteigend:
    Das Minimum jeder Spalte steht jeweils in Zeile 1.

(e)   Berechne das Matrixelement f_{ij}:
    Bilde das Vektorprodukt aus dem Zeilenvektor i von T und dem Spaltenvektor j von D.[240] Es wird also das größte Element der Zeile i aus der reduzierten

---

[237] Wenn in der Realität die Anzahl der Standorte größer ist als die Anzahl der Elemente, werden "dummy"-Elemente eingeführt (vgl. Kap. 3.2.1).

[238] Zu beachten ist, daß das Verfahren auch fixe Anordnungs- bzw. Umstellungskosten berücksichtigt. Die Matrix $C:=c_{ij}$ wird deshalb auch bei der Beschreibung des Verfahrens der Vollständigkeit halber erwähnt, obwohl bei der anschließenden Analyse der Lösungsgüte davon ausgegangen wird, daß alle $c_{ij}=0$ sind. Damit wird die Vergleichbarkeit des Verfahrens mit den anderen bereits vorgestellten gewährleistet.

[239] Vgl. Formel (4.4).

[240] Die weiter oben genannten Teilschritte Matrix-Reduktion und Sortierung sind somit nur vorbereitende Maßnahmen, um das Vektorprodukt leichter bilden zu können.

Matrix T mit dem kleinsten Element der Spalte j aus der reduzierten Matrix D multipliziert, dann das zweitgrößte Element der Zeile i aus T mit dem zweitkleinsten Element der Spalte j aus D und so weiter (vgl. Formel 4.5).[241]

$$f_{ij} = 2 \cdot k_t \cdot \sum_{k \in E \backslash i} t_{ik} \cdot d(j, a_k) \qquad \forall \ i \in E; \ j \in S \qquad (4.5)$$

mit: $\bar{a}: \ E \backslash \{i\} \ \rightarrow \ S \backslash \{j\}$

definiert durch

$$d(j, a_k) \leq d(j, a_m) \Leftrightarrow t_{i,k} \geq t_{i,m}$$

Mit f_{ij} erhält man eine untere Schranke für die Transportkosten, die bei einer möglichen neuen Anordnung $a_i \leftarrow j$, durch Transporte zwischen i und allen noch nicht angeordneten Elementen k bzw. m ($k, m \in E \backslash i$) entstehen. Da jeweils alle noch nicht zugeordneten Elemente und Standorte vorläufig zugeordnet werden, gilt für den Vorausschauhorizont H in der k-ten Iteration H=N-k.

(4.) Berechne die Matrix SM:

Die oben berechneten Matrizen B und F werden mit der ebenfalls reduzierten Matrix C in der Summenmatrix SM:=(s_{ij}) zusammengefaßt (SM=C+B+F). Es gilt:

$$s_{ij} := c_{ij} + b_{ij} + f_{ij} \qquad \forall \ i \in E, \ j \in S \qquad (4.6)$$

(5.) Wähle ein Matrixelement aus SM:

Wende die Teilschritte der Vogel´schen Approximationsmethode auf die Matrix SM an:[242]

(a) Berechne für jede Zeile von SM die Differenz zwischen dem kleinsten und dem zweitkleinsten Element der Zeile.

(b) Berechne für jede Spalte von SM die Differenz zwischen dem kleinsten und dem zweitkleinsten Element der Spalte.

(c) Suche das Maximum der soeben berechneten Zeilen- und Spaltendifferenzen.

(d) Suche in der in (c) herausgesuchten Zeile oder Spalte (je nachdem, ob die maximale Differenz in einer Zeile oder Spalte gefunden wurde) das kleinste Element. Es sei mit $s_{i(v),j(v)}$ bezeichnet.

---

[241] Im asymmetrischen Fall wird jeweils das Minimum für $k_t \cdot \sum_{k \in E \backslash i} t_{ik} \cdot d(j, a_k)$ und für $k_t \cdot \sum_{k \in E \backslash i} t_{ki} \cdot d(a_k, j)$ getrennt voneinander ermittelt. Erst anschließend werden die so ermittelten Werte addiert.

[242] Hillier und Connors benutzen die Originalversion der Vogel´schen Approximationsmethode, d.h. sie ermitteln die Differenz zwischen dem kleinsten und zweitkleinsten Element, und zwar für Zeile und Spalte der Matrix.

Das Verfahren ermittelt also den Kostenanstieg, den man mindestens zu erwarten hätte, wenn man das Element bzw. den Standort zu dem Zeitpunkt nicht zuordnet. Das Element bzw. der Standort, bei dem der mindestens zu erwartende Kostenanstieg am größten ist, erhält die höchste Auswahlpriorität. Ob diese "optimistische" Vorgehensweise sinnvoller ist als die "pessimistische" von MODULAP, wird im Kapitel 5 experimentell untersucht.[243]

(**6.**) **Zuordnung:**

Das in 5. mit Hilfe der Vogel´schen Approximationsmethode gefundene Element $i(v)$ wird dem dort ebenfalls gefunden Standort $j(v)$ zugeordnet.

$$a_i \leftarrow j$$

$$E := E \setminus \{i(v)\} \qquad E_z := E_z \cup i(v)$$

$$S := S \setminus \{j(v)\} \qquad S_z := S_z \cup j(v)$$

In der beschriebenen Weise läuft das Verfahren weiter, bis alle $|E|$ Elemente angeordnet sind. Da das Verfahren relativ gute Lösungen (im Vergleich zu den bisher bekannten kurzsichtigen Prioritätsregelverfahren) ermittelt,[244] soll der Algorithmus im folgenden Kapitel auf sinnvolle Modifikationsmöglichkeiten hin untersucht werden.

4.2.5 Modifizierte vorausschauende Prioritätsregelverfahren

In diesem Kapitel wird der Versuch unternommen, den Algorithmus HC-66 zu modifizieren, um seine Leistungsfähigkeit zu steigern. Von den vielen Ansatzpunkten, die das Verfahren bietet, werden die folgenden ausführlich diskutiert:
- Modifizierte vorläufige Anordnung der noch nicht zugeordneten Elemente (im Schritt 3),
- Modifizierte Berechnung der Summenmatrix SM (im 4. Schritt),
- Modifikation der Vogel´schen Approximationsmethode (im Schritt 5),
- Einbau einer zusätzlichen Schleife zu Beginn des Verfahrens.

Zur Erläuterung wird teilweise auf die im Kapitel 5 ausführlich dargestellten Versuchsergebnisse vorgegriffen.

---

[243] In dem Zusammenhang wurde auch festgestellt, daß es sinnvoller ist, bei der Anwendung der Vogel´schen Approximationsmethode die Zeilen- und Spaltendifferenzen zu berücksichtigen.

[244] Vgl. dazu auch Kapitel 5 dieser Arbeit.

4.2.5.1 Modifizierte vorläufige Anordnung der noch nicht zugeordneten Elemente

Bei der Berechnung der unteren Schranke für die Transportkosten, die bei einer möglichen neuen Anordnung $a_i \leftarrow j$ durch Transporte zwischen i und allen noch nicht angeordneten Elementen k ($k \in E\backslash i$) entstehen, ordnet Hillier zunächst das noch nicht angeordnete Element mit der größten Transportintensität zu i vorläufig auf dem noch nicht zugeordneten Standort mit der geringsten Entfernung zu j an, dann das noch nicht angeordnete Element mit der zweitgrößten Transportintensität zu i auf dem noch nicht zugeordneten Standort mit der zweitkleinsten Entfernung zu j usw., und zwar so lange, bis alle noch nicht zugeordneten Elemente und Standorte vorläufig angeordnet sind. Die vorläufige Zuordnung erfolgt also mit Hilfe einer sehr einfachen kurzsichtigen Prioritätsregel. Zu untersuchen ist, ob und wie sich die Lösungsgüte verändert, wenn bei der vorläufigen Zuordnung der noch nicht angeordneten Elemente und Standorte eine aufwendigere Prioritätsregel benutzt wird. Zwei alternative Vorgehensweisen werden untersucht: HB1-92 und HB2-92.

Die erste, HB1-92, ordnet das noch nicht angeordnete Element mit der größten Summe der Transportintensitäten zu i und allen bereits angeordneten Elementen vorläufig auf dem noch nicht zugeordneten Standort mit der geringsten Summe der Entfernung zu j und allen bereits zugeordneten Standorten an, dann das Element mit der zweitgrößten Summe der Transportintensitäten zu i und allen bereits angeordneten Elementen auf dem Standort mit der zweitkleinsten Summe der Entfernung zu j und allen bereits zugeordneten Standorten usw., und zwar so lange, bis alle noch nicht zugeordneten Elemente und Standorte vorläufig angeordnet sind.[245]

Die vorläufige Anordnung der noch nicht zugeordneten Elemente und Standorte kann aber auch mit einer MODULAP ähnlichen Vorgehensweise vorgenommen werden (vgl. Abb. 4.6). Diese Modifikation ist in dem Verfahren HB2-92 implementiert. Im Schritt 3 der Originalversion von Hillier wird dann für jede der $(N-k+1)^2$ vielen Möglichkeiten, ein weiteres Element anzuordnen, jeweils ein MODULAP-ähnliches Unterprogramm gestartet, das die restlichen noch nicht zugeordneten Elemente und Standorte vorläufig anordnet. Das Unterprogramm arbeitet mit Kopien der benutzten Matrizen ($\overline{E} = E; \overline{S} = S$). Es wählt bei der vorläufigen Zuordnung aus der Menge der noch nicht angeordneten Elemente ($\overline{E} \setminus \{i\}$) und aus der Menge der noch nicht zugeordneten Standorte ($\overline{S} \setminus \{j\}$) jeweils ((N-k)-mal) das Element und den Standort aus, bei dem die Differenz zwischen dem maximalen und dem minimalen Zuwachs der Transportkosten der bisher (vorläufig) gebildeten Teilanordnung am größten ist. Die einzelnen Teilschritte des Unterprogramms von HB2-92 sind der Beschreibung von MODULAP (vgl. Kap. 4.2.2.3) zu entnehmen.

---

[245] Diese zur vorläufigen Anordnung benutzte Prioritätsregel hat Müller-Merbach, 1970, S. 161 f., vorgeschlagen.

4.2.5.2 Modifizierte Berechnung der Matrix SM

HC-66 von Hillier berücksichtigt als einziges der in der Literatur vorgestellten Verfahren die Transportbeziehungen zu den noch nicht angeordneten Elementen. Das Verfahren berechnet allerdings nur die Transportkosten der noch nicht angeordneten Elemente zu dem jeweils zuzuordnenden Element. Experimentell untersucht wird nun die Möglichkeit, bei der Auswahl zusätzliche Transportkosten zu berücksichtigen. In der ersten Weiterentwickklung, HB3-92, werden zusätzlich (zu den bei der Originalversion von Hillier berechneten Kosten) noch die Transportkosten zwischen den restlichen noch nicht angeordneten Elementen und der bereits bestehenden Teilanordnung berechnet. Als vorläufige Anordnung der noch nicht zugeordneten Elemente dient dabei die im Schritt 3 gewählte Permutation $\bar{a}$. Für die Matrix $Z := (z_{ij})$, die diese zusätzlichen Transportkosten enthält, gilt dann:

$$z_{ij} = \sum_{k \in E \setminus \{i\}} \sum_{m \in E_z} t_{km} \cdot d(a_k, a_m) \qquad \forall\, i \in E;\ j \in S \qquad (4.7)$$

Die Matrix Z wird dann im Schritt 4 zur Summenmatrix SM addiert. Das entsprechende Element lautet:

$$s_{ij} := c_{ij} + b_{ij} + f_{ij} + z_{ij} \qquad \forall\ i \in E,\ j \in S \qquad (4.8)$$

In der zweiten Weiterentwicklung, HB4-92, werden auch noch die Transportkosten der restlichen noch nicht angeordneten Elemente untereinander berücksichtigt. Als vorläufige Anordnung der noch nicht zugeordneten Elemente dient wiederum die im Schritt 3 gewählte Permutation $\bar{a}$. Für die Matrix $ZP := (zp_{ij})$, die diese weiteren Transportkosten enthält, gilt:

$$zp_{ij} = \sum_{k \in E \setminus \{i\}} \sum_{m \in E \setminus \{i\}} t_{km} \cdot d(a_k, a_m) \qquad \forall\, i \in E;\ j \in S \qquad (4.9)$$

Die Matrix ZP wird dann im Schritt 4 zusammen mit der Matrix Z zur Summenmatrix S addiert. Die entsprechende Zeile muß dann lauten:

$$s_{ij} := c_{ij} + b_{ij} + f_{ij} + z_{ij} + zp_{ij} \qquad \forall\ i \in E,\ j \in S \qquad (4.10)$$

Beide Modifikationen liefern jedoch meist schlechtere Ergebnisse als der Originalalgorithmus von Hillier.[246] Daher wird im folgenden auf die Berücksichtigung zusätzlicher Kosten verzichtet.

4.2.5.3 Modifikation der Vogel´schen Approximation

Der Algorithmus von Hillier benutzt die Originalversion der Vogel´schen Approximation, d.h. er berechnet im 5. Schritt für jede Zeile und Spalte von SM jeweils die

---

[246] Vgl. Kapitel 5 dieser Arbeit.

Differenz zwischen dem kleinsten und dem zweitkleinsten Matrixelement. Sauter und Minten, die ebenfalls die Vogel´sche Approximation bei ihrem Algorithmus benutzen, berechnen im Gegensatz dazu die Differenz zwischen dem kleinsten und dem größten Element jeder Zeile und Spalte. Angeblich erzielt ihr Verfahren MODULAP durch diese Modifikation bessere Ergebnisse.[247] Es ist also naheliegend zu testen, ob mit einer entsprechenden Modifikation auch bei dem Verfahren von Hillier die Lösungsgüte verbessert werden kann. Diese mit HB5-92 bezeichnete Modifikation lieferte aber meist schlechtere Ergebnisse als der Originalalgorithmus.[248]

Logisch erscheint aber auch eine Modifikation, die zwischen der Originalversion und der soeben genannten Modifikation von Sauter und Minten liegt. Denn der tatsächliche Kostenanstieg, der eintritt, wenn man das Element bzw. den Standort zum betrachteten Zeitpunkt nicht zuordnet, liegt wahrscheinlich zwischen dem bisher ermittelten mindestens und höchstens zu erwartenden Kostenanstieg. Eine dazwischen liegende Variante ist das arithmetische Mittel aus allen aktuell möglichen Verschlechterungen für jedes Element und jeden Standort. Zu ihrer Realisierung sind im Schritt 5 lediglich die Teilschritte a) und b) wie folgt zu modifzieren:

(a) Berechne für jede Zeile von SM das arithmetische Mittel aus den Differenzen zwischen dem kleinsten Element der Zeile und allen anderen Elementen der Zeile.

(b) Berechne für jede Spalte von SM das arithmetische Mittel aus den Differenzen zwischen dem kleinsten Element der Spalte und allen anderen Elementen der Spalte.

Diese Modifikation HB6-92 liefert i.d.R. geringfügig bessere Lösungsergebnisse als der Originalalgorithmus von Hillier. Da die Ergebnisse aber nicht besonders überzeugen,[249] wird eine weitere Modifikation der Vogel´schen Approximationsmethode untersucht. Dabei wird für jede Zeile und Spalte der betrachteten Matrix das arithmetische Mittel aus der Differenz zwischen dem kleinsten und dem zweitkleinsten Element und der Differenz zwischen dem zweitkleinsten und dem drittkleinsten Element berechnet. Diese Durchschnittswertberechnung ist relativ einfach realisierbar. Für jede Zeile und Spalte wird die Differenz zwischen dem kleinsten und dem drittkleinsten Element berechnet und durch 2 dividiert. Der mit dieser Modifikation von HC-66 standardmäßig implementierte Algorithmus heiße HB7-92. Er führt i.d.R. zu einer spürbaren Verbesserung der Zielfunktionswerte und kommt zudem ohne eine Erhöhung der Laufzeit aus.

---

[247] Vgl. z.B. Minten, 1977, S. 17. Die durchgeführten Tests bestätigen diese Aussage im wesentlichen.

[248] Als wenig sinnvoll hat sich auch eine Modifikation herausgestellt, die im 5. Schritt keine Differenz berechnet, sondern von den kleinsten Elementen jeder Zeile und Spalte das größte auswählt.

[249] Vgl. Kap. 5 dieser Arbeit.

Eine weitere hier vorgeschlagene Modifikation führt dazu, daß die Vogel'sche Approximationsmethode und damit auch HC-66 stochastisch wird. Die probabilistische Komponente setzt im Schritt 5c ein. Dort wird nicht mehr die maximale - in 5a und 5b errechnete - Zeilen- oder Spaltendifferenz gesucht, sondern es wird mit einer gleichverteilten Zufallszahl eine der berechneten Differenzen ausgewählt. Damit größere Differenzen auch deutlich höhere Auswahlwahrscheinlichkeiten erhalten, werden sie vorher noch quadriert.

Seien die $2(N-k+1)$ errechneten Differenzen mit $\Delta_1, \dots, \Delta_{2(N-k+1)}$ gekennzeichnet und sei z eine in $[0,1]$ gleichverteilte Zufallszahl. Dann wird bei dieser Modifikation die Differenz Δ_i ausgewählt, wobei für i gilt:

$$\sum_{k=1}^{i-1} \Delta_k^2 \leq z \sum_{k=1}^{2(N-k+1)} \Delta_k^2 < \sum_{k=1}^{i} \Delta_k^2 \qquad \wedge \quad 1 \leq i \leq 2(N-k+1) \qquad (4.11)$$

Anders als zunächst vermutet, wird auch bei mehrfacher Anwendung dieser Modifikation HB8-92 mit unterschiedlichen Zufallszahlen oftmals kein besseres Lösungsergebnis ermittelt als mit dem Originalalgorithmus von Hillier.

4.2.5.4 Einbau einer zusätzlichen Schleife

Auch bei der hier vorgestellten Modifikation wird in jeder Iteration ein noch nicht angeordnetes Element einem noch freien Standort endgültig zugeordnet. In jeder Iteration wird nun aber für jede der $(N-k+1)^2$ vielen Möglichkeiten, ein weiteres Element anzuordnen, ein Zielfunktionswert ermittelt, der entstehen würde, wenn die restlichen noch nicht angeordneten Elemente und Standorte mit dem Verfahren von Hillier (HC-66) vorläufig zugeordnet werden.

Die grobe Struktur dieser Vorgehensweise ist in Abb. 4.8 in einem Flußdiagramm dargestellt. Deutlich zu erkennen ist dort der zu Beginn des Verfahrens (nach der Eingabe der Matrizen C, T und D) zusätzlich eingeführte Schritt (1+). Er sorgt dafür, daß aus der Matrix E X S jeweils ein Matrixelement (i_{z1}, j_{z1}) ausgewählt wird (mit $i_{z1} \in E$, $j_{z1} \in S$). Dabei sei z1 ein zusätzlich eingeführter Zähler. Außerdem wird in dem Schritt (1+) eine Kopie der benutzten Matrizen E ($E = E \setminus \{i_{z1}\}$) und S ($S = S \setminus \{j_{z1}\}$) erstellt.

Mit diesen Kopien ermitteln die Schritte 2 bis 6, der Originalversion von Hillier entsprechend, eine vorläufige Anordnung der restlichen noch nicht angeordneten Elemente und Standorte.[250] Sind alle Elemente angeordnet (d.h. $|E|=0$), wird in dem zusätzlichen Schritt 7 für die dann vorliegende Permutation $\bar{a}(i_{z1}, j_{z1})$ der Zielfunktionswert $K^T(\bar{a}(i_{z1}, j_{z1}))$ berechnet.

---

[250] Nicht die Vorgehensweise der Schritte 2 bis 6 hat sich geändert, sondern nur die Matrizen.

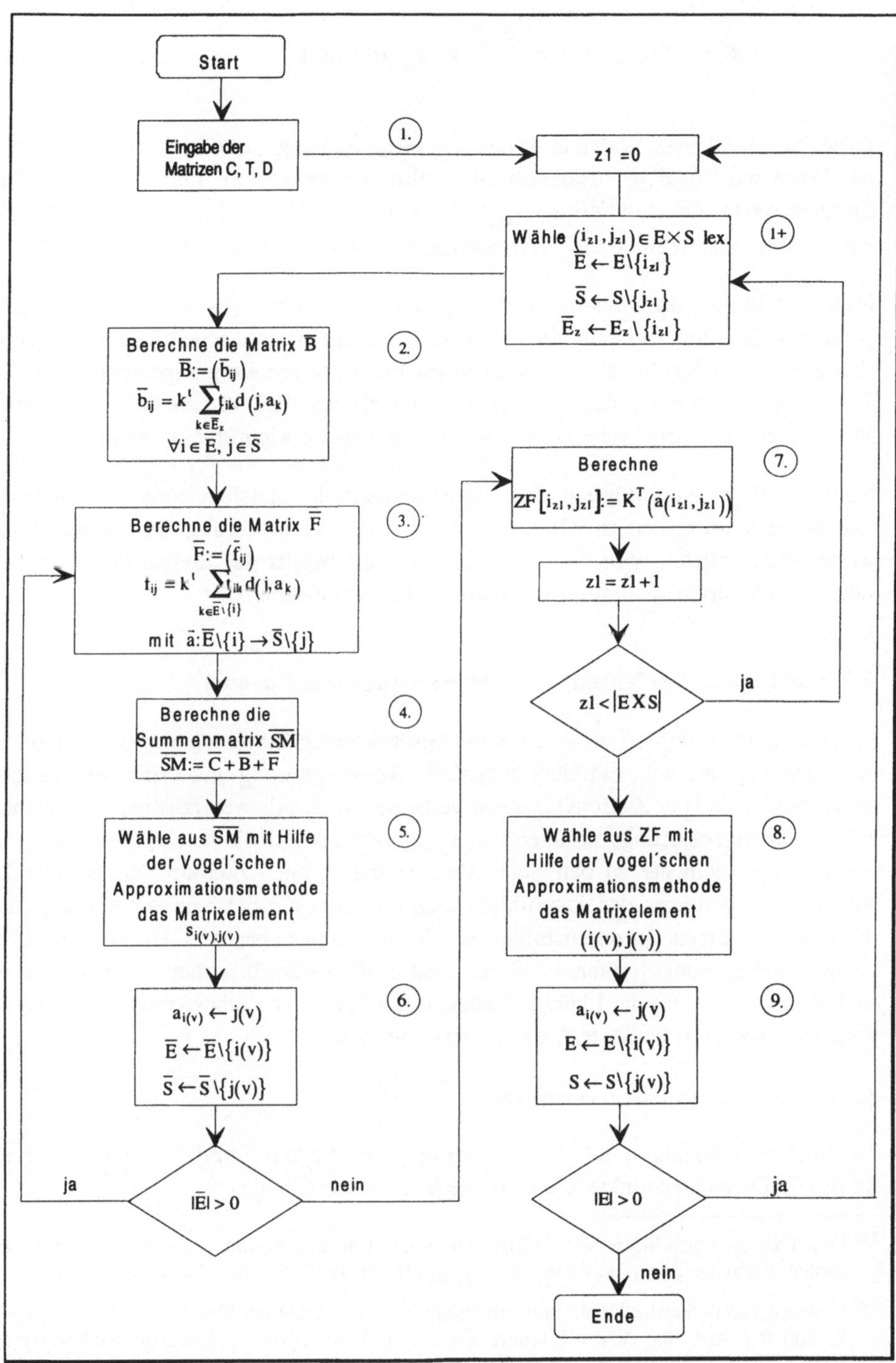

Abb. 4.8: HB9-92 Flußdiagramm

$$\text{Min.} \, K^T(\vec{a}(i_{z1}, j_{z1})) = \sum_{i=1}^{M} \sum_{\substack{k=1 \\ k \neq i}}^{M} k_t \cdot t_{ik} \cdot d(a_i, a_k) \qquad (4.12)$$

In der beschriebenen Weise läuft der Algorithmus weiter, bis der Zähler z1=IE X SI ist. Dann wird in dem zusätzlich eingeführten Schritt 8 aus der Matrix der Zielfunkionswerte ZF (mit $ZF[i_{z1}, j_{z1}] := K^T(\vec{a}(i_{z1}, j_{z1}))$) mit Hilfe der Vogel´schen Approximationsmethode das Matrixelement (i(v),j(v)) ausgewählt.

Im 9. Schritt wird dann das im Schritt 8 gefundene Element i(v) und der dort ebenfalls gefundene Standort j(v) endgültig zugeordnet. In der beschriebenen Weise wiederholt sich diese Prozedur, bis alle anzuordnenden Elemente endgültig zugeordnet sind (d.h. IEI=0). Der um diese zusätzliche Schleife und die bei HB7-92 bereits berücksichtigte Modifikation der Vogel´schen Approximation erweiterte Algorithmus heißt HB9-92.

Natürlich ist es auch möglich, den Algorithmus in der gleichen Weise um eine weitere Schleife zu erweitern. Obwohl dies zu einer Verbesserung der Zielfunktionswerte führen dürfte, wird darauf verzichtet, weil bereits der Einbau der ersten zusätzlichen Schleife das Laufzeitverhalten sehr verschlechtert.[251]

4.3 Heuristische Verfahren zur Verbesserung eines Layouts

Im Gegensatz zu den im vorigen Kapitel beschriebenen Eröffnungsverfahren beginnen Verbesserungsverfahren mit einer zulässigen Ausgangslösung und versuchen, diese so zu verändern, daß der Zielfunktionswert verbessert wird. Als wesentliche Komponenten enthält ein Verbesserungsverfahren einen Algorithmus, der die bereits bestehende Zuordnung der Elemente zu den Standorten verändert, ein Kriterium, das entscheidet, welche Veränderungen der Algorithmus annimmt oder ablehnt, und ein Abbruchkriterium, das die Anzahl der durchzuführenden Veränderungen begrenzt. Diese Grundstruktur der Verbesserungsverfahren soll zunächst ausführlicher diskutiert werden. Erst anschließend werden aus der Literatur bekannte Verfahren zur Verbesserung eines Layouts vorgestellt und neue konkrete Algorithmen entworfen.

4.3.1 Grundstrukur der Verfahren

Die meisten Verfahren zur Verbesserung eines Layouts sind Vertauschungsverfahren.[252] Deren Grundidee läßt sich wie folgt beschreiben:

---

[251] Der Originalalgorithmus von Hillier hat einen Rechenaufwand von $O(N^4)$. Durch den Einbau der zusätzlichen Schleife hat der Algorithmus HB2-92 einen Aufwand von $O(N^7)$.

[252] Eine Ausnahme ist die Kontraktionsmethode von Gaschütz und Ahrens (vgl. Kiehne, 1969, S. 206 ff.). Auf eine in der Literatur vielfach übliche Unterscheidung der verbessernden Verfahren in Verschiebungs- und Vertauschungsverfahren wird hier verzichtet (vgl. z.B. Niedereichholz, 1975, S. 727, Warnecke et al., 1976, S. 543), da man das Verschieben eines Elements stets auf das Vertauschen zweier Elemente zurückführen kann.

Man geht von einer Permutation ($\bar{a}: E \rightarrow S$) aus und untersucht die Änderung des Zielfunktionswertes, wenn man B ($1 < B \leq M$) Indizes von $\bar{a}$ vertauscht (d.h. B Elemente vertauschen ihre Standorte). Ausgangspunkt einer Vertauschung kann aber auch ein Standort sein. In der Praxis wird jedoch üblicherweise die elementorientierte Vertauschung angewandt.[253]

Bei B Vertauschungspartnern und M=N gleichgroßen Elementen und Standorten beträgt die Zahl der insgesamt möglichen Vertauschungen

$$\binom{N}{B} = \frac{N!}{B!(N-B)!} \tag{4.13}$$

Die Formel (4.13) läßt erkennen, daß die Anzahl der insgesamt möglichen Vertauschungen mit zunehmender Anzahl der Vertauschungspartner B sehr stark ansteigt. Deshalb gehen die meisten Verfahren auch nur von einer paarweisen Vertauschung aus, d.h. jeweils zwei Elemente vertauschen ihre Standorte (B=2). Für kleinere Problemstellungen wurden aber auch Verfahren mit Dreiervertauschung (B=3) vorgeschlagen.[254] Dreiervertauschungen liefern naturgemäß zwar bessere Resultate als Zweiervertauschungsverfahren, erfordern dafür aber auch erheblich mehr Rechenaufwand. Die Zahl der insgesamt möglichen Vertauschungen ist bei der Dreiervertauschung mit $\frac{(N-2)(N-1)N}{3} = O(N^3)$ bereits um eine ganze Ordnung größer als die $\frac{(N-1)N}{2} = O(N^2)$ Vertauschungsmöglichkeiten bei der Zweiervertauschung. Trotzdem stellt sich die Frage, ob nicht die Verwendung von mehr als zwei Vertauschungspartnern sinnvoll ist. Ein von Cheh et al. durchgeführter Vergleich der Zweier-, Dreier- und Vierervertauschung zeigt aber, daß bei gleicher Anzahl von untersuchten Vertauschungen, die paarweise Vertauschung qualitativ höherwertigere Lösungen liefert.[255] Daher beschränkt sich auch die vorliegende Arbeit auf die Diskussion von Verfahren mit paarweiser Vertauschung.

Der Pseudo-Code für die allgemeinste Form eines Verbesserungsverfahrens mit paarweiser Vertauschung ist in Abb. 4.9 dargestellt. Die zahlreichen Verfahrensvarianten, die in der Literatur existieren, unterscheiden sich primär in der jeweiligen Konkretisierung der dort genannten Schritte 0 bis 5. Die folgende Diskussion der einzelnen Schritte vermittelt einen ersten Überblick über mögliche Gestaltungsalternativen.

---

[253] Die beiden Betrachtungsweisen sind bei M=N gleichgroßen Elementen und Standorten äquivalent. Wenn jedoch mindestens ein Element mehr als eine Rastereinheit der Planungsfläche beansprucht, führt die standortorientierte Vorgehensweise dazu, daß gleiche Vertauschungsmöglichkeiten wiederholt abgeprüft werden. Diesen Nachteil vermeidet die elementorientierte Vorgehensweise, die ihrerseits aber die mögliche Verbesserung eines Layouts durch Vertauschung eines Elements mit einer Leerfläche außer acht läßt (vgl. Dangelmaier, 1986, S. 129 f.). Dieser Nachteil läßt sich durch die Einführung von fiktiven Elementen einfach beheben, wenn die Elemente gleich groß sind.

[254] Vgl. Burkard, 1984, S. 287; Müller-Merbach, 1970, S. 166 ff.; Pack et al., 1966, S. 7 - 23.

[255] Chel et al., 1991, S. 542 - 543.

```
  0.  Wähle Anfangszuordnung ā
      Abbruch ← FALSE
      WHILE (Abbruch=FALSE)
  1.      Bestimme die Menge der Vertauschungspaare
  2.      Wähle ein Vertauschungspaar (i,k)
  3.      Berechne die Kostenveränderung Δᵢₖ(ā)
  4.      Entscheide, ob die Vertauschung durchgeführt werden soll
  5.      IF (Terminierungskriterium erfüllt) THEN
              Abbruch ← TRUE
          ENDIF
      ENDWHILE
```

Abb. 4.9: Pseudo-Code für die Grundform eines Zweiervertauschungsverfahrens

zu 0.: Anfangszuordnung

Bei der Ausgangslösung $\bar{a}$ handelt es sich entweder um die in der Realität konkret vorliegende Zuordnung, oder um die mit einem Prioritäts- oder Zufallsregelverfahren erzeugte. Grundsätzlich wird die Meinung vertreten, daß die Ergebnisse der Vertauschungsverfahren in der Regel umso besser werden, je besser die Ausgangslösung ist.[256]

zu 1.: Menge der Vertauschungspaare

Die Verfahren unterscheiden sich durch die Menge der untersuchten Vertauschungspaare. Mögliche Alternativen sind: (a) alle zulässigen Vertauschungspaare und (b) eine Teilmenge der zulässigen Vertauschungspaare.

Wenn alle M Elemente einheitlich abgebildet werden und keine Restriktionen bezüglich ihrer Lage zu beachten sind, kennzeichnet $\binom{M}{2}$ die Zahl aller zulässigen Vertauschungspaare. Von dieser Situation wird in der vorliegenden Arbeit ausgegangen, obwohl dieses Maximum an Vertauschungsmöglichkeiten bei flächen- oder deckungsgleicher Abbildung nicht anzutreffen ist.[257] Zu beachten ist, daß man

---

[256] Vgl. Burkard, 1975, S.189; Skorin-Kapov, 1990, S.36 zeigt für ihr Verfahren, daß die Lösungsqualität nicht von der Ausgangslösung abhängt (vgl. Kap. 4.3.3).

[257] Bei flächentreuer Grundrißabbildung ist die Vertauschung zweier Elemente z.B. nur erlaubt, wenn die Grundflächen (in Rastereinheiten gemessen) gleich groß sind oder wenn die Grundflächen der beiden betrachteten Elemente benachbart sind (d.h. eine gemeinsame Seite von mindestens einer Rastereinheit haben) oder wenn beide einen gemeinsamen Nachbarn haben (d.h. mit einem dritten Element hat jedes der beiden Elemente für sich eine gemeinsame Seite von mindestens einer Rastereinheit). Liegt mehr als ein Element zwischen den zwei betrachteten Elementen, so wird der Rechenaufwand für eine mögliche Vertauschung zu groß, da sich auch die Lage der "inneren" Elemente verändern müßte (vgl. Domschke/ Drexl, 1990, S. 170 f.) Bei deckungsgleicher Abbildung ist neben gleichem Flächeninhalt auch dieselbe Form Voraussetzung für die Vertauschung zweier Elemente. Eine Ausnahme bilden allerdings zwei benachbarte rechteckige Elemente, die eine gemeinsame Kante gleicher Länge aufweisen. Solche Elemente können horizontal bzw. vertikal verschoben werden (vgl. Warnecke et al., 1976, S. 543). Eine Ausweitung der Vertauschungsmöglichkeiten erreicht man bei flächen- oder deckungsgleicher Abbildung, wenn man mehrere Elemente zu sogenannten Blöcken zusammenfaßt und diese dann mit anderen Elementen und/oder Blöcken vertauscht (vgl. Dangelmaier, 1986, S. 176 ff.).

selbst durch die Überprüfung aller zulässigen Vertauschungspaare "nur" erreichen kann, daß nach der Anwendung eines solchen Verfahrens durch die Vertauschung von zwei Elementen keine Verbesserung des Zielfunktionswertes mehr verwirklicht werden kann (2-Optimalität). Entsprechendes gilt für eine größere Anzahl von Vertauschungspartnern (B-Optimalität).[258]

Ist der Rechenaufwand für ein Verfahren, das durch Enumeration alle vertauschbaren Paare untersucht, zu hoch, hat man die Möglichkeit, die Menge der möglichen Vertauschungspaare durch die Bildung einer Teilmenge einzuschränken. Die Teilmenge der zulässigen Vertauschungspaare wird entweder nach bestimmten Prioritätskriterien ausgewählt oder durch einen Zufallsmechanismus bestimmt. Die Zahl der möglichen Gestaltungsvarianten ist sehr groß, da sowohl der Begriff Teilmenge als auch die Prioritäts- oder Zufallsregel zur Bildung der Teilmenge unterschiedlich ausgefüllt werden kann.

zu 2.: Wahl eines Vertauschungspaares

Auch die Reihenfolge, in der die zulässigen Vertauschungspaare ausgewählt werden, kann in Abhängigkeit von der Vertauschungsstrategie von Bedeutung sein (vgl. Schritt 4).[259] Trotzdem ist in den meisten Verfahrensbeschreibungen entweder keine Angabe über die Reihenfolge zu finden, in der die zulässigen Vertauschungspaare überprüft werden, oder die Autoren benutzen der Einfachheit halber nur die Indizierung der Elemente als Reihenfolgekriterium.[260] Ziel sollte es aber sein, sinnvolle Reihenfolgekriterien zu finden, die nach Möglichkeit den Rechenaufwand reduzieren, ohne die Lösungsqualität zu beeinträchtigen.[261] Als potentielle Reihenfolgekriterien kommen dieselben Größen in Frage wie bei den Verfahren zur Erzeugung eines Layouts (z.B. Transportintensität oder -kosten).

zu 3.: Berechnung der Kostenveränderung

Bei der Beurteilung der Vorteilhaftigkeit der ausgewählten Vertauschungsmöglichkeit sollte grundsätzlich die Zielsetzung des Layoutproblems berücksichtigt werden. Bezogen auf das QZP1 bedeutet das, die Kostenveränderung $\Delta_{ik}(\bar{a})$ bei paarweiser Vertauschung der Standorte von Element i und k ist zu berechnen (vgl. 4.14).[262] Entsprechendes gilt für die Problemstellungen QZP2 - QZP12.

---

[258] Vgl. Müller-Merbach, 1970, S. 166ff.; Dangelmaier, 1986, S. 126.

[259] Die Vertauschungsreihenfolge ist von Bedeutung, wenn im Schritt 4 jede verbessernde Vertauschung durchgeführt wird. Bei der Strategie der besten Vertauschung ist die Reihenfolge, in der die Vertauschungen überprüft werden, hingegen nicht von Bedeutung.

[260] Vgl. Domschke/Drexl, 1990, S. 152; Baur, 1971, S. 26.

[261] Ansätze dieser Art findet man bei Dangelmaier, 1986, S. 199 ff..

[262] Vgl. dazu auch Kap. 3.2.8 dieser Arbeit.

$$\Delta_{ik}(\vec{a}) = \sum_{\substack{m=1 \\ m\neq i \\ m\neq k}}^{M} k_t \left[\left(t_{im} - t_{km}\right) \cdot \left(d(a_k, a_m) - d(a_i, a_m)\right) \right.$$

$$\left. + \left(t_{mi} - t_{mk}\right) \cdot \left(d(a_m, a_k) - d(a_m, a_i)\right) \right]$$

$$+ k_t \left(t_{ik} - t_{ki}\right) \cdot \left(d(a_k, a_i) - d(a_i, a_k)\right) \tag{4.14}$$

zu 4.: Entscheidung über die Annahme oder Ablehnung der Vertauschung
Die konkrete Auswahl des tatsächlich zu vertauschenden Paares ist das wohl wichtigste Unterscheidungsmerkmal für das große Spektrum der Verbesserungsverfahren mit paarweiser Vertauschung. Die meisten Verfahren akzeptieren nur Vertauschungen, wenn diese den Zielfunktionswert (die Kosten) senken. Solche Verfahren werden im folgenden als reine Verbesserungsverfahren bezeichnet. Verfahren, die auch vorübergehende Verschlechterungen des Zielfunktionswertes zulassen, werden nur als Verbesserungsverfahren bezeichnet.

Die reinen Verbesserungsverfahren lassen sich wiederum in deterministische und stochastische Verfahren unterscheiden, je nachdem ob sie eine probabilistische Komponente enthalten oder nicht. Der Einbau einer probabilistischen Komponente ist fast überall möglich, im Schritt 4 beispielsweise dadurch, daß man den kostensenkenden Vertauschungspaaren bestimmte Auswahlwahrscheinlichkeiten zuordnet.[263] Ein gängiges Klassifikationsmerkmal für die Vielzahl der deterministischen Verbesserungsverfahren ist die bei der Auswahl des tatsächlichen Vertauschungspaares benutzte allgemeinen Vertauschungsstrategie.

Die publizierten Verfahren verwenden i.d.R. eine der beiden folgenden Vertauschungsstrategien:[264]
(a) Wahl des ersten Vertauschungspaares mit einer negativen Kostenveränderung
d.h. sobald ein Paar gefunden wird, dessen Standortvertauschung zu einer Kostenreduktion führt, wird die Vertauschung vorgenommen.
(b) Wahl des Vertauschungspaares mit der größten negativen Kostenveränderung
d.h. nachdem alle zulässigen Vertauschungspaare untersucht wurden, wird das Paar tatsächlich vertauscht, das die größte Kostenreduktion ermöglicht.

Den reinen Verbesserungsverfahren stehen sogenannte Simulated Annealing und Tabu Search Verfahren gegenüber.[265] Beide Verfahrensprinzipien - Simulated Annealing und

---

[263] Vgl. dazu z.B. die Beschreibung von CRAFT BS im Kap. 4.3.2.2 dieser Arbeit.

[264] Zu einer Erhöhung der Varianten führt es, wenn man weder (a) noch (b), sondern eine dazwischenliegende Vertauschungsmöglichkeit realisiert (vgl. Domschke/Drexl, 1990, S. 152).

[265] Zum Begriff und der allgemeinen Vorgehensweise des Simulated Annealing siehe z.B. Kirkpatrick et al., 1983, S. 671 - 680; Domschke/ Drexl, 1991, S. 113 ff. oder Kapitel 4.3.4 dieser Arbeit. Zu dem Grundprinzip und der allgemeinen Vorgehensweise von Tabu Search vgl. z.B. Glover, 1990, S. 74 - 94 oder Kapitel 4.3.3 dieser Arbeit.

Tabu Search - sind im Operations Research relativ neu. Beide wurden primär zur Überwindung lokaler Optimalität entwickelt. Um dies zu erreichen, lassen sie im Gegensatz zu den reinen Verbesserungsverfahren auch eine vorübergehende Verschlechterung des Zielfunktionswertes zu, d.h. sie erlauben auch Vertauschungsmöglichkeiten, deren Tausch zu einer positiven Kostenveränderung führen würde. Da Simulated Annealing und Tabu Search in dieser Arbeit einen besonderen Stellenwert einnehmen, werden sie im Kapitel 4.3.3 und 4.3.4 separat diskutiert.

zu 5.: Terminierungskriterium

Entscheidend für die Lösungsgüte eines Verbesserungsverfahrens ist auch die Frage, wie das Terminierungskriterium im Schritt 5 inhaltlich ausgefüllt ist, d.h. wie die Anzahl der auszuführenden Vertauschungsschritte konkret begrenzt ist. Grundsätzlich ist ein Verbesserungsverfahren natürlich abzubrechen, wenn feststeht, daß das Verfahren die beste bisher gefundene Lösung nicht weiter verbessern kann. Bei vielen praxisrelevanten Problemstellungen ist der dafür erforderliche Rechenaufwand jedoch entweder nicht wirtschaftlich vertretbar oder sogar so hoch, daß die zur Verfügung stehende Zeitspanne bei weitem nicht ausreicht. Die Anzahl der Vertauschungsschritte ist dann durch eines der folgenden Terminierungskriterien zu begrenzen:

(a) durch eine vorgegebene Höchstzahl an Vertauschungsschritten

(b) durch eine vorgegebene Zeitspanne, oder

(c) durch ein Abbruchkriterium, das zwischen zusätzlichem Rechenaufwand und zusätzlich erzielbarer Verbesserung der Lösungsgüte abwägt.

Nach diesen Erläuterungen der in Abb. 4.9 dargestellten Grundstruktur der Verbesserungsverfahren werden im folgenden einige Algorithmen, die sich in der Literatur durchgesetzt haben und für den weiteren Verlauf der Arbeit von Interesse sind, charakterisiert und diskutiert. Gegenstand des nächsten Kapitels sind einige reine Verbesserungsverfahren, und zwar sowohl deterministische als auch stochastische. Anschließend werden im Kap. 4.3.3 verschiedene Tabu Search Verfahren und im Kapitel 4.3.4 verschiedene Simulated Annealing Verfahren aus der Literatur geschrieben, gewürdigt und modifiziert. Die Diskussion der Algorithmen beschränkt sich wiederum auf deren Form für das QZP1. Das Kapitel 4.3 endet mit dem Entwurf neuer Simulated Annealing Verfahren, die mit Hilfe der genetischen Progammierung optimiert werden.

4.3.2 Reine Verbesserungsverfahren

4.3.2.1 Deterministische reine Verbesserungsverfahren

Die zwei wohl bekanntesten deterministischen Verbesserungsverfahren sind **H-63** von Hillier und **CRAFT** von Armour und Buffa.[266] Das zuerst genannte Verfahren ist hier vor allem wegen seines geringen Rechenaufwandes von Interesse, das zweite, weil es - da rechenzeitsparend und praxiserprobt - immer noch als besonders effizient gilt.[267]

H-63 von Hillier

Das Vertauschungsverfahren von Hillier (H-63)[268] geht von einer zulässigen Anfangslösung $\bar{a}$ aus und ermittelt zunächst für jedes Element die Kostenveränderung, die sich ergibt, wenn das jeweils betrachtete Element um eine Rastereinheit nach oben, unten, links oder rechts verschoben wird. Die Kosten der Wiederbelegung des freiwerdenden Standorts desjenigen Elementes, dessen Standort das verschobene Element einnimmt, bleiben in diesem Schritt unberücksichtigt.[269] Das Element mit der größten so ermittelten Kostenveränderung wird ausgewählt. Es sei das Element i auf dem Standort a_i. Das Element, dessen Standort es einnehmen würde, sei Element k auf dem Standort a_k.

Anschließend wird getestet, ob die aus der Standortvertauschung $a_i \leftrightarrow a_k$ insgesamt resultierende Kostenveränderung $\Delta_{ik}(\bar{a})$ negativ ist. Ist diese Bedingung erfüllt, so wird die paarweise Vertauschung durchgeführt und die geschilderte Prozedur wiederholt sich, d.h. es wird wieder für jedes Element die Kostenveränderung einer Verschiebung ihres Standorts um eine Rastereinheit nach oben, unten, links oder rechts bestimmt, usw.

Wenn die Kostenveränderung $\Delta_{ik}(\bar{a})$ nicht negativ ist, wird zusätzlich untersucht, ob für das Element i eine Diagonalvertauschung zu einer insgesamt negativen Kostenveränderung führt. Als zusätzliche Vertauschungspartner kommen alle Elemente in Frage, die unmittelbare Nachbarn von Element k sind und mit Element i einen Berührungspunkt haben (vgl. in Abb. 4.10 k^+ bzw. k^-). Gibt es auch keine kostensenkende Diagonalvertauschung, so wird das Element mit der zweitgrößten Kostenveränderung, die durch Verschiebung ihres Standorts um eine Rastereinheit entsteht (ohne die Kosten der Wiederbelegung des freigewordenen Standorts zu berücksichtigen), ausgewählt und die oben geschilderte Prozedur wiederholt sich.

---

[266] H-63 siehe Hillier, 1963, S. 30 - 40; CRAFT siehe Armour/Buffa, 1963, 294 - 300.

[267] Vgl. z.B. Niedereichholz, 1975, S. 731; Kusiak/Heragu, 1987, S. 246.

[268] Vgl. Hillier, 1963, S. 30 - 40.

[269] Der Algorithmus berechnet also nur die Kostenveränderung, wenn Element i von dem Standort a_i entfernt und dem Standort a_k zugeordnet wird und nicht die Kostenveränderung, wenn Element k von dem Standort a_k entfernt und dem Standort a_i zugeordnet wird (vgl. Kapitel 3.2.8).

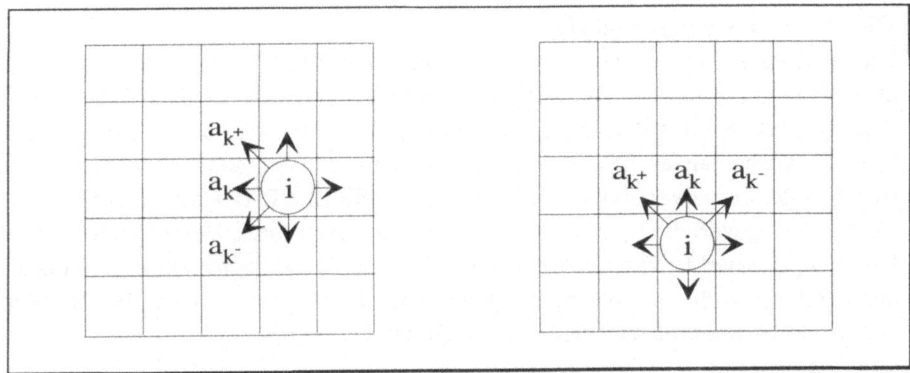

Abb. 4.10: Vertauschungspartner bei H-63

Der Algorithmus terminiert, wenn keine Kosteneinsparungen mehr realisiert werden können. Da nur benachbarte Elemente untersucht werden, ist der Rechenaufwand des Verfahrens gering. Allerdings ist auch die Lösungsgüte im Vergleich zu anderen Verbesserungsverfahren eher als schlecht zu bezeichnen.[270]

Eine bessere Lösungsqualität erreicht eine modifizierte Version von H-63, die Hillier gemeinsam mit Connors einige Jahre später vorgestellt hat.[271] Ihr Algorithmus **HC-63/66** unterscheidet sich im wesentlichen nur dadurch von H-63, daß man auch nicht benachbarte Elemente vertauschen kann. Die zu vertauschenden Elemente müssen allerdings auf einer horizontalen, vertikalen oder diagonalen Linie liegen. Das Verfahren beginnt in der Startphase damit, für jedes Element die Kostenveränderung zu berechnen, die sich ergibt, wenn das jeweilige Element um V Rastereinheiten nach oben, unten, links oder rechts verschoben wird. Dabei ist V gleich dem Maximum von ny_1-1 und ny_2-1.[272] Wenn mit V^{er}-Bewegungen keine Kosteneinsparungen mehr realisiert werden können, wird V um eins verkleinert und die Prozedur wiederholt sich, solange V>0 gilt.

Mehrere Vergleiche haben bestätigt,[273] daß der Algorithmus HC-63/66 der zuerst genannten Grundversion (H-63) überlegen ist. Er erzeugt qualitativ höherwertige Lösungen bei geringerer Rechenzeit. Die Lösungsqualität von HC-63/66 ist vergleichbar mit der von CRAFT, die Rechenzeit etwas geringer.

---

[270] Zu einem Vergleich der bekanntesten Lösungsverfahren Vgl. z.B. Nugent et al., 1968, S. 159 - 162; Kusiak/Heragu, 1987, S. 246.

[271] Vgl. Hillier/Connors, 1966, S. 42 - 57; oder die Beschreibung von Kusiak/Heragu, 1987, S. 246 und Baur, 1971, S. 26 f..

[272] Zur Definition von ny_1 und ny_2 vgl. Kapitel 2.2.2 dieser Arbeit.

[273] Vgl. Nugent et al., 1968, S. 158 - 166.

110

CRAFT von Armour und Buffa

Das Verfahren CRAFT wurde erstmals von Armour und Buffa (1963) und Buffa et al. (1964) vorgestellt.[274] Die effiziente Vorgehensweise von CRAFT hat nicht nur dazu geführt, daß das Verfahren eine relativ große praktische Bedeutung erlangt hat, sondern auch, daß es in den letzten 28 Jahren ständig weiterentwickelt worden ist.[275] In der Grundversion von Armour und Buffa ist CRAFT ein deterministisches Verbesserungsverfahren, das nach dem Prinzip der besten Vertauschung arbeitet. Die hier vorgestellte Version von CRAFT bezieht sich zunächst auf dessen Form für das QZP1, obwohl es - wie später gezeigt wird - ursprünglich für die Anordnung von ungleich großen Elementen entwickelt wurde.

Ausgehend von einer zulässigen Anfangszuordnung untersucht CRAFT alle $\frac{(M-1)M}{2}$ paarweisen Vertauschungsmöglichkeiten und realisiert diejenige, die zum kleinsten Kostenveränderungswert $\Delta_{ik}(\bar{a})$ führt. Dieser Vorgang wird solange wiederholt, bis durch paarweise Vertauschungen keine Kostensenkungen mehr realisiert werden können, also bis gilt:

$$\Delta_{ik}(\bar{a}) > 0 \quad \forall\, i, k \in [1, M]; i > k \tag{4.15}$$

Die bei CRAFT ebenfalls gestattete Vertauschung flächenungleicher Elemente führt bei den zu prüfenden Vertauschungsmöglichkeiten zu einigen Einschränkungen. Flächenungleiche Elemente werden bei CRAFT nämlich nur vertauscht, wenn sie (in Rastereinheiten gemessen) gleich groß sind, wenn sie benachbart sind oder wenn sie einen gemeinsamen Nachbarn haben. Bei der anschließenden Berechnung der Kostenveränderungen $\Delta_{ik}(\bar{a})$ wird unterstellt, daß die Mittelpunkte der Elemente i und k ausgetauscht werden. Für ungleich große Elemente trifft das jedoch im allgemeinen nicht zu, da der neu zu berechnende Mittelpunkt des vertauschten Elements i i.d.R. vom Mittelpunkt des vorher auf dieser Standortfläche angeordneten Elements k abweicht (und umgekehrt). Daher ist die in der angegebenen Weise berechnete Kostenänderung häufig nicht exakt, sondern nur eine Näherungslösung.[276]

Bei der Beurteilung von CRAFT ist zunächst einmal deutlich herauszustellen, daß die Ungleichung (4.15) zwar eine notwendige Bedingung für ein globales Minimum ist, jedoch keine hinreichende. Mit einer Überprüfung aller paarweisen Ver-

---

[274] Vgl. Armour/Buffa, 1963, S. 294 -300; Buffa et al.; 1964, S. 136 - 158. CRAFT steht für <u>C</u>omputerized <u>R</u>elative <u>A</u>llocation of <u>F</u>acilities <u>T</u>echnique.

[275] Bekannte auf CRAFT aufbauende Verfahren sind COFAD von Tompkins/Reed, 1976, S. 583-595; CRAFT-IV und CRAFT-M von Hicks/Cowan, 1976, S. 30-35; SPACECRAFT von Johnson, 1982, S. 407-417; CRAFT Biased Sampling von Nugent et al., 1968, S. 158-166; LAY von Hardeck/Nestler, 1974, S. 95-99 und KONUVER von Baur, 1973, S. 872-874, als kombiniertes Verfahren, dessen Verbesserungsteil aus einem modifizierten CRAFT-Programm besteht.

[276] Vgl. dazu auch Domschke/Drexl, 1990, S. 170 ff.; Dolezalek/Warnecke, 1981, S. 347 ff.; Baur, 1971, S. 26 f..

tauschungsmöglickeiten kann man nämlich nur erreichen, daß nach der Anwendung des Verfahrens durch die Vertauschung von zwei Elementen keine Verbesserung mehr verwirklicht werden kann (2-Optimalität).[277] Mit anderen Worten, es ist nicht auszuschließen, daß durch eine Vertauschung von mehr als zwei Elementen (Drei-, Viervertauschung) der Zielfunktionswert nochmals verbessert würde. Der Algorithmus terminiert also mit einem in der Nähe seiner Anfangszuordnung liegenden Minimum. Dabei wird es sich häufig nicht um ein globales Optimum handeln. Dies zeigt, daß die Güte der besten zu findenden Lösung relativ stark von der Güte der Anfangslösung abhängig ist. Diesen Nachteil haben auch die Entwickler von CRAFT erkannt.[278] Zur Erzielung höherwertiger Lösungen empfehlen sie, mehrere Läufe mit unterschiedlichen Anfangszuordnungen und ansonsten gleichen Problemdaten durchzuführen und dann die Zuordnung des Laufes, der die geringsten Kosten erzielt, als Lösung auszuwählen.

Ein weiterer Kritikpunkt an CRAFT ist die rein deterministische Vorgehensweise, d.h. für ein Problem und eine vorgegebene Anfangszuordnung erhält man genau eine Endlösung. Dieser Nachteil wird durch die im nächsten Kapitel diskutierte stochastische Variante von CRAFT behoben.

4.3.2.2 Stochastische reine Verbesserungsverfahren

Die meisten stochastischen Verbesserungsverfahren sind durch den Einbau einer probabilistischen Komponente in ein deterministisches Verfahren entstanden. Zwei sehr bekannte stochastische Verbesserungsverfahren, die so entstanden sind, werden im folgenden erläutert. Sie basieren zwar beide auf dem CRAFT-Algorithmus, bauen die probabilistische Komponente aber an unterschiedlichen Stellen ein.

CRAFT Biased Sampling

CRAFT Biased Sampling (**CBS**) wurde bereits 1968 von Nugent et al. vorgestellt. Mit ihrer "probabilistic variant of the deterministic CRAFT algorithm"[279] untersuchen sie zunächst - wie bei CRAFT - alle $\frac{(M-1)M}{2}$ zulässigen paarweisen Vertauschungsmöglichkeiten. Unter denjenigen Vertauschungspaaren, deren Standortvertauschung zu einer Kostensenkung führen würde, wird das tatsächlich zu vertauschende Paar dann aber zufällig ausgewählt. Dazu werden den kostensenkenden Vertauschungen Auswahlwahrscheinlichkeiten zugeordnet, deren Wert umso höher ist, je größer die Kostensenkung ist. Der Algorithmus terminiert, wenn keine kostensenkenden Vertauschungspaare mehr gefunden werden.

---

[277] Entsprechendes gilt für eine größere Anzahl von Vertauschungspartnern (vgl. z.B. Dangelmaier, 1986a, S. 126).

[278] Vgl. Nugent et al., 1968, S. 156.

[279] Vgl. Nugent et al., 1968, S. 156.

112

Kennzeichnet

C   die Anzahl der kostensenkenden Vertauschungspaare

E_i die Kostenersparnis bei Vertauschung des i-ten Paares

P_k die Auswahlwahrscheinlichkeit der k-ten kostensenkenden paarweisen Vertauschung

μ einen vorzugebenden Parameter (mit $\mu \in [0,\infty]$.

dann wird die Auswahlwahrscheinlichkeit der k-ten kostensenkenden paarweisen Vertauschung in der Version von Nugent et al. nach folgender Formel berechnet:

$$P_k = \frac{(E_k)^\mu}{\sum_{i=1}^{C}(E_i)^\mu} \qquad (4.16)$$

Der Parameter μ legt die Auswirkungen der Kostensenkungshöhe auf die Auswahlwahrscheinlichkeit festlegt. Der extreme Wert $\mu=0$ bedeutet, daß die Auswahlwahrscheinlichkeiten für alle C kostensenkenden Vertauschungspaare gleich sind, d.h. die tatsächlich zu vertauschenden Paare werden rein zufällig ausgewählt. Das andere Extrem, $\mu \to \infty$, ist gleichbedeutend mit der Entfernung der probabilistischen Komponente. Wie bei CRAFT würde die Vertauschung mit der größten Kosteneinsparung ausgewählt. Mit $\mu=1$ sind die Auswahlwahrscheinlichkeiten proportional zur Kosteneinsparung, mit $\mu=2$ proportional zum Quadrat der eingesparten Kosten.

Nugent et al. verwenden nach umfangreichen Tests $\mu=2$ als Parameter für ihre Experimente. Sie wenden das Verfahren zehnmal hintereinander auf ein Problem mit derselben Anfangszuordnung an und erhalten so in der Regel mehrere verschiedene Endlösungen, von denen sie die beste auswählen. Die Rechenzeit ist dadurch natürlich höher als bei CRAFT, H-63 und HC-63/66. Dafür erzielt der CBS-Algorithmus aber auch qualitativ höherwertige Ergebnisse als die anderen bisher diskutierten Verfahren.[280]

LAY

Der Algorithmus LAY von Hardeck und Nestler[281] versucht ebenfalls, durch paarweise Vertauschungen die Güte der gegebenen Anfangszuordnung zu verbessern. Der wesentliche Unterschied zu dem bereits diskutierten Algorithmus CRAFT ist die stochastische Komponente im Vertauschungsprozeß. Anders als bei dem ebenfalls stochastischen Verfahren CBS, wird das zu vertauschende Paar aber nicht aus der Menge der kostensenkenden Vertauschungspaare zufällig ausgewählt, sondern aus der Menge aller zulässigen Vertauschungspaare. Führt die zufällig ausgewählte

---

[280] Vgl. Nugent et al., 1968, S. 157 f..

[281] Zur ausführlichen Diskussion von LAY vgl. Hardeck/Nestler, 1974, S. 95 - 99; Hardeck, 1977, S. 38 ff..

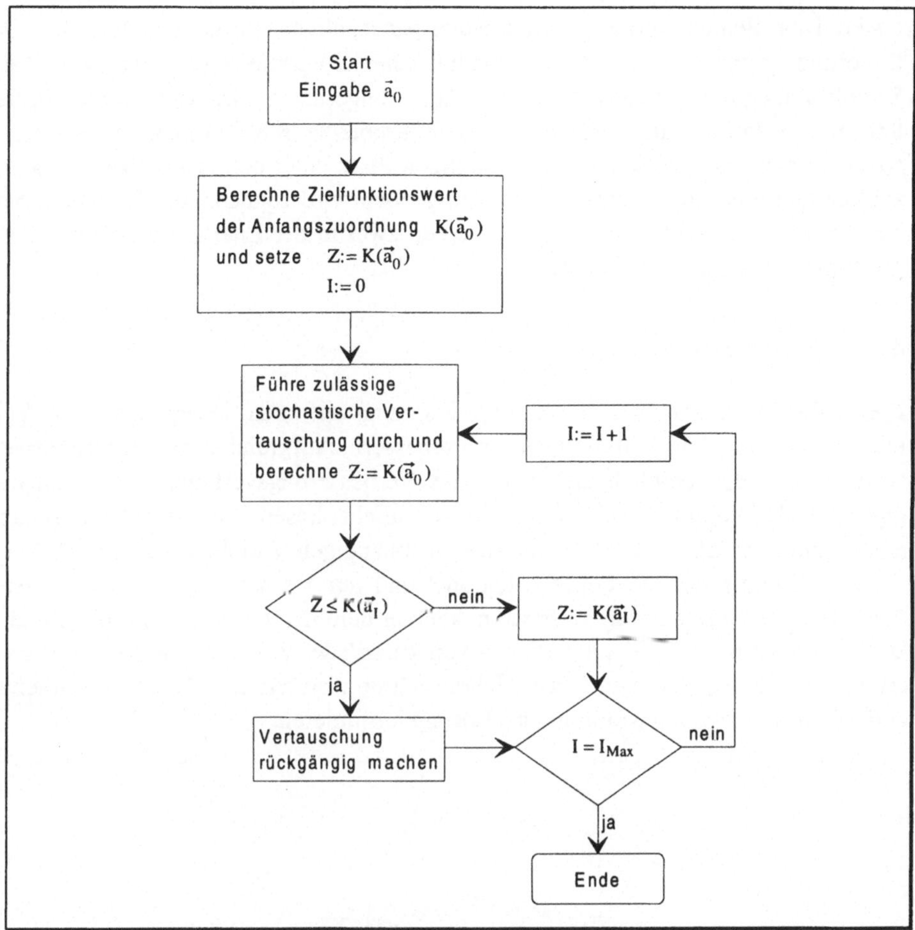

Abb. 4.11: Vereinfachtes Flußdiagramm von LAY

Vertauschung zu einer Verbesserung des Zielfunktionswertes, wird mit der neuen Zuordnung das nächste Vertauschungspaar zufällig ausgewählt (usw.). Falls nicht, wird die Vertauschung rückgängig gemacht und das nächste Vertauschungspaar zufällig ausgewählt. Der Algorithmus terminiert nach I vorher festgelegten Iterationen. In Abb. 4.11 ist ein stark vereinfachtes Flußdiagramm von LAY dargestellt.

4.3.3 Tabu Search Verfahren

Tabu Search ist eine in der deutsprachigen Literatur bisher kaum bekannte Strategie für Verbesserungsverfahren zur Überwindung lokaler Optimalität. Die Grundidee von Tabu Search ist vor allem auf Glover zurückzuführen.[282] Er publizierte 1989 die

---

[282] Vgl. Glover, 1989, S. 190 - 206; Glover, 1990, S. 4 - 32.

ersten Tabu Search Verfahren zur Lösung ganzzahliger und kombinatorischer Optimierungsprobleme. Zur Lösung quadratischer Zuordnungsprobleme wird Tabu Search hingegen erstmals von Skorin-Kapov eingesetzt.[283] Da Tabu Search in den letzten 2-3 Jahren auch auf viele andere Probleme sehr erfolgreich angewandt wurde, nimmt es inzwischen einen wichtigen Platz unter den Heuristiken für ganzzahlige Optimierungsaufgaben ein. Im folgenden wird zunächst die Grundidee von Tabu Search erläutert. Anschließend werden zwei in der Literatur existierende Algorithmen ausführlich diskutiert.

4.3.3.1 Grundidee

Die bisher besprochenen reinen Verbesserungsverfahren akzeptieren nur Vertauschungen, die den Zielfunktionswert verbessern. Aufgrund dieser Vorgehensweise ist es unwahrscheinlich, daß ein reines Verbesserungsverfahren einem lokalen Optimum "entkommt". Abb. 4.12 veranschaulicht diesen Zusammenhang anhand einer kontinuierlichen Funktion mit zwei unabhängigen Variablen x und y.[284] Wenn der Algorithmus sich im Punkt L befindet und nur Vertauschungen zuläßt, wenn diese den Zielfunktionswert verbessern, kann er dem lokalen Minimum L nicht entkommen. Durch kleine Veränderungen von x und/oder y werden die Kosten immer erhöht. Ein reines Verbesserungsverfahren würde also auf ein Minimum schließen und mit diesem lokalen Minimum als Lösung terminieren.

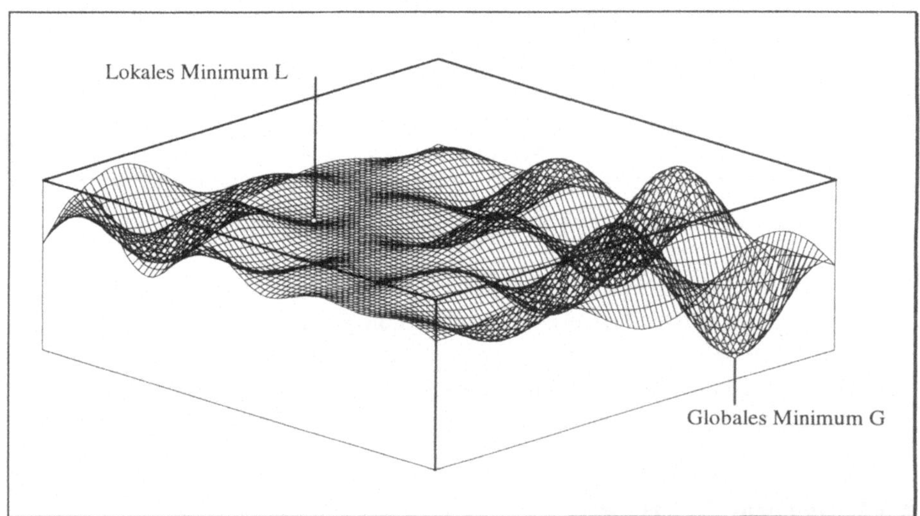

Abb. 4.12: Lokales und globales Minimum

---

[283] Vgl. Skorin-Kapov, 1990, S. 33 - 45.

[284] Es wurde eine kontinuierliche Funktion gewählt, da diese das Konzept der temporären Verschlechterung anschaulicher darstellt.

Um das angesprochene Problem in seiner Wirkung abzuschwächen, schlagen einige Autoren vor, die reinen Verbesserungsverfahren mehrfach mit unterschiedlichen Anfangszuordnungen zu starten, um so mehrere lokale Minima und vielleicht sogar das globale Minimum zu finden.[285]

Tabu Search geht jedoch einen anderen Weg, der hier exemplarisch am quadratischen Zuordnungsproblem erläutert werden soll. Im Gegensatz zu den reinen Verbesserungsverfahren, wird in jeder Iteration von den untersuchten Vertauschungsmöglichkeiten - meistens die gesamte Nachbarschaft der aktuellen Zuordnung - das Elementpaar ausgewählt, dessen Standorttausch zu dem kleinsten $\Delta_{ik}(\bar{a})$-Wert führen würde. Das ausgewählte Vertauschungspaar muß den Zielfunktionswert also nicht unbedingt verbessern, d.h. wenn nach einigen Iterationen keine kostensenkenden Vertauschungsmöglichkeiten mehr zu finden sind, wird das Elementpaar ausgewählt, dessen Tausch den Zielfunktionswert der aktuellen Zuordnung am wenigsten verschlechtern würde. Diese temporäre Verschlechterung der Zielfunktion geschieht natürlich nur in der Hoffnung, einem lokalen Optimum zu entkommen, um das globale zu finden.

Eine kostenerhöhende Vertauschung ist jedoch nur sinnvoll, wenn in der nächsten Iteration die kostensenkende "Rückvertauschung" verboten bzw. tabuisiert wird. Um dies zu erreichen, wird das Vertauschungspaar der zuletzt durchgeführten Vertauschung in einer sogenannten Tabu-Liste gespeichert. Mit dem Eintrag in diese Liste, ist die Vertauschung des korrespondierenden Elementpaares zunächst einmal als Tabu definiert. Da es im allgemeinen aber nicht sinnvoll ist, ein Elementpaar dauerhaft zu tabuisieren, ist die Tabu-Liste so organisiert, daß sie nur einen bestimmten Umfang hat und in jeder Iteration zirkulierend aktualisiert wird. Dabei ist der Umfang der Tabu-Liste, die sogenannte "tabu size" TS, einer der wichtigsten Parameter von Tabu Search. Sie gibt an, wieviele Elementpaare man in der Liste speichern kann.[286] Somit determiniert sie auch die Zahl der "Rückvertauschungen", die tabuisiert werden, um Lösungswiederholungen zu vermeiden (insbesondere das wiederholte Auffinden lokaler Optima). Bisher ist aber ungeklärt, mit welcher "Tabu Size" TS Tabu Search die besten Ergebnisse liefert.[287]

Auf der anderen Seite kann durch die Tabu Liste aber auch eine sinnvoll erscheinende Vertauschungsmöglichkeit verboten werden, z.B. eine Vertauschung, die den besten bisher gefundenen Zielfunktionswert verbessern würde. Deshalb wird bei den meisten Tabu Search Verfahren zusätzlich ein sogenanntes Aspiration-Kriterium eingeführt, bei dessen Erfüllung auch eine tabuisierte Vertauschungsmöglichkeit realisiert werden darf. Ein Beispiel hierfür ist die Verbesserung der bis dahin besten Lösung.

---

[285] Anfangswerte sind die Werte für x und y, mit denen der Algorithmus gestartet wird.

[286] Zu Beginn des Verfahrens ist die Tabu Liste leer. In den ersten TS aufeinanderfolgenden Iterationen wird sie schrittweise gefüllt und anschließend umlaufend erneuert.

[287] Die Diskussion der wichtigsten Parameter von TS erfolgt am Ende dieses Kapitels.

Deutlich herauszustellen ist, daß bei Tabu Search in jeder Iteration auf jeden Fall eine Vertauschung realisiert wird, d.h. wenn das Elementpaar mit dem kleinsten Kostenveränderungswert $\Delta_{ik}(\vec{a})$ in einer bestimmten Iteration nicht vertauscht werden darf, so wiederholt sich die geschilderte Prozedur für das Elementpaar mit dem zweitkleinsten, drittkleinsten usw. Kostenveränderungswert. Das Verfahren ist erst beendet, wenn ein vorher festgelegtes Terminierungskriterium - häufig die Anzahl der Iterationen - erfüllt ist. Der Pseudo-Code für die verbal beschriebene Grundform eines Tabu Search Verfahrens ist in Abb. 4.13 dargestellt. Viele der realisierten Implentierungen folgen diesem Schema, ergänzen es z.T. aber durch zusätzliche Verfahrenselemente.[288]

```
0.  Wähle Anfangszuordnung ā
1.  Wähle Tabu Size
2.  Initialisiere Tabu Liste
    Terminierung ← FALSE
    WHILE (TERMINIERUNG=FALSE)
          for (i=1 To N-1)
                for (k=i+1 To N)
3.                    Berechne Δik(ā)
          Vertauschung ← FALSE
                Δ ← {Δik(ā); i=1(1)N-1, k=i+1(1)N}
          WHILE (VERTAUSCHUNG=FALSE)
4.                Wähle Δ*ik(ā)= min{Δik(ā)∈Δ}
5.                IF (ai ↔ ak) not in Tabu Liste
                        Vertauschung ← TRUE
                  ELSE
6.                      IF (Aspiration-Kriterium erfüllt)
                              Vertauschung ← TRUE
                        ENDIF
                  ENDIF
7.                IF (Vertauschung ← TRUE)
                        ai ↔ ak
                        Füge (ai ↔ ak) in Tabu Liste ein.
                  ELSE
                        Δ ← Δ\{Δ*ik(ā)}
                  ENDIF
          ENDWHILE
8.        IF (Terminierungskriterium erfüllt) THEN
                Terminierung ← TRUE
          ENDIF
    ENDWHILE
```

Abb. 4.13: Pseudo Code für Tabu Search

---

[288] Vgl. Glover, 1989, S. 190 - 206; Glover, 1990a, S. 4 - 32.

Die bisher publizierten Algorithmen unterscheiden sich primär in folgenden Punkten:

- **Tabu-Liste:** Die Tabu-Liste soll Lösungswiederholungen vermeiden. Um dies zu erreichen, folgen einige Autoren dem zuvor genannten Schema und erzeugen eine zirkulierend organisierte Tabu-Liste, in der die TS zuletzt vertauschten Elementpaare (i, k) gespeichert werden.[289] Eine Vertauschung ist bei dieser Vorgehensweise tabu, wenn das korrespondierende Elementpaar (i, k) in der Tabu-Liste enthalten ist. Andere Autoren experimentieren mit einer Tabu-Liste, in der für jedes Element und jeden Standort die letzte Iteration gespeichert wird, während der das Element i dem Standort j zugeordnet war.[290] Ein Vertauschungspaar (i, k) ist bei ihnen tabu, wenn beide Elemente durch den Tausch einen Standort belegen würden, auf dem sie innerhalb der letzten s Iterationen bereits angeordnet waren.

- **Tabu-Size:** Die mit Tabu Search erzielbare Lösungsqualität hängt sehr stark von der richtigen Wahl der Tabu-Size ab. Es ist bisher aber ungeklärt, mit welcher Tabu-Size daß Tabu Search die besten Ergebnisse liefert. In der Literatur besteht jedoch Einigkeit darüber, daß ein zu klein gewählter Wert für TS zyklisch auftretende Rückvertauschungen nicht verhindern kann und ein zu großer Wert die Vertauschungsmöglichkeiten zu sehr einschränkt und somit auch sinnvoll erscheinende Vertauschungsmöglichkeiten verbietet. Um einen geeigneten Wert für TS zu finden, wurden umfangreiche Experimente durchgeführt. Einige Autoren vermuten, daß der beste Wert für TS mit der Problemgröße steigt. Sie empfehlen daher eine problemgrößenabhängige Parametereinstellung für TS, die während der gesamten Laufzeit des Verfahrens nicht verändert wird.[291] Andere Autoren schlagen hingegen vor, die Tabu-Size während der Laufzeit entweder deterministisch oder probabilistisch zu verändern. Glover z.B. verändert die Tabu-Size deterministisch, indem er sogenannte "moving gaps" in die Tabu Liste einbaut.[292] Damit wird für einige Iterationen der Tabu Status für eine Teilmenge der Elementpaare in der Tabu-Liste gelöscht. Taillard hat im Gegensatz dazu umfangreiche Tests mit einer stochastisch wechselnden Tabu-Size durchgeführt. Bei seinem Verfahren wird der Wert für die Tabu-Size jeweils nach einer bestimmten Anzahl von Iterationen aus einem a priori festgelegten Intervall zufällig ausgewählt.[293]

- **Aspiration-Kriterium**: Das Aspiration-Kriterium soll eine sinnvoll erscheinende Vertauschungsmöglichkeit auch dann erlauben, wenn sie tabuisiert ist. In den meisten Verfahren ist zumindest ein Aspiration-Kriterium fest implemen-

---

[289] Vgl. z.B Skorin-Kapov, 1990, S. 33 - 45 und Chakrapani et al., 1992, S. 287 - 295.

[290] Vgl. Taillard, 1991, S. 443 - 455.

[291] Vgl. Skorin-Kapov, 1990, S. 34 f..

[292] Vgl. Glover, 1990a, S. 4 - 32; Glover, 1990b, S. 74 - 94.

[293] Vgl. Taillard, 1991, S. 447 und Kap. 4.3.3.4 dieser Arbeit.

tiert. Nur wenige Autoren experimentieren mit Tabu Search Verfahren ohne Aspiration-Kriterium.[294] Das klassische und auch wohl einfachste Aspiration-Kriterium erlaubt eine tabuisierte Vertauschungsmöglichkeit, wenn diese den besten bisher gefundenen Zielfunktionswert verbessert. Taillard benutzt bei seinem Verfahren zusätzlich ein zweites Aspiration-Kriterium. Bei sehr heterogenen Transportmengen schlägt er vor, eine tabuisierte Vertauschungsmöglichkeit auch dann zu erlauben, wenn dadurch beide Elemente einen Standort erhalten, der innerhalb der letzten Θ Iterationen nicht von ihnen belegt war.[295]

4.3.3.2 Algorithmus von Skorin-Kapov (SK-90)

Das erste Tabu Search Verfahren für quadratische Zuordnungsprobleme wurde 1990 von Skorin-Kapov vorgestellt.[296] Ihr sogenanntes Tabu-Navigation Verfahren (SK-90) besteht aus einer Konstruktions- und einer Verbesserungsphase, wobei sich die folgende Diskussion allerdings nur auf den Verbesserungsteil von Tabu-Navigation konzentriert, in dem Tabu Search als Strategie eingesetzt wird. Nach der Beschreibung von SK-90 wird noch kurz auf ein bisher unveröffentlichtes Arbeitspapier von Skorin-Kapov eingegangen, in dem sie ihren ursprünglichen Algorithmus verbessert. Zunächst seien jedoch die im folgenden benutzten Parameter der Übersichtlichkeit halber genannt.

Φ ein Zähler, der die Anzahl der durchgeführten Vertauschungen (Iterationen) registriert.

I_{Max} eine a priori festgelegte Zahl, die zum Terminierungstest mit Φ verglichen wird.

TS   die Zahl der Elementpaare (i,k), die man in der Tabu-Liste speichern kann (Tabu-Size).

TL_{Φ} die Menge der Elementpaare, die in der Iteration Φ tabu sind (mit $|TL_{\Phi}|=TS$).

LTM_{ik} ein Zähler, der die Anzahl der realisierten Vertauschungen registriert, in denen die Elemente i und k die Vertauschungspartner waren.

LTM   die $N \times N$ Matrix, in der alle LTM_{ik}-Werte (mit $i,k=1(1)N$) registriert sind.

Das Flußdiagramm von SK-90 ist in Abb. 4.14 dargestellt. Anders als die meisten Tabu Search Verfahren geht Tabu Navigation nicht von einer gegebenen Anfangszuordnung aus, sondern erzeugt diese mit einem Eröffnungsverfahren. Grundsätzlich kann zwar jeder Algorithmus zur Erzeugung einer ersten zulässigen Lösung benutzt werden, Skorin-Kapov entscheidet sich aber für Heider's "N-step. 2-variable search" - Algorithmus.[297]

---

[294] Vgl. Skorin-Kapov, 1990, S. 33 - 45.

[295] Vgl. Taillard, 1991, S. 447.

[296] Vgl. Skorin-Kapov, 1990, S. 33 - 45.

[297] Vgl. Heider, 1973, S. 699 - 724; West, 1983, S. 461 - 466.

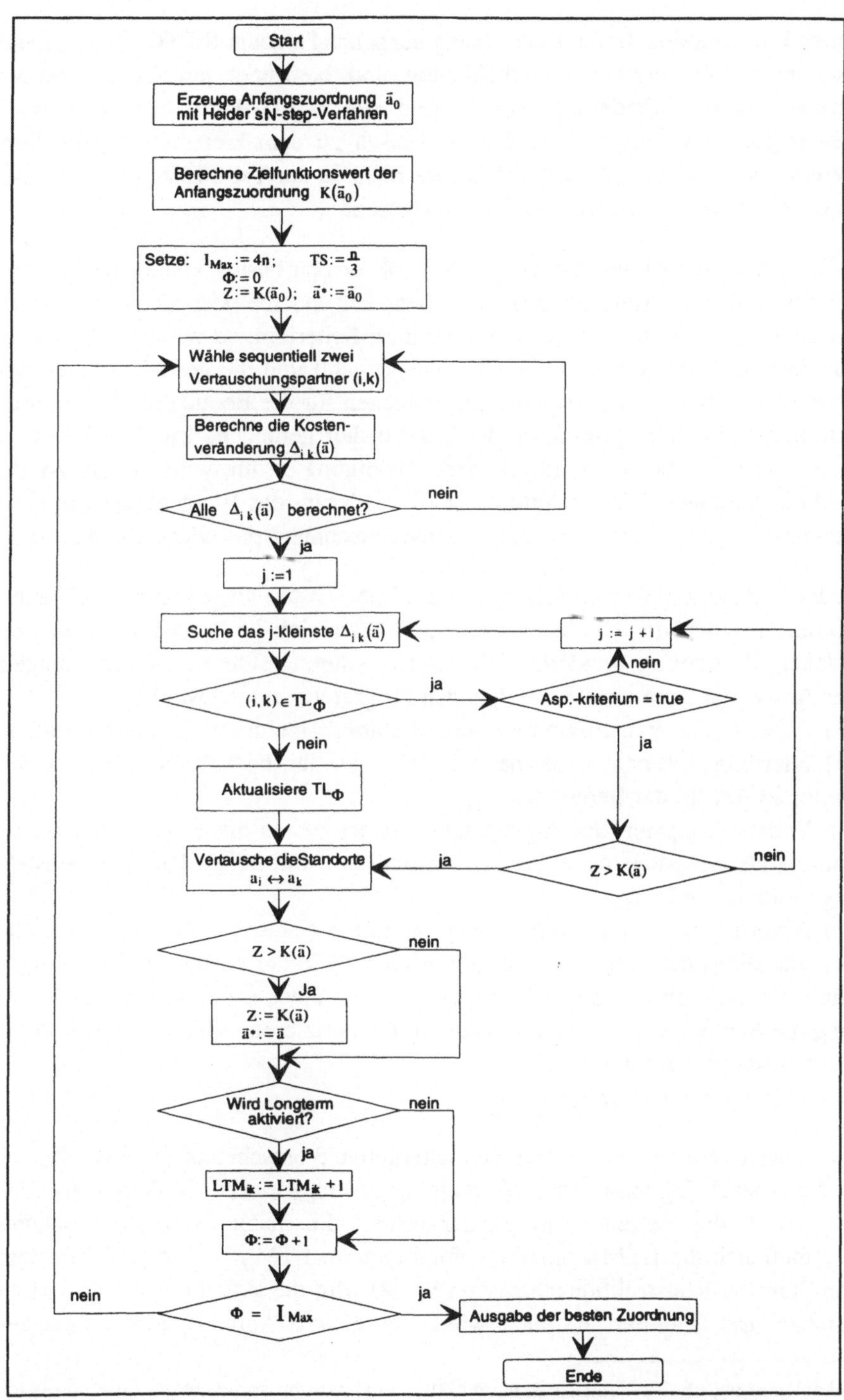

Abb. 4.14: Flußdiagramm von dem Tabu Search Algorithmus SK-90

Von der so konstruierten Anfangszuordnung ausgehend erzeugt SK-90 anschließend alle paarweisen Vertauschungsmöglichkeiten und berechnet jeweils die daraus resultierende Kostenveränderung $\Delta_{ik}(\bar{a})$. Sind alle $\Delta_{ik}(\bar{a})$-Werte berechnet, wird das Elementpaar (i,k) ausgewählt, dessen Tausch zu dem kleinsten $\Delta_{ik}(\bar{a})$-Wert führt. Wenn das so ausgewählte Elementpaar nicht in der Tabu-Liste enthalten ist, werden die korrespondierenden Standorte vertauscht.

Andernfalls muß der Anwender entscheiden, ob er den besten bisher gefundenen Zielfunktionswert als Aspiration-Kriterium benutzen möchte oder nicht. Verzichtet der Anwender auf das implementierte Aspiration-Kriterium, so wird das Elementpaar mit dem nächstkleinsten $\Delta_{ik}(\bar{a})$-Wert ausgewählt und die geschilderte Prozedur wiederholt sich. Entscheidet man sich hingegen für die Benutzung des Aspiration-Kriteriums, so ist zu prüfen, ob der beste bisher gefundene Zielfunktionswert durch den Tausch verbessert wird. Ist diese Bedingung erfüllt, wird die tabuisierte Vertauschung durchgeführt. Andernfalls wird wiederum das Elementpaar mit dem nächstkleinsten $\Delta_{ik}(\bar{a})$-Wert ausgewählt, und die Berechnungsprozedur wiederholt sich.

Nach jeder realisierten Vertauschung muß die Tabu-Liste und gegebenenfalls auch das Aspiration-Kriterium aktualisiert werden,[298] bevor sich die Prozedur mit der neu entstandenen Zuordnung wiederholt. Nach I_{Max} durchgeführten Vertauschungen kann der Anwender dann zwischen folgenden Programmpunkten wählen:

(1) Den Algorithmus von Beginn an neu zu starten (inclusive Eröffnungsverfahren), allerdings mit neuen Parametereinstellungen für die Tabu-Size TS und die maximale Anzahl der Iterationen I_{Max}.

(2) Den Verbesserungsteil des Algorithmus mit der besten bisher gefundenen Zuordnung als Ausgangslösung neu zu starten (evtl. mit neuen Parametereinstellungen für TS und I_{Max}).

(3) Den Algorithmus von Beginn an neu zu starten (inclusive Eröffnungsverfahren), allerdings mit einer modifizierten Matrix D, in der bisher häufig durchgeführte Vertauschungen bestraft werden, um mit einer anderen Anfangszuordnung die Suche nach neuen Lösungen zu diversifizieren (evtl. mit neuen Parametereinstellungen für TS und I_{Max}).

(4) Den Algorithmus zu beenden.

Wenn sich der Benutzer für die Programmalternative 3 entscheidet, muß der Zähler LTM_{ik} die Anzahl der realisierten Vertauschungen registrieren, in denen die Elemente i und k die Vertauschungspartner waren, d.h. nach jeder Vertauschung $a_i \leftrightarrow a_k$ muß sich die LTM-Matrix wie folgt ändern: $LTM_{ik}:=LTM_{ik}+1$. Vor dem erneuten Start der Konstruktionsphase von SK-90 wird die aktuelle Matrix LTM zu der Distanzmatrix D addiert, um nicht wieder die gleiche Anfangszuordnung zu er-

---

[298] Zu überlegen ist, ob die Tabu-Liste auch aktualisiert werden sollte, wenn eine tabuisierte Vertauschungsmöglichkeit durchgeführt wird. Bei Skorin-Kapov findet man dazu keinen Hinweis.

zeugen, d.h. LTM soll die Lösungssuche diversifizieren. Der Zielfunktionswert der so konstruierten Anfangszuordnung wird aber weiterhin mit der ursprünglichen Matrix D berechnet. Vor der sich anschließenden Verbesserungsphase können alle Parameter neu initialisiert werden; die LTM-Matrix wird jedoch unverändert übernommen.

Der wohl größte Nachteil des Algorithmus ist dessen Empfindlichkeit gegenüber Parametereinstellungen. Um gute Werte für die Parameter zu finden, führt Skorin-Kapov extensive Experimente durch. Die Versuchsergebnisse können wie folgt zusammengefaßt werden: Eine Tabu-Size aus dem Wertebereich $[\frac{N}{3}, \frac{N}{2}]$ liefert i.d.R. gute Ergebnisse. Die Anzahl der maximal durchzuführenden Vertauschungen wird in einigen Vergleichstests zwar auf 4N beschränkt, für die besten von ihr publizierten Zielfunktionswerte waren aber deutlich mehr Iterationen erforderlich $(I_{Max}>80N)$.[299] Von einigen sehr kleinen Problemgrößen abgesehen, ist die Benutzung des nicht fest implementierten Aspiration-Kriteriums erfolgversprechend. Die verschiedenen Programmalternativen, die der Anwender nach jeweils I_{Max} Iterationen wählen kann, führen zu unüberschaubar vielen Kombinationsmöglichkeiten. Die Programmalternative 3 wird bei Skorin-Kapov auffällig selten benutzt. Bei den Programmalternativen 1 und 2 untersucht sie vor allem verschiedene Möglichkeiten, die Tabu-Size TS und I_{Max} neu zu initialisieren. Sie kommt zu dem Entschluß, daß die Tabu-Size zunehmen sollte, wenn das implementierte Aspiration-Kriterium benutzt wird. Andernfalls sollte die Tabu-Size abnehmen.

4.3.3.3 Modifizierter Algorithmus von Skorin-Kapov (SK-92)

Obwohl die Lösungsqualität von SK-90 in der Literatur bereits als hervorragend bezeichnet wird,[300] kann Skorin-Kapov ihr ursprüngliches Verfahren in einem bisher unveröffentlichten Arbeitspapier noch einmal signifikant verbessern.[301] Das wesentliche zusätzliche Element dieser mit SK-92 bezeichneten Modifikation ist die sogenannte Target-Analyse,[302] die in die Verbesserungsphase des Verfahrens eingebaut wird, um auch das laufend gesammelte Wissen über gute Lösungen bei der Suche nach noch besseren Lösungen zu nutzen. Die Grundidee dieser Vorgehensweise wird im folgenden kurz erläutert.

---

[299] Vgl. Skorin-Kapov, 1990, S. 39. Es sei darauf hingewiesen, daß die Gesamtzahl der Iterationen ein Vielfaches von I_{Max} ist (je nachdem, wie oft die Programmalternative 1, 2 oder 3 gewählt wird).

[300] Vgl. z.B. Glover, 1990, S. 76; Skorin-Kapov, 1990, S. 35 ff..

[301] Vgl. Skorin-Kapov, 1991, S. 1 - 21.

[302] Die Grundidee der Target-Analyse stammt von Glover/Laguna, 1991, S. 240 - 253. Skorin-Kapov, 1991, S. 1 - 21 implementiert die Target Analyse allerdings erstmals in ein Tabu Search Verfahren zur Lösung quadratischer Zuordnungsprobleme.

Die ersten Verfahrensschritte von SK-92 stimmen mit den in SK-90 verwendeten überein. Erst wenn die Berechnung der $\Delta_{ik}(\bar{a})$-Werte für alle paarweisen Vertauschungsmöglichkeiten abgeschlossen ist, ändert sich die Vorgehensweise. Gibt es mindestens eine Vertauschungsmöglichkeit, die den Zielfunktionswert verbessert, wird das Paar vertauscht, dessen Tausch zu der größten Verbesserung des Zielfunktionswertes führen würde. Wenn es kein Paar gibt, das diese Bedingung erfüllt, so setzt die eigentliche Target-Analyse ein. Sie vergleicht die Standorte, die ein potentielles Vertauschungspaar nach dem Tausch belegen würde, mit den Standorten, die dieses Paar in der besten bisher bekannten Lösung - der sogenannten Target-zuordnung - belegt. Der Tausch wird auf jeden Fall durchgeführt, wenn diese Standorte übereinstimmen.[303] Andernfalls wird von den potentiellen Vertauschungspaaren, deren Vertauschung dazu führt, daß wenigstens ein Element auf dem sogenannten Target-Standort angeordnet würde, das ausgewählt, dessen Tausch den Zielfunktionswert der aktuellen Zuordnung am wenigstens verschlechtern würde. Die Schwierigkeit bei dieser Vorgehensweise besteht darin, die richtige Gewichtung zwischen der Target-Analyse auf der einen Seite und der Veränderung der Zielfunktionswerte auf der anderen Seite zu finden. Skorin-Kapov empfiehlt nach umfangreichen Tests, von den kostenerhöhenden Vertauschungsmöglichkeiten nur die 15 kleinsten zu betrachten, um davon dann das Elementpaar auszuwählen, das nach der Target-Analyse bevorzugt ist. Das folgende Beispiel soll die Vorgehensweise verdeutlichen.[304]

Bei M=5 Elementen sei die Target-Zuordnung {B,C,A,E,D} und die aktuelle Zuordnung {A,B,C,D,E}. In Abb. 4.15 ist das Ergebnis der Target-Analyse für alle M(M-1)/2=10 paarweisen Vertauschungsmöglichkeiten dargestellt. Die Ordnung der untersuchten Vertauschungsmöglichkeiten nach zunehmenden $\Delta_{ik}(\bar{a})$-Werten sei (3,4,1,5,2,6,7,10,8,9).

Wenn man alle Vertauschungsmöglichkeiten untersucht, würde die Vertauschungsmöglichkeit (10) ausgewählt, da deren Tausch beide Elemente (D und E) auf den Target-Standorten anordnet. Wenn man hingegen nur fünf kostenerhöhende Vertauschungsmöglichkeiten untersucht, würde die Vertauschungsmöglichkeit (1) ausgewählt, weil sie von den Elementpaaren, deren Vertauschung dazu führt, daß wenigstens ein Element auf dem Target-Standort angeordnet wird, den Zielfunktionswert der aktuellen Zuordnung am wenigsten verschlechtert. Wenn man nur zwei kostenerhöhende Vertauschungsmöglichkeiten untersucht, würde die Vertauschungsmöglichkeit (3) ausgewählt, weil sie den Zielfunktionswert weniger stark verschlechtert als (4).

---

[303] Skorin-Kapov 1991, S. 1-21, ist nicht zu entnehmen, welches Elementpaar SK-92 auswählt, wenn mehrere Vertauschungsmöglichkeiten existieren, die beide Elemente auf den Target-Standorten anordnen würden. Sinnvoll erscheint es, von den Elementpaaren, die diese Bedingung erfüllen, das zu wählen, das den Zielfunktionswert der aktuellen Zuordnung am wenigsten verschlechtern würde.

[304] Vgl. dazu Skorin-Kapov, 1991, S. 5.

Nr.	Vertauschung	Permutation	Anzahl neuer Target-Übereinstimmungen
(1)	A - B	{B,A,C,D,E}	1
(2)	A - C	{C,B,A,D,E}	1
(3)	A - D	{D,B,C,A,E}	0
(4)	A - E	{E,B,C,D,A}	0
(5)	B - C	{A,C,B,D,E}	1
(6)	B - D	{A,D,C,B,E}	0
(7)	B - E	{A,E,C,D,B}	0
(8)	C - D	{A,B,D,C,E}	0
(9)	C - E	{A,B,E,D,C}	0
(10)	D - E	{A,B,C,E,D}	2

Abb. 4.15: Beispiel für eine Target-Analyse

In SK-92 ist aber auch die Tabu-Liste anders organisiert als bei SK-90. Die Grundidee der ebenfalls zirkulierend aktualisierten Tabu-Liste besteht darin, die Vertauschung einer ständig wechselnden Teilmenge der tabuisierten Elementpaare für einige aufeinanderfolgende Iterationen zu erlauben.[305] Um dies zu erreichen, kann die Tabu-Liste bei Skorin-Kapov insgesamt sechs verschiedene Konfigurationen annehmen. Nur in der Konfiguration 1 sind alle Elementpaare, die in der Tabu-Liste gespeichert sind, tabuisiert. In den Konfigurationen 2 und 6 sind im Gegensatz dazu nur die Elementpaare, die in der zweiten Hälfte der Tabu-Liste gespeichert sind, tabuisiert. In der Konfiguration 3 und 5 sind nur die Elementpaare, die im ersten und vierten Viertel der Tabu-Liste gespeichert sind, tabuisiert. In der Konfiguration 4 sind schließlich nur die Elementpaare tabuisiert, die im zweiten und dritten Viertel der Tabu-Liste gespeichert sind. Der Konfigurationswechsel ist zirkulierend organisiert. Nach jeweils 3·TS Iterationen wird die nächste Konfiguration gewählt. Bei jeder erneuten Wahl der Konfiguration 1 wird die Tabu-Size um eine kleine, zufällig gewählte Zahl aus dem Wertebereich [0; 0,15·N] reduziert.

Auch mit dem so modifizierten Algorithmus führt Skorin-Kapov umfangreiche Tests durch, um gute Werte für die benutzten Parameter zu finden. Die publizierten Ergebnisse zeigen, daß bei einem vergleichbar hohen Einstellungsaufwand mit den durchgeführten Modifikationen eine signifikante Verbesserung der Lösungsqualität zu erzielen ist.[306]

---

[305] Vgl. Skorin-Kapov, 1991, S. 8 ff..

[306] Vgl. Skorin-Kapov, 1991, Anhang, Tabelle 5 und 6.

124

4.3.3.4 Algorithmus von Taillard (TA-91)

Der Algorithmus von Taillard[307] hat für die zu Testzwecken üblicherweise benutzten quadratischen Zuordnungsprobleme die besten bisher bekannten Zielfunktionswerte ermittelt. Daher wird der mit TA-91 bezeichnete Algorithmus in dieser Arbeit auch diskutiert, obwohl er aufgrund seiner massiv parallelen Implementierung nicht ohne weiteres mit den ansonsten seriell implementierten Verfahren dieser Arbeit zu vergleichen ist. Der im Kapitel 5 durchzuführende Verfahrensvergleich wird durch fehlende Informationen noch erschwert. So ist z.T. nicht bekannt, mit welchem Rechenaufwand die publizierten Ergebnisse ermittelt wurden. In einem privaten Gespräch mit Skorin-Kapov bestätigt Taillard nur, daß er bei großen Problemen mehrere Millionen Iterationen durchgeführt hat.[308] Der Vollständigkeit halber sei darauf hingewiesen, daß in der Literatur noch ein zweites massiv paralleles Tabu Search Verfahren zur Lösung quadratischer Zuordnungsprobleme existiert.[309] Die folgende Diskussion beschränkt sich jedoch nur auf die Variante von Taillard, da sie höherwertige Lösungen erzeugt.

Auch hier seien zunächst die wichtigsten Parameter, die bei der Beschreibung von TA-91 benutzt werden, definiert:

Φ ein Zähler, der die Anzahl der durchgeführten Vertauschungen (Iterationen) registriert.

I_{Max} eine a priori festgelegte Zahl, die zum Terminierungstest mit Φ verglichen wird.

TM_{ij} ein Zähler, der die letzte Iteration registriert, in der das Element i dem Standort j zugeordnet war.

TM die $N \times N$ Matrix, in der alle TM_{ij}-Werte (mit i,j=1(1)N) registriert sind.

s eine zufällig gewählte Zahl, die zur Tabu-Prüfung mit der Differenz der beiden Zähler Φ und TM_{ij} verglichen wird.

s_{min} der kleinste Wert, den die zufällig gewählte Zahl s annehmen kann.

s_{max} der größte Wert, den die zufällig gewählte Zahl s annehmen kann.

Ξ eine a priori festgelegte Zahl, welche die Anzahl der Iterationen angibt, nach denen die zufällig gewählte Zahl s neu gewählt wird.

Θ eine a priori festgelegte Zahl, die mit der Differenz der beiden Zähler Φ und TM_{ij} verglichen wird, um festzustellen, ob eine tabuisierte Vertauschung erlaubt wird.

Der von Taillard vorgestellte Algorithmus folgt im wesentlichen dem in Abb. 4.13 dargestellten Schema. Daher werden im folgenden nur noch die wichtigsten Unterscheidungsmerkmale zu den zuvor genannten Verfahren diskutiert.

---

[307] Vgl. Taillard, 1991, S. 443 - 455.

[308] Vgl. Skorin-Kapov, 1991, S. 16 f..

[309] Vgl. Chakrapani et al., 1992, S. 287 - 295.

Tabu-Liste:

Taillard hat sehr viele unterschiedliche Tabu-Listen untersucht und kommt zu dem Ergebnis, daß die folgende am geeignetsten ist:[310] Für jedes Element und jeden Standort wird die Iteration gespeichert, in der das Element i letztmalig dem Standort j zugeordnet war, d.h. er erzeugt eine $N \times N$ Matrix TM, in der das Matrixelement TM_{ij} die letzte Iteration angibt, in der das Element i dem Standort j zugeordnet war. Ein ausgewähltes Vertauschungspaar (i,k) ist tabuisiert, wenn beide Elemente (i und k) durch den Tausch $a_i \leftrightarrow a_k$ einen Standort belegen würden, auf dem sie innerhalb der letzten s Iterationen bereits angeordnet waren. Um diese festzustellen, wird für die ausgewählten Elemente i und k überprüft, ob die Ungleichungen $\Phi - TM_{i,a(k)} \leq s$ bzw. $\Phi - TM_{k,a(i)} \leq s$ erfüllt sind. Der eigentliche Vorteil dieser Vorgehensweise besteht darin, daß die Lösungsqualität von TA-91 nicht so sensitiv auf den Parameter s reagiert, wie z.B. die Lösungsqualität von SK-90 auf den Parameter TS. Die Lösungsqualität ist allerdings vergleichbar, wenn bei dem Verfahren von Skorin-Kapov die "optimale" Tabu-Size TS bekannt ist.

Tabu-Size:

Die Schwierigkeiten, die mit der Wahl der "richtigen" Tabu-Size verbunden sind, versucht Taillard wie folgt zu lösen: Er implementiert eine Tabu-Liste mit einer stochastisch wechselnden Tabu-Size s. Nach jeweils Ξ Iterationen wird aus dem Wertebereich $[s_{min}, s_{max}]$ ein neuer ganzzahliger Wert für s zufällig gewählt. Bereits bei der Suche nach guten Werten für die Parameter s_{min} und s_{max} stellt Taillard fest, daß die Lösungsqualität auf Variationen der Werte nicht besonders sensitiv reagiert. Die von ihm durchgeführten Experimente zeigen aber auch, daß man mit dieser Modifikation Lösungen mit besseren Zielfunktionswerten erzeugen kann.[311]

Aspiration-Kriterium:

Taillard benutzt bei allen Problemen das klassische Aspiration-Kriterium, d.h. er erlaubt eine tabuisierte Vertauschung, wenn diese den besten bisher gefundenen Zielfunktionswert verbesssert. Insbesondere bei Problemen mit hoher Flußdominanz[312] empfiehlt er aber, zusätzlich ein zweites Aspiration-Kriterium zu benutzen. Eine tabuisierte Vertauschung (i, k) ist danach erlaubt, wenn beide Elemente (i und k) durch den Tausch einen Standort erhalten, der innerhalb der letzten Θ Iterationen nicht von ihnen belegt war.[313] Damit will Taillard erreichen, daß Tabu Search auch zwei Elemente mit hohen Transportintensitäten vertauscht, wenn diese einen Standort belegen, der für sie ein lokales Optimum darstellt. Denn ohne dieses zu-

---

[310] Vgl. Taillard, 1991, S. 446 f..

[311] Vgl. Taillard, 1991, S. 447 f..

[312] Bei Problemen mit hoher Flußdominanz bestehen zwischen einigen Elementen Transportintensitäten, die sehr stark vom Mittelwert abweichen (vgl. dazu Kap. 5 dieser Arbeit).

[313] Vgl. Taillard, 1991, S. 447.

sätzliche Aspiration-Kriterium würde Tabu Search wahrscheinlich immer ein Vertauschungspaar mit geringeren Transportintensitäten wählen, weil durch deren Tausch der Zielfunktionswert i.d.R. weniger stark verschlechtert wird.

Parametereinstellungen:
Auch der Algorithmus TA-91 erfordert umfangreiche Parametereinstellungen. Taillard betont allerdings, daß der größte Teil seiner Parameter nicht so empfindlich auf Variationen reagiert wie die Parameter der zuvor genannten Tabu Search Verfahren. Seine Experimente zeigen z.B., daß eine aus dem Wertebereich $[s_{min}, s_{max}] = [\lfloor 0,9N \rfloor, \lfloor 1,1N \rfloor]$ zufällig ausgewählte Tabu-Size bei den meisten Problemen gute Ergebnisse liefert. Bei größeren Problemen oder Problemen mit hoher Flußdominanz muß er die Tabu-Size jedoch um ungefähr 30% reduzieren.[314] Für den Parameter empfiehlt er bei kleineren Problemen einen Wert von 400 und bei größeren Problemen einen Wert zwischen 3.000 und 10.000.[315] Einen starken Einfluß auf die Lösungsqualität hat schließlich auch die Anzahl der maximal durchzuführenden Iterationen. Für einige Vergleichstests mit anderen Heuristiken beschränkt Taillard die Anzahl der Iterationen zwar auf N^2, für die besten von ihm publizierten Zielfunktionswerte waren aber wohl deutlich mehr Iterationen erforderlich. Die genaue Zahl ist für größere Probleme leider nicht bekannt, sie soll aber zwischen 1,5 und 2 Millionen liegen.[316]

Parallelisierung:
Der von Taillard vorgestellte Tabu Search Algorithmus ist parallel implementiert. Die Parallelisierungsidee besteht darin, die gesamte Nachbarschaft der jeweils aktuellen Zuordnung in PRO gleichgroße Teile aufzuteilen, so daß jeder der PRO Prozessoren nur einen Teil der Nachbarschaft untersuchen muß.[317] Wenn ein Prozessor seinen Teil der Nachbarschaft untersucht hat, meldet er den besten gefundenen Zielfunktionswert an die PRO-1 anderen Prozessoren. Gleichzeitig empfängt er aber auch die besten gefundenen Zielfunktionswerte der anderen Prozessoren. Aus den PRO Zielfunktionswerten wählt jeder Prozessor dann den besten aus und führt die korrespondierende Vertauschung durch. Anschließend wiederholt sich die Prozedur. Der in den Experimenten von Taillard benutzte Transputerring umfaßt insgesamt 10 Prozessoren.[318]

---

[314] Die verschiedenen Wertebereiche für die untersuchten Probleme sind Taillard, 1991, 452 f. zu entnehmen.

[315] Vgl. Taillard, 1991, S. 448.

[316] Vgl. Skorin-Kapov, 1991, S. 16 f..

[317] Vgl. Taillard, 1991, S. 450 f..

[318] Der benutzte Prozessor ist ein T800C-G20S.

4.3.4 Simulated Annealing Verfahren

Das Simulated Annealing hat seinen Ursprung in der statistischen Mechanik. Es wird dort zur Simulation von Systemen mit vielen zueinander in Beziehung stehenden Elementen eingesetzt. Auf ganzzahlige Optimierungsprobleme wurde es erstmals durch Kirkpatrick et al.[319] übertragen. Modifizierte und fortentwickelte Simulated Annealing Verfahren[320] haben in der jüngsten Vergangenheit auch für Layoutprobleme qualitativ hochwertige Lösungen geliefert. Die folgende Diskussion dieser im Operations Research relativ neuen Verfahren ist wie folgt aufgebaut: Nach der allgemeinen Beschreibung der Grundidee des Simulated Annealing wird zunächst auf die Grundlagen der statistischen Mechanik eingegangen, soweit sie zum Verständnis des Verfahrens notwendig sind. Anschließend wird gezeigt, wie sich das Simulated Annealing auf die hier betrachteten Layoutprobleme übertragen läßt. Der für Simulated Annealing existierende Konvergenzbeweis ist Gegenstand des Kapitels 4.3.4.3. Die zwei sich anschließenden Kapitel dienen der ausführlichen Diskussion von zwei publizierten Simulated Annealing Verfahren für das QZP1. Abschließend wird die Modifikation eines existierenden Simulated Annealing Algorithmus vorgestellt, die dessen Leistungsfähigkeit steigert.

4.3.4.1 Grundidee

Simulated Annealing wurde ebenso wie Tabu Search primär zur Überwindung lokaler Optimalität entwickelt. Die Vorgehensweise, mit der man versucht, einem lokalen Optimum zu entkommen, ist jedoch eine andere. Im Gegensatz zu den Tabu Search-Verfahren besteht die Grundidee darin, mit einer noch näher zu beschreibenden Wahrscheinlichkeit auch Vertauschungen zuzulassen, wenn diese den Zielfunktionswert verschlechtern. Auf das Layoutproblem angewendet, heißt das: Wenn eine paarweise Vertauschung der Standorte die Kosten erhöht, wird sie nicht gleich abgelehnt, sondern mit einer gewissen Wahrscheinlichkeit angenommen. Diese temporäre Verschlechterung der Zielfunktion geschieht wie beim Tabu Search in der Hoffnung, so dem lokalen Optimum L zu entkommen und das globale Optimum G zu erreichen.

Verfahren, die sich des Simulated Annealing Prinzips bedienen, wurden in den letzten Jahren auf viele Probleme erfolgreich angewendet. Zwei der zahlreichen Beispiele sind das Traveling Salesman Problem und das Quadratische Zuordnungsproblem.[321] Seinen Ursprung hat das Verfahren aber in der statistischen Mechanik, wo man u.a. Abkühlungsprozesse von Flüssigkeiten untersucht. Die starke Analogie zwischen dem Abküh-

---

[319] Vgl. Kirkpatrick et al.; 1983, S. 673.

[320] Vgl. insbesondere Wilhelm/Ward, 1987, S. 107 - 119 und Connolly, 1990, S. 93 - 100.

[321] Vgl. z.B. Kirkpatrick et al., 1983, S. 671 - 680; Bonomi/Lutton, 1984, S. 551 - 568; Golden/ Skiscim, 1986, S. 261 - 279 Burkard/Rendl, 1984, S. 169-174, Kuhn, 1992, S. 387 - 391.

lungsprozeß einer Flüssigkeit und der ganzzahligen Optimierung hat nicht nur zur Übertragung der dort eingesetzten Verfahren geführt, sondern auch zur Namensgebung des Verfahrens beigetragen. Aufgrund der Analogie zur statistischen Mechanik ist es unumgänglich, einige ihrer Grundlagen zu verstehen.

4.3.4.2 Grundlagen der statistischen Mechanik

Die statistische Mechanik ist ein Teilgebiet der Festkörperphysik. Sie beschäftigt sich u.a. mit der räumlichen Anordnung der Atome (Teilchen/Moleküle) zueinander. Aufgrund der Vielzahl der Atome - bis zu 10^{23} Teilchen pro cm^3 - wird in der Physik aber nicht die Menge aller möglichen Zustände[322] eines Systems[323] untersucht, sondern nur die wahrscheinlichsten oder die besonders interessanten (z.B. der Aggregatszustandswechsel, der stattfindet, wenn eine Flüssigkeit zum festen Stoff wird). Die Menge aller möglichen Zustände eines Systems sei δ. $s,w \in \delta$ seien einzelne Zustände.

Besonders interessant sind hier die Zustände minimaler Energie E(s), die jedes System nach den Gesetzen der Thermodynamik einnimmt, wenn eine gegebene Temperatur genügend lange Zeit konstant gehalten wird. Einen solchen Zustand bezeichnet man auch als thermales Gleichgewicht (oder Equilibrium). Um ein System im thermalen Gleichgewicht zu beschreiben, könnte man im Prinzip die Bewegungsgleichungen für das Verhalten der Teilchen bei einer finiten Temperatur aufstellen und lösen. Aufgrund der großen Anzahl von Gleichungen sind die mathematischen Schwierigkeiten jedoch so groß, daß man dazu übergegangen ist, Zustände minimaler Energie mit Hilfe von statistischen Methoden zu finden.

Der erste Physiker, der diese Problemstellung mit statistischen Methoden bearbeitet hat, war Boltzmann. Die nach ihm benannte Verteilung (Boltzmann-Verteilung) gibt die Wahrscheinlichkeit dafür an, daß ein System sich in einem Zustand s befindet. Sie hängt von der Energie des Zustands s sowie von der Temperatur T des Systems ab.[324]

$$P_T(s) = \frac{e^{\frac{-E(s)}{k_B \cdot T}}}{\sum_{w \in \delta} e^{\frac{-E(w)}{k_B \cdot T}}} \tag{4.17}$$

Dabei kennzeichnet:

---

[322] Unter dem Zustand eines Systems versteht man die räumliche Anordnung seiner Komponenten.

[323] Ein Stoff wird in der Physik als System von Teilchen betrachtet.

[324] Die Temperatur wird in Kelvin gemessen: $T \in [0, \infty)$.

$P_T(s)$ die Wahrscheinlichkeitsfunktion für den Zustand s, unter der Voraussetzung, daß das System genügend lange Zeit auf einer Temperatur T gehalten wird.

$E(s)$ die Energie des Systems im Zustand s

T die Temperatur

k_B die Boltzmann Konstante[325]

Mit diesem Grundlagenwissen kann man sich nun einem interessanten Untersuchungsgebiet der statistischen Physik zuwenden: dem Abkühlungsprozeß einer Flüssigkeit. In vielen praktischen Anwendungen wird ein fester Stoff bis zum Schmelzen erhitzt und dann wieder abgekühlt.[326] Vor Erreichen von $T=0$ findet jedoch ein Aggregatszustandswechsel statt, d.h. die Flüssigkeit wird zum festen Stoff. Der letzte Zustand wird in das Material eingefroren und ist ohne Wärmezufuhr nicht mehr veränderbar.

Das Hauptinteresse bei diesem Abkühlvorgang besteht darin, Zustände minimaler Energie einzufrieren.[327] Von den vielen möglichen Zuständen haben i.d.R. aber nur einige wenige geringe Energie. Wenn das Material jedoch langsam genug abgekühlt wird, können diese mit hoher Wahrscheinlichkeit erreicht werden. Das langsame Abkühlen ist entscheidend, damit das Material die Möglichkeit hat, jedesmal sein thermales Gleichgewicht zu erreichen. Durch ein zu schnelles Reduzieren der Temperatur können sich nämlich (an einigen Stellen) Metastasen bilden, die dazu führen, daß der niedrigste Energiezustand nicht erreicht wird. Zum besseren Verständnis des Abkühlungsprozesses ist es hilfreich, die Abhängigkeit der Boltzmann Verteilung (4.17) von der Temperatur an einem Beispiel genauer zu untersuchen.

Ein System habe vier mögliche Zustände mit den im Abb. 4.16 gegebenen Energien $E(s)$. Für drei charakteristische Temperaturen ($T=10^3/k_B$, $T=10/k_B$, $T=1/k_B$)[328] sind die Wahrscheinlichkeiten der einzelnen Zustände angegeben. Bei hoher Temperatur ($10^3/k_B$) sind alle Zustände fast gleichwahrscheinlich, obwohl sie - mit $E(4)=20$ und $E(1)=1$ - signifikante Energieunterschiede aufweisen. Energiereiche Zustände sind bei hoher Temperatur also fast ebenso wahrscheinlich wie energiearme. Wird die Temperatur noch weiter erhöht, sind im Extrem, $T \to \infty$, alle Zustände gleichwahrscheinlich. Deutlich zu erkennen ist aber auch (vgl. Abb. 4.16), daß die Wahrscheinlichkeiten mit abnehmender Temperatur zunehmend gleicher verteilt sind. Zustände geringer Energie werden wahrscheinlicher und Zustände hoher Energie un-

---

[325] Der Wert von k_B ist für Optimierungsaufgaben irrelevant, da es sich bei T lediglich um einen Parameter handelt und nicht um eine Temperatur mit realitätsrelevantem Bezug.

[326] Z.B. bei der Herstellung von Siliziumkristallen.

[327] Vgl. z.B. Kirkpatrick et al., 1983, S. 672 f..

[328] Zur einfacheren Berechnung der Wahrscheinlichkeiten wird die Temperatur durch k_B dividiert, so daß man in 4.17 k_B vernachlässigen kann.

s	E(s)	$P_{T=(10^3/k_B)}$ (s)	$P_{T=(10/k_B)}$ (s)	$P_{T=(1/k_B)}$ (s)
1	1,0	0,2517	0,4100	0,9503
2	4,0	0,2510	0,3037	0,0473
3	7,0	0,2502	0,2250	0,0024
4	20,0	0,2471	0,0613	$5,3 \cdot 10^{-9}$

Abb. 4.16: Abhängigkeit der Boltzmann Verteilung von der Temperatur

wahrscheinlicher. Im Extrem, $T \rightarrow 0$, ist die Wahrscheinlichkeit, daß sich das System in einem Zustand nicht minimaler Energie befindet, Null und die Wahrscheinlichkeit, daß sich das System in einem Zustand minimaler Energie befindet, Eins.[329]

Das Beispiel zeigt sehr deutlich, daß die Wahrscheinlichkeit, einen Zustand geringer Energie einzunehmen, mit sinkender Temperatur steigt. Insofern ist aber auch die Wahrscheinlichkeit, einen Zustand geringer Energie einzufrieren, sehr groß, wenn das System eine genügend lange Zeit auf einer Temperatur nahe dem Gefrierpunkt gehalten wird. Der Grund für das langsame Abkühlen besteht darin, daß die Wahrscheinlichkeitsfunktion 4.17 strenggenommen nur für $t \rightarrow \infty$ gültig ist, d.h. nur wenn das System eine lange Zeit auf einer konstanten Temperatur gehalten wird, ist die Wahrscheinlichkeit eines Zustands recht genau durch 4.17 gegeben.

Die Schwierigkeit besteht nun darin, für den Abkühlungsprozeß eine Form zu finden, die effizient ist und mit hoher Wahrscheinlichkeit einen Zustand minimaler Energie garantiert. Ein einfacher und trotzdem effizienter Lösungsvorschlag ist auf Metropolis et al. (1953) zurückzuführen.[330] Sie stellen eine Berechnungsprozedur zur Simulation eines Systems im thermalen Gleichgewicht vor, die sich etwa wie folgt beschreiben läßt: Ausgehend von einem Anfangszustand s wird für das System ein neuer Zustand w erzeugt, indem man ein zufällig ausgewähltes Teilchen räumlich verschiebt. Anschließend wird aufgrund des Vergleichs der Energien beider Zustände entschieden, ob die Änderung akzeptiert werden soll. Dazu wird die durch die Boltzmann Verteilung gegebene Wahrscheinlichkeit des Zustands w durch die des Zustands s dividiert:

$$\Pi = \frac{P_T(w)}{P_T(s)} = e^{\frac{E(s)-E(w)}{k_B \cdot T}} \tag{4.18}$$

Wenn die wahrscheinliche Energie des neuen Zustands w kleiner als die von s ist (also $\Pi > 1$), so wird der Zustand w gewählt. Wenn jedoch $\Pi \leq 1$ ist, also die wahrscheinliche Energie des Zustands w größer oder gleich der von s ist, so wird der

---

[329] Existieren mehrere Zustände minimaler Energie, so ist jeder dieser Zustände gleichwahrscheinlich.

[330] Vgl. Metropolis, 1953, S. 1087 - 1092.

Zustand w nicht, wie man vermuten könnte, sofort verworfen, sondern mit einer Wahrscheinlichkeit von Π akzeptiert. Diese Prozedur wird solange wiederholt, bis das thermale Gleichgewicht erreicht ist. Dann wird die Temperatur, der Form des Abkühlungsprozesses entsprechend, reduziert und das Verfahren wiederholt sich, bis das System eingefroren ist.

Aus dieser Beschreibung wird der wesentliche Unterschied zwischen Simulated Annealing Verfahren und reinen Verbesserungsverfahren sehr deutlich: Der Simulated Annealing Algorithmus akzeptiert mit einer Wahrscheinlichkeit von Π auch Zustände, die das Energiepotential eines Systems temporär erhöhen. Dabei wird der Simulated Annealing Prozeß zunächst mit einer hohen Temperatur T initialisiert, so daß die Akzeptanzwahrscheinlichkeit Π zur Annahme eines energiereicheren Zustands anfangs groß ist ($\lim_{T \to \infty} \Pi = 1$).[331] Mit steigender Laufzeit sinkt die Temperatur jedoch und damit auch die Bereitschaft, energiereichere Zustände zu akzeptieren. Bei $T \approx 0$ werden schließlich nur noch Zustände, die das Energiepotential des Systems verringern, angenommen ($\lim_{T \to 0} \Pi = 0$).

In der Wahrscheinlichkeitsfunktion 4.18 wird aber auch berücksichtigt, daß die Akzeptanzwahrscheinlichkeit eines energieerhöhenden Zustands mit zunehmender Energiedifferenz $|E(s)-E(w)|$ sinkt, d.h. für große Energiedifferenzen ist die Akzeptanzwahrscheinlichkeit gering (im Extrem $\lim_{|E(s)-E(w)| \to \infty} \Pi = 0$) und für kleine Energiedifferenzen groß (im Extrem $\lim_{|E(s)-E(w)| \to 0} \Pi = 1$). Durch diese Vorgehensweise hofft man, tendenziell Zustände geringer oder sogar minimaler Energie zu erreichen und einzufrieren.

4.3.4.3 Übertragung des Simulated Annealing auf Layoutprobleme

Der beschriebene Simulated Annealing Prozeß wurde wohl erstmals von Kirkpatrick et al.[332] auf kombinatorische Optimierungsprobleme übertragen. Sie haben die nicht sofort offensichtliche Analogie zwischen der Simulation eines Systems der statistischen Mechanik und der Optimierung eines ganzzahligen mathematischen Programms wie folgt hergestellt: Die Menge aller möglichen Zustände eines physikalischen Systems wird durch die Menge aller zulässigen Lösungen eines mathematischen Problems ersetzt.[333] Dementsprechend gilt das Hauptinteresse auch nicht mehr Zuständen minimaler Energie, sondern Zielfunktionswerten, die das betrachtete mathematische Programm optimieren. Diese hängen nicht von dem Zustand eines physikalischen Systems ab, sondern von den Werten der unabhängigen Varia-

---

[331] Diese Aussage gilt für Zustände, die das Energiepotential nicht verringern, also für $0 < \Pi \leq 1$. Zustände, die das Energiepotential verringern, werden mit der Wahrscheinlichkeit $\Pi = 1$ akzeptiert.

[332] Vgl. Kirkpatrick et al., 1983, S. 671 - 680.

[333] Beim QZP1 also durch die Menge aller zulässigen Layouts.

blen des mathematischen Programms.[334] T ist nicht mehr die physikalische Temperatur eines Systems, sondern ein Kontrollparameter für den Algorithmus. Die Boltzmann Konstante k_B wird ganz vernachlässigt bzw. Eins gesetzt, da es sich bei T "nur noch" um einen Parameter ohne realitätsrelevanten Bezug handelt. Der Gebrauch von k_B würde keinen zusätzlichen Nutzen bringen, sondern nur den Wert der Temperatur verändern.

Ein Simulated Annealing Algorithmus für das QZP1 läßt sich mit der so hergestellten Analogie nun wie folgt verbal beschreiben: Zunächst wird eine bestehende Zuordnung durch eine paarweise Vertauschung der Standorte zweier Elemente i und k verändert. Die aus der Standortvertauschung $a_i \leftrightarrow a_k$ resultierende Kostenveränderung $\Delta_{ik}(\bar{a})$ wird anschließend berechnet. Von besonderer Bedeutung ist dann die aus 4.18 hergeleitete Formel 4.19 zur Ermittlung der Akzeptanzwahrscheinlichkeiten π, wenn $\Delta_{ik}(\bar{a}) \geq 0$ ist.

$$\pi = e^{\frac{-\Delta_{ik}(\bar{a})}{T}} \tag{4.19}$$

Wenn die veränderte Zuordnung geringere Kosten aufweist ($\Delta_{ik}(\bar{a}) < 0$), so wird sie mit einer Wahrscheinlicheit von Eins akzeptiert. Weist sie hingegen höhere Kosten auf ($\Delta_{ik}(\bar{a}) \geq 0$), so wird sie mit der durch 4.19 bestimmmten Akzeptanzwahrscheinlichkeit π angenommen. Dazu wird eine gleichverteilte Zufallszahl zwischen Null und Eins erzeugt und mit π verglichen. Ist der Wert der Zufallszahl kleiner als π, so wird die Zuordnung akzeptiert. Falls nicht, wird sie abgelehnt.

Diese Prozedur wird so lange wiederholt, bis das thermale Gleichgewicht bei der aktuell gegebenen Temperatur erreicht ist. Dabei geht man im Gegensatz zur statistischen Mechanik von einem thermalen Gleichgewicht aus, wenn die Zielfunktionswerte (die Kosten) über längere Zeit relativ konstant bleiben. Nach Erreichen des thermalen Gleichgewichts wird die aktuelle Temperatur, der Form des Temperaturverlaufs entsprechend, gesenkt und die Prozedur wiederholt sich. Das Verfahren endet, wenn das Terminierungs- bzw. Abbruchkriterium erreicht ist. Der Pseudo Code für den verbal beschriebenen Simulated Annealing Algorithmus ist in Abb. 4.17 allgemein dargestellt.

Viele der realisierten Implementierungen folgen dem in Abb. 4.17 dargestellten Schema, das direkt aus der statistischen Mechanik abgeleitet ist.[335] Sie unterscheiden sich "nur" durch die inhaltliche Konkretisierung der Schritte 0 bis 8. Da auf einige der Schritte bereits eingegangen wurde,[336] sind hier nur noch folgende Fragen primär zu diskutieren.

---

[334] Beim QZP1 werden diese durch den Permutationsvektor $\bar{a}$ repräsentiert.

[335] Es sei darauf hingewiesen, daß auch einige Implementierungen existieren, die sich weniger stark an das Schema halten, wie z.B. Connolly, 1990, S. 93 - 100.

[336] Vgl. Kap. 4.3.1 dieser Arbeit.

```
0.  Wähle Anfangszuordnung ā

1.  Wähle Starttemperatur T_0
    Terminierung ← FALSE
    WHILE (TERMINIERUNG=FALSE)
        Gleichgewicht ← FALSE
        WHILE (Gleichgewicht=FALSE)
2.          Wähle 2 potentielle Vertauschungspartner (i,k)
3.          IF  Δ_ik(ā) < 0  THEN
                a_i ↔ a_k
            ELSE
4.              Erzeuge gleichverteilte Zufallszahl g ∈ [0,1]
5.              IF g < π = e^(−Δ_ik(ā)/T)  THEN
                    a_i ↔ a_k
                ENDIF
            ENDIF
6.          IF (Gleichgewichtskriterium erfüllt) THEN
                Gleichgewicht ← TRUE
7.              Wähle nächste Temperatur
            ENDIF
        ENDWHILE
8.      IF (Terminierungskriterium erfüllt) THEN
            Terminierung ← TRUE
        ENDIF
    ENDWHILE
```

Abb. 4.17: Pseudo Code für Simulated Annealing mit Gleichgewichtstest

1. Wie bestimmt man im Schritt 1 den Wert für die Starttemperatur T_0?
2. Wie erkennt man im Schritt 6 den Gleichgewichtszustand?
3. Welche Variablen steuern die Verringerung der Temperatur im Schritt 7?
4. Welches Terminierungs- bzw. Abbruchkriterium benutzt man im Schritt 8?

zu 1.: Starttemperatur

In der Literatur besteht Einigkeit darüber, daß ein Simulated Annealing Algorithmus mit einer hohen Anfangstemperatur T_0 gestartet werden sollte. Die Temperatur soll eine Höhe haben, die es dem Algorithmus anfangs erlaubt, eine die Kosten erhöhende paarweise Vertauschung mit einer Wahrscheinlichkeit von $\pi \approx 1$ zu akzeptieren, um lokale Extrema der Zielfunktion zu überwinden. Wäre T_0 in Bezug auf positive $\Delta_{ik}(\bar{a})$-Werte zu klein, so würde der Algorithmus in einem lokalen Optimum stecken bleiben.

Die optimale Starttemperatur ist für realisierbare Anwendungen aber nicht bekannt.[337] Deshalb wird in der Literatur empfohlen, T_0 entweder experimentell[338] oder mit Hilfe von speziellen Algorithmen, die vor Beginn des eigentlichen Simulated Annealing auf die Problemdaten angewendet werden, zu bestimmen.[339] Zum besseren Verständnis der vorgeschalteten Berechnungsprozeduren sei beispielhaft eine Möglichkeit erläutert, die auf Aarts und Laarhoven[340] zurückzuführen ist. Sie generieren vor dem eigentlichen Simulated Annealing Prozeß einige paarweise Vertauschungen, wobei die Temperatur nach jeder Vertauschung so eingestellt wird, daß eine vorgegebene Akzeptanzrate χ erhalten bleibt. Die Akzeptanzrate χ bringt das gewünschte Verhältnis zwischen akzeptierten und generierten paarweisen Vertauschungen bei der Temperatur T zum Ausdruck.

$$\chi = \frac{v_1 + v_2 e^{\frac{-\Delta_{ik}(\bar{a})}{T}}}{v_1 + v_2} \tag{4.20}$$

In der Formel 4.20 kennzeichnet v_1 bzw. v_2 die Anzahl der generierten Vertauschungspaare mit $\Delta_{ik}(\bar{a}) < 0$ bzw. $\Delta_{ik}(\bar{a}) \geq 0$. $\overline{\Delta}_{ik}(\bar{a})$ entspricht dem durchschnittlichen $\Delta_{ik}(\bar{a})$-Wert für die paarweisen Vertauschungen, bei denen $\Delta_{ik}(\bar{a}) \geq 0$ galt. Nach einigen Umformungen der Formel 4.20 erhält man für die Temperatur T folgende Funktion:

$$T = \overline{\Delta}_{ik}(\bar{a}) \cdot \left(\ln \frac{v_2}{\chi \cdot v_2 - (1 - \chi) \cdot v_1} \right)^{-1} \tag{4.21}$$

Eine angemessene Starttemperatur T_0 ist somit der Wert, der sich ergibt, wenn T nach der Formel 4.21 $(v_1 + v_2)$-mal angeglichen wird. Dabei empfehlen Aarts und Laarhoven die Akzeptanzrate $\chi \approx 0{,}9$.

---

[337] Es existiert zwar ein Temperaturverlauf, der die Konvergenz garantiert, doch ist dieser für reale Anwendungen zu rechenaufwendig. Vgl. dazu Kap. 4.3.3.3 dieser Arbeit.

[338] Vgl. z.B. Kirkpatrick et al., 1983, S. 672 ff.; oder der später ausführlich diskutierte Algorithmus von Wilhelm/Ward, 1987, S. 107 - 119.

[339] Vgl. z.B. Aarts et al., 1988, S. 187 - 206; Lundy/Mess, 1986, S. 111 - 124; oder der später ausführlich diskutierte Algorithmus von Connolly, 1990, S. 93 - 100.

[340] Vgl. Aarts/Laarhoven, 1985, S. 193 - 226; Aarts et al., 1988, S. 187 - 206.

zu 2: Gleichgewichtstest

Die meisten Simulated Annealing Verfahren verändern die aktuelle Temperatur, wenn der Gleichgewichtszustand erreicht ist. Die Schwierigkeit besteht darin, den Gleichgewichtszustand zu erkennen. Einige Autoren testen nach einer vorher festgelegten Anzahl von Vertauschungen, ob sich die Kosten noch stark ändern.[341] Ist dies nicht mehr der Fall, so wird auf einen Gleichgewichtszustand geschlossen. Andere Autoren verwenden die Anzahl der akzeptierten und/oder abgelehnten Vertauschungen als Kriterium.[342] Connolly benutzt keinen Gleichgewichtstest, sondern bestimmt die nächste Temperatur nach jeder untersuchten paarweisen Vertauschung.[343] Der Gleichgewichtstest hat sowohl auf die Rechenzeit als auch auf die erreichbare Lösungsgüte einen großen Einfluß.

zu 3: Temperaturverlauf

Einer der wohl wichtigsten Parameter des Simulated Annealing ist der Temperaturverlauf. Rein theoretisch existiert zwar ein Temperaturverlauf, der die Konvergenz garantiert (vgl. Kap. 4.3.4.4), doch ist dieser für reale Anwendungen zu rechenaufwendig. Praktische Relevanz gewinnt das Simulated Annealing Konzept also erst, wenn für den Temperaturverlauf eine Form gefunden wird, deren Implementierung die Problemstellungen mit deutlich weniger Rechenaufwand löst. So wird in der Literatur sehr häufig ein exponentieller Temperaturverlauf der Form $T_{t+1} = c \cdot T_t$, mit $c < 1$ empfohlen.[344] Dabei werden die exakten Werte für c und T_0 experimentell bestimmt. Je kleiner c gewählt wird, umso schneller reduziert sich die Wahrscheinlichkeit für die Akzeptanz einer paarweisen Vertauschung, die die Kosten erhöht.

Andere Autoren bevorzugen Temperaturverläufe der Form $T_{t+1} = T_t /(1+\beta \cdot T_t)$, mit $\beta \leq T_0$ und bestimmen β und T_0 durch Berechnungsprozeduren, die vor Beginn des eigentlichen Simulated Annealing auf die Problemdaten angewendet werden.[345] Aussagen über die Effizienz der unterschiedlichen Temperaturverläufe liefert das Kapitel 5.

zu 4: Terminierungskriterium

Das Terminierungskriterium soll die Laufzeit eines Simulated Annealing Verfahrens beschränken. Auch hier findet man unterschiedliche Vorgehensweisen. Einige Autoren schätzen mit Hilfe speziell ermittelter Kriterien ab, ob eine Fortführung des

---

[341] Vgl. z.B. Golden/Skiscim, 1986, S. 261 - 279; Aarts et al., 1988, S. 187 - 206; oder der später ausführlich diskutierte Algorithmus von Wilhelm/Ward, 1987, S. 107 - 119.

[342] Z.B. wird auf einen Gleichgewichtszustand geschlossen, wenn jedes Element 10 mal vertauscht wurde, vgl. Kirkpatrick et al., 1983, S. 675.

[343] Vgl. Connolly, 1990, S. 93 - 100.

[344] Vgl. z.B. Kirkpatrick et al., 1983, S. 672 ff.; Wilhelm/Ward, 1987, S. 107 - 119.

[345] Vgl. z.B. Lundy/Mess, 1986, S. 111 - 124; Connolly, 1990, S. 95.

136

Algorithmus noch verbesserte Lösungen hervorbringt.[346] Das Ergebnis dieser Abschätzung wird als Terminierungskriterium verwendet. Der Vorteil dieser Vorgehensweise ist, daß der Algorithmus erst terminiert, wenn keine Verbesserungsmöglichkeiten mehr gesehen werden, so daß die Wahrscheinlichkeit sehr groß ist, wenigstens in der Nähe eines globalen Optimums zu sein. Der Nachteil ist, daß sich die Laufzeit nicht a priori bestimmen läßt. Um diesen Nachteil zu beseitigen, schlagen andere Autoren vor, eine konstante Anzahl an Verbesserungsversuchen als Abbruchkriterium zu verwenden.[347] Wird die a priori festgelegte Anzahl erreicht, so terminiert der Algorithmus. Der Nachteil dieser Vorgehensweise besteht darin, daß der Algorithmus möglicherweise terminiert, obwohl noch mit großer Wahrscheinlichkeit Verbesserungen gefunden werden können.

4.3.4.4 Konvergenzbeweis

Die meisten Veröffentlichungen betrachten Simulated Annealing nur als heuristisches Verfahrensprinzip. In der Literatur existiert aber auch ein Konvergenzbeweis für das Simulated Annealing, also ein Beweis, daß der Algorithmus ein globales Optimum findet, wenn ein bestimmter Temperaturverlauf gewählt wird. Welche Konsequenzen dieser Temperaturverlauf für die Laufzeit des Verfahrens hat, soll im folgenden primär diskutiert werden, ohne den von Geman und Geman[348] vorgelegten Beweis erneut zu führen.

Geman und Geman konnten nachweisen, daß das System zu einem globalen Optimum konvergiert, wenn die Temperatur T_t so gewählt wird, daß für $t \to \infty$ und $\lim_{t \to \infty} T_t = 0$ stets gilt,

$$T_t \geq \frac{C}{\log t} \tag{4.22}$$

Dabei kennzeichnet C eine große Konstante, die vor dem Verfahren zu bestimmen ist.[349]

Der Konvergenzbeweis ist jedoch nur für $t \to \infty$ gültig. Allerdings ist die Wahrscheinlichkeit, ein globales Optimum oder zumindest eine gute Lösung gefunden zu haben, bereits sehr hoch, wenn der Algorithmus nicht erst bei $t \to \infty$ terminiert, sondern schon, wenn er eine sehr geringe Temperatur erreicht hat. Der Temperaturverlauf ist aber auch mit dieser Einschränkung für praktische Anwendungen zu rechenaufwendig, wie das folgende Beispiel sehr eindrucksvoll verdeutlicht.

---

[346] Vgl. z.B. Kirkpatrick et al., 1983, S. 672 ff.; Wilhelm/Ward, 1987, S. 107 - 119.

[347] Vgl. z.B. Lundy/Mess, 1986, S. 111 - 124; Connolly, 1990, S. 93 - 100.

[348] Vgl. Geman/Geman, 1984, S. 723 und S. 734 - 740.

[349] Ein Verfahren zur Bestimmung der Konstanten findet man bei Anily/Federgruen, 1987, S. 657 - 667.

In Abb. 4.18 ist der Temperaturverlauf (4.22) dargestellt, mit dem das Simulated Annealing Verfahren konvergiert. Wie in der Graphik bereits zu erkennen ist, sinkt die Temperatur sehr langsam mit der Zeit, wie in dem dargestellten Zahlenbeispiel deutlich wird.[350] Um das System von C auf C/100 abzukühlen, sind bei diesem Temperaturverlauf 10^{100} Zeitschritte notwendig. Die Größe dieser Zahl zeigt beispielhaft, daß die Benutzung des Temperaturverlaufs auch dann unmöglich ist, wenn der Algorithmus bereits bei einer sehr geringen Temperatur terminiert.

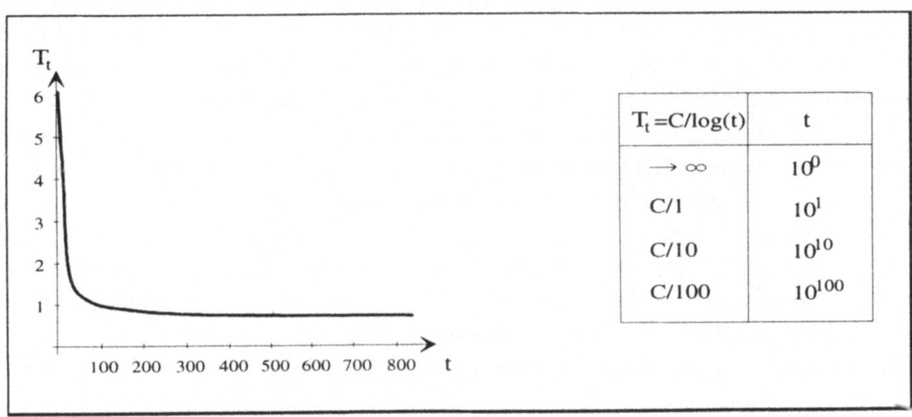

Abb. 4.18: Konvergierender Temperaturverlauf

Bei den bisher implementierten Simulated Annealing Verfahren wird die Temperatur deshalb schneller als in 4.22 abgekühlt. Hierdurch wird zwar die Lösungsqualität eingeschränkt, doch ist die Güte der Lösung im Vergleich mit anderen Heuristiken immer noch als gut zu bezeichnen (vgl. Kap. 5). Es stellt sich jedoch die Frage, welche Form der Temperaturverlauf bei stark gekürzter Länge haben sollte. Seine Form sowie der Gleichgewichtstest bestimmen primär die Effizienz des Simulated Annealing Algorithmus. In den folgenden zwei Kapiteln werden zunächst zwei sehr unterschiedliche Implementierungen zur Lösung des QZP1 vorgestellt. Die erste benutzt einen exponentiellen Temperaturverlauf, einen relativ komplizierten Mechanismus zur Erkennung des Gleichgewichtszustands, und terminiert, wenn keine Verbesserungen mehr zu erwarten sind. Die zweite verwendet während eines großen Teils der Laufzeit eine konstante Temperatur, benötigt keinen Gleichgewichtstest und terminiert nach einer vorgegebenen Zahl von Vertauschungsversuchen. Diese Verfahren aus der Literatur werden anschließend modifiziert und verbessert.

---

[350] Das Zahlenbeispiel wurde exemplarisch für $\log_{10}$ erstellt. Da jedoch $\log_{10}(x) = \log_a(10) \cdot \log_a(x)$ ist, ändert sich nur die Konstante C bei Verwendung eines anderen Logarithmus.

138

4.3.4.5 Algorithmus von Wilhelm und Ward (WW-87)

Wilhelm und Ward veröffentlichten 1987 einen der ersten Simulated Annealing Algorithmen für das QZP1.[351] Der erste Simulated Annealing Algorithmus für das QZP1 wurde jedoch bereits 1984 von Burkhard und Rendl[352] vorgestellt. Ihre Verfahrensbeschreibung enthält jedoch so viele Informationsdefizite, daß sich der Algorithmus der Implementierung und dadurch auch der Überprüfung entzieht. Da die präzise beschriebene Implementierung von Wilhelm und Ward auch noch höherwertige Lösungen erzeugt, wird sie hier besprochen. Zum besseren Verständnis sind zunächst die wichtigsten Definitionen, die in der Verfahrensbeschreibung verwendet werden, zusammengefaßt aufgeführt. Im folgenden kennzeichnet:

T die Menge der Temperaturen. $T=\{T_0, T_1, ..., T_{|T|-1}\}$ mit $T_0 > T_1 > ... > T_{|T|-2} > T_{|T|-1}$.

e eine a priori festgelegte ganzzahlige Zahl - Epoche -, welche die Anzahl der akzeptierten paarweisen Vertauschungen angibt, nach der überprüft wird, ob sich das System bei der Temperatur T_t im thermalen Gleichgewicht befindet.

K_τ den Zielfunktionswert (bzw. die Kosten) nach der τ - ten akzeptierten paarweisen Vertauschung (mit $\tau = 1(1)e$). Dabei bezieht sich τ jeweils auf eine Epoche. Jede neue Epoche wird wieder mit $\tau = 0$ begonnen.

K_e die durchschnittlichen Zielfunktionswerte (Kosten) K_τ der aktuellen Epoche. (Definiert durch $\overline{K}_e = \frac{1}{e} \sum_{\tau=1}^{e} K_\tau$.)

$\overline{K}'_e(T_t)$ die durchschnittlichen Zielfunktionswerte (Kosten) K_τ, gemittelt über alle Epochen (ohne die aktuelle), die bei Temperatur T_t durchlaufen werden.

ε eine a priori festgelegte Fehlerkonstante, die dazu dient, festzustellen, ob sich das System bei einer Temperatur T_t im thermalen Gleichgewicht befindet.

J ein Zähler, der die Gesamtzahl der paarweisen Vertauschungen registriert, die bei einer Temperatur untersucht werden.

η eine Konstante, die, wenn sie mit der Problemgröße M multipliziert wird, den maximalen Wert festlegt, den J annehmen kann ($J \leq \eta \cdot M$). Das Terminierungskriterium η wird außerdem zur Selektion der nächsten Temperatur verwendet.

I'_i ein Zähler, der die Anzahl der akzeptierten paarweisen Vertauschungen registriert, in denen das Element i ($i \in E$) bei der Temperatur T_t einer der Vertauschungspartner war.

I_{min} eine a priori festgelegte Zahl, die zum Gleichgewichts- und Terminierungstest mit I'_i verglichen wird. Wenn jedes Element mindestens in I_{min}- paarweisen Vertauschungen einer der Vertauschungspartner war ($I'_i \geq I_{min} \ \forall i \in E$), wird die Temperatur reduziert.

I'_c ein Zähler zum Vergleich mit dem a priori festgelegten Terminierungskriterium I_c.

$\vec{a}_0$ die Anfangszuordnung, mit der das Verfahren gestartet wird.

$\vec{a}^*$ die gefundene Zuordnung mit dem bisher geringsten Zielfunktionswert.

---

[351] Wilhelm/Ward, 1987, S. 107 - 119

[352] Vgl. Burkhard/Rendl, 1984, S. 169 - 174.

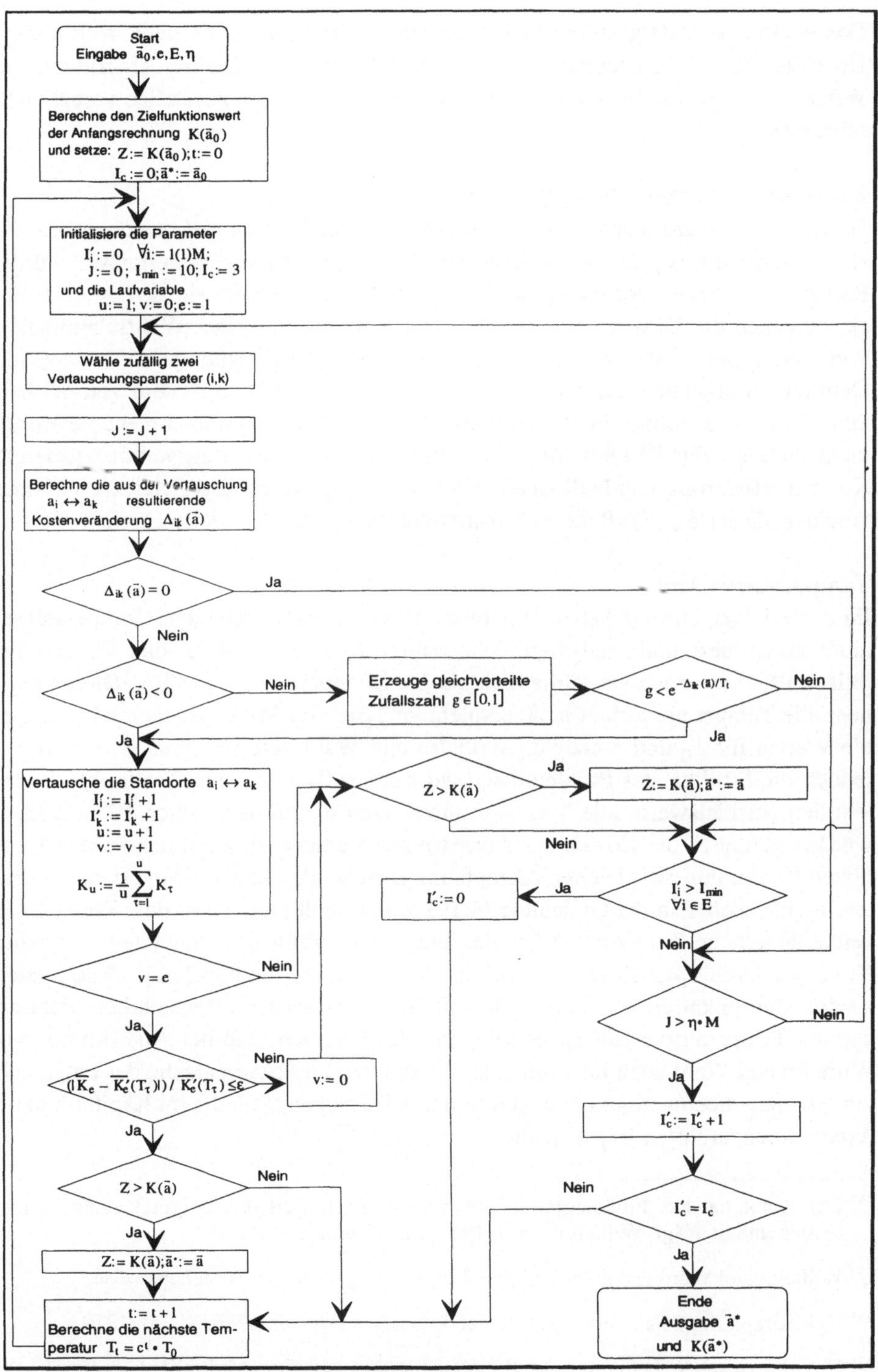

Abb. 4.19: Wilhelm und Ward - Flußdiagramm

Das in Abb. 4.19 dargestellte Flußdiagramm[353] vermittelt zwar einen vollständigen Überblick über die einzelnen Teilschritte des Simulated Annealing Algorithmus von Wilhelm und Ward, die wichtigsten Teilschritte sind jedoch zusätzlich verbal zu beschreiben.

Auswahl der Vertauschungspartner

Wilhelm und Ward wählen zwei Elemente (i,k) zufällig aus und berechnen die Kostenveränderung $\Delta_{ik}(\bar{a})$, wenn deren Standorte (a_i, a_k) paarweise vertauscht würden. Reduziert die neue Zuordnung die Kosten $(\Delta_{ik}(\bar{a})<0)$, so wird sie akzeptiert. Erhöht sie hingegen die Kosten $(\Delta_{ik}(\bar{a})>0)$, so wird sie nur mit einer Wahrscheinlichkeit von π akzeptiert. Dabei wird zur Berechnung von π die Gleichung (4.19) verwendet. Deutlich zu erkennen ist, daß Vertauschungen mit $\Delta_{ik}(\bar{a})=0$ in dem von Wilhelm und Ward dargestellten Flußdiagramm eine Sonderstellung einnehmen; sie werden nicht durchgeführt.[354] Ohne dieses ausdrückliche Vertauschungsverbot würde eine Kostenveränderung von Null zu einer Vertauschung der korrespondierenden Elemente führen, da bei $\Delta_{ik}(\bar{a})=0$ die Akzeptanzwahrscheinlichkeit π gleich Eins ist.

Temperaturverlauf

Ihren Berichten zufolge haben Wilhelm und Ward unterschiedliche Temperaturverläufe konstruiert und analysiert. Wie schon Kirkpatrick et al. und Golden und Skiscim[355] verwenden sie schließlich als Temperaturverlauf $T_t=c\cdot T_{t-1}$. Dieser exponentielle Temperaturverlauf ist äquivalent zu $T_t=c^t\cdot T_0$. Mit experimentell bestimmten Werten für T_0 und c erzielen Wilhelm und Ward gute Ergebnisse. Ändert sich jedoch die Struktur der Problemdaten, so müssen T_0 und c neu bestimmt werden. Würden beispielsweise alle Transportintensitäten t_{ik} um den Faktor 10 steigen, so würden sich auch die Kosten einer paarweisen Vertauschung um den Faktor 10 erhöhen.[356] Um nun die gleichen Akzeptanzwahrscheinlichkeiten wie vorher zu erhalten, müßte auch T in der Gleichung (4.19) mit 10 multipliziert werden. Wenn T (als zeitveränderliche Temperatur) bei der Implementierung des Simulated Annealing Konzepts durch $T_t=c^t\cdot T_0$ ersetzt wird, ist die Multiplikation von T mit 10 äquivalent zu der Multiplikation von T_t oder T_0 mit 10. Durch diesen offensichtlich nicht-adaptiven Temperaturverlauf ist es sehr unwahrscheinlich, daß der Algorithmus von Wilhelm und Ward auch für Probleme mit anderen Strukturen als die der untersuchten qualitativ hochwertige Lösungen findet. Dies zeigen auch die im Kapitel 5 dieser Arbeit durchgeführten Experimente.

---

[353] Der Autor hat das Flußdiagramm etwas modifziert, weil das Original einen kleinen Fehler enthält. (Vgl. Wilhelm/Ward, 1987, S. 112 und Abb. 4.19).

[354] Wilhelm und Ward geben leider keine Begründung für diese Vorgehensweise.

[355] Vgl. Kirkpatrick et al., 1983, S. 671 - 680; Golden/Skiscim, 1986, S. 261 - 279.

[356] Um dies zu sehen, betrachte man die Gleichung (4.14). Eine Multiplikation aller t_{ik} mit 10 ist gleichbedeutend einer Multiplikation von $\Delta_{ik}(\bar{a})$ mit 10.

Gleichgewichtstest

Auch bei dem Gleichgewichtstest greifen Wilhelm und Ward auf ein Konzept von Golden und Skiscim zurück.[357] Deren Grundidee besteht darin, den Gleichgewichtstest nur jeweils nach Ablauf einer bestimmten Epoche, durchzuführen. Der auf dieser Idee basierende Mechanismus zur Gleichgewichtsfeststellung funktioniert bei Wilhelm und Ward folgendermaßen: Nach e akzeptierten paarweisen Vertauschungen, einer sogenannten Epoche, wird getestet, ob sich das System im thermalen Gleichgewicht befindet. Dazu wird $K'_e(T_t)$, die durchschnittlichen Kosten K_τ während der aktuellen Temperatur T_t (ohne Berücksichtigung der Kosten der aktuellen Epoche) mit den durchschnittlichen Kosten K_τ der aktuellen Epoche, K_e, verglichen.[358] Wenn K_e um weniger als $100 \cdot \varepsilon\,\%$ von $K'_e(T_t)$ abweicht, wird auf einen Gleichgewichtszustand bei der Temperatur T_t geschlossen. Daraufhin wird die nächste Temperatur (gemäß Temperaturverlauf) ausgewählt und die besprochene Prozedur wiederholt sich. Wilhelm und Ward argumentieren, daß diese Form des Gleichgewichtstests bei niedrigen Temperaturen zu sehr langen Laufzeiten führen kann, weil dort nur noch wenige Vertauschungen akzeptiert werden.[359] Insbesondere wenn die Zielfunktionswerte nahe dem Optimum sind und kaum noch Verbesserungen gefunden werden können, würde eine derart naive Implementierung des Gleichgewichtstests zu unakzeptabel langen Laufzeiten führen. Um dies zu vermeiden, enthält der Algorithmus von Wilhelm und Ward zwei weitere Mechanismen, die sich weder dem Gleichgewichtstest noch dem Terminierungskriterium eindeutig zuordnen lassen.

Mechanismus I zum Schutz vor zu langen Laufzeiten

Der erste Mechanismus zum Schutz vor zu langen Laufzeiten funktioniert folgendermaßen: Wenn bei der aktuellen Temperatur T_t jedes Element mehr als I_{min}- mal vertauscht wurde (d.h. $I'_i \geq I_{min} \; \forall\, i \in E$), so wird unabhängig vom Gleichgewichtstest die nächste Temperatur gewählt (t:=t+1). Wilhelm und Ward erklären nicht, warum dieser Mechanismus bei niedrigen Temperaturen sinnvoll ist. Bei genauer Betrachtung erscheint dieser Mechanismus sogar ungeeignet, den Algorithmus vor zu langen Laufzeiten bei niedrigen Temperaturen zu bewahren. Denn zur Erfüllung von $I'_i \geq I_{min} \; \forall\, i \in E$ müssen mindestens $I_{min} \cdot M$ Vertauschungen akzeptiert werden, was bei niedrigen Temperaturen eher unwahrscheinlich ist. Die dazu speziell durchgeführten Experimente (vgl. Kap. 5) bestätigen diese Vermutung. Bei niedrigen Temperaturen hatte der Mechanismus I für die Entscheidung, die nächste Temperatur auszuwählen, nur eine untergeordnete Bedeutung. Vielmehr war zu beobachten,

---

[357] Vgl. Wilhelm/Ward, 1987, S. 111 sowie Golden/Skiscim, 1986, S. 261 - 279.

[358] Es müssen mindestens $2 \cdot e$ paarweise Vertauschungen pro Temperatur T_t durchgeführt werden, bevor der Gleichgewichtstest durchgeführt werden kann. Da in der ersten Epoche nur Daten aus einer Epoche vorliegen, kann kein Vergleich von $K'_e(T_t)$ und K_e stattfinden.

[359] Je weniger Vertauschungen akzeptiert werden, umso länger dauert es, bis die Zahl e erreicht ist.

daß der Mechanismus I vor allem bei hohen Temperaturen und kleinem ε für die Entscheidung, die nächste Temperatur auszuwählen, ausschlaggebend war.

Diese Beobachtungen führten zu folgenden Überlegungen: Da bei hohen Temperaturen die meisten Vertauschungen akzeptiert werden, kommt es zu starken Kostenschwankungen. Die Durchschnittskosten einer Epoche weichen daher oft um einen hohen Prozentsatz von denen der zuvor untersuchten Epochen ab. Wird die Fehlerkonstante ε klein gewählt, ist das Bestehen des Gleichgewichtstests ($|\overline{K}_e - K'_e(T_t)|/K'_e(T_t) \le \varepsilon$) sehr unwahrscheinlich. Wenn bei hohen Temperaturen sehr viele Vertauschungen akzeptiert werden, setzt jedoch das Kriterium I ($I'_i \ge I_{min}$ $\forall\, i \in E$) relativ schnell ein, so daß unabhängig vom Bestehen des Gleichgewichtstests die nächste Temperatur gewählt wird. Daraus läßt sich schließen: Der Mechanismus I bewahrt den Algorithmus zwar vor zu langen Laufzeiten, jedoch nicht bei niedrigen Temperaturen,[360] sondern bei hohen Temperaturen und kleinem ε, bei denen viele Vertauschungen akzeptiert werden. Die durchgeführten Experimente bestätigen diese Aussage.

Mechanismus II zum Schutz vor zu langen Laufzeiten

Der zweite Mechanismus zum Schutz vor zu langen Laufzeiten nutzt die Anzahl der paarweisen Vertauschungsversuche J,[361] um festzustellen, ob sie ein a priori festgelegtes Vielfaches η der Anzahl der Elemente M überschreiten ($J > \eta \cdot M$). Ist dies der Fall, so wird die nächste Temperatur gewählt. Falls nicht, beginnt die Berechnungsprozedur erneut mit der Auswahl potentieller Vertauschungspartner. Die Experimente (vgl. Kap. 5) zeigen, daß der Mechanismus II, wie erwartet, insbesondere bei niedrigen Temperaturen einsetzt. Er bewahrt den Algorithmus also vor zu langen Rechenzeiten, wenn die Temperatur ein Niveau erreicht, bei dem Vertauschungen selten werden. In einigen Fällen wurde das Kriterium aber auch bei mittleren Temperaturen erfüllt. Es half dort Zustände zu überwinden, bei denen der Gleichgewichtszustand trotz extensiver Vertauschungen bzw. Vertauschungsversuche nicht erreicht werden konnte (sogenannte Zustände relativer Instabilität).

Terminierungskriterium

Wurde der Mechanismus II nach dem letzten Einsetzen des ersten Mechanismus[362] I_c-mal aktiviert, so terminiert der Algorithmus von Wilhelm und Ward. Falls der erste Mechanismus niemals aktiv war, so genügt das I_c-malige Einsetzen des zweiten.[363] Die Zuordnung $\bar{a}^*$ mit dem geringsten Zielfunktionswert $K(\bar{a}^*)$ wird ausgegeben. Dabei ist es unerheblich, wann, d.h. in welcher Iteration, $\bar{a}^*$ gefunden wurde.

---

[360] So wie Wilhelm und Ward es darstellen (vgl. Wilhelm/Ward, 1987, S. 111).

[361] Zu den Vertauschungsversuchen zählen erfolgte sowie abgelehnte Vertauschungen.

[362] Da I_c nach jedem Einsatz des Mechanismus I gleich Null gesetzt wird (vgl. Abb. 4.19).

[363] Mechanismus II sorgt also mindestens $(I_c - 1)$-mal für die Auswahl der nächsten Temperatur.

Parametereinstellungen

Der wohl größte Nachteil des Algorithmus von Wilhelm und Ward ist dessen große Anzahl an Parametern. Insgesamt 7 Parameterwerte sind vor dem eigentlichen Algorithmus zu bestimmen (I_{min}, I_c, T_0, c, e, ε und η). Wilhelm und Ward empfehlen jedoch einige Parametereinstellungen. Für I_{min} und I_c folgen sie z.B. den Empfehlungen von Kirkpatrick et al.[364] und wählen $I_{min}=10$ und $I_c=3$. Auch die von ihnen implementierte Form des Temperaturverlaufs ist auf Kirkpatrick et al. zurückzuführen ($T_t=c^t \cdot T_0$). Die Werte für T_0 und c bestimmen Wilhelm und Ward jedoch experimentell. Sie kommen zu dem Ergebnis:[365] *"Finally, it was decided ... to use"* $T_t = 0{,}9^t \cdot 10 \; \forall \; t=1(1)|T|{-}1$ (d.h. $T_0=10$ und c=0,9).

Um die Parameter e, ε und η einzustellen, führen Wilhelm und Ward sehr umfangreiche Experimente durch. Die unterschiedlichen Parameterwerte (Spannweiten), die getestet werden, basieren allerdings auf experimentellen Untersuchungen, die bereits Golden und Skiscim durchführten.[366] Durch ihre Experimente kommen Wilhelm und Ward zu dem Entschluß, daß es zwar nicht eine optimale Parametereinstellung für alle Problemgrößen gibt, daß jedoch [η; e; ε]=[100; 15; 0,01] unabhängig von der Problemgröße gute Ergebnisse liefern. Diese Einstellung für die Parameter wird von Wilhelm und Ward auch für Vergleichstests mit anderen Heuristiken zur Lösung des QZP1 benutzt.

Abschließend sei noch auf einen Fehler in dem von Wilhelm und Ward dargestellten Flußdiagramm hingewiesen. Im Verlaufe des Verfahrens wird getestet, ob der Zielfunktionswert $K(\bar{a})$ der aktuellen Zuordnung geringer ist als der kleinste in dem Lauf bisher gefundene ($Z > K(\bar{a})$). Ist dies der Fall, so wird die aktuelle Zuordnung mit dem dazugehörigen Zielfunktionswert gespeichert. Dieser Test sollte nach jeder Vertauschung durchgeführt werden. In der Originalfassung von Wilhelm und Ward ist dies an einer Stelle aber nicht der Fall. Wenn v=e ist und das Gleichgewichtskriterium erfüllt ist, so wird der Test nicht durchgeführt, sondern nur die nächste Temperatur gewählt. Wenn in einem solchen Fall die nächste Vertauschung kostenerhöhend ist und akzeptiert wird, gehen die Informationen über die geringere Kosten verursachende letzte Zuordnung verloren. Um dies - wenn auch eher unwahrscheinliche Ereignis - zu vermeiden, erfolgt bei der in Abb. 4.19 dargestellten Implementierung des Algorithmus von Wilhelm und Ward nach jeder erfolgten Vertauschung der Test $Z > K(\bar{a})$.

---

[364] Vgl. Kirkpatrick et al., 1983, S. 671 - 680.

[365] Wilhelm/Ward, 1987, S. 111.

[366] Vgl. Golden/Skiscim, 1986, S. 261 - 279.

144

4.3.4.6 Algorithmus von Connolly (CO-90)

Das Hauptproblem des Algorithmus von Wilhelm und Ward ist dessen Parameter-empfindlichkeit. Wenn Probleme mit einer Struktur auftauchen, für die noch keine guten Parameter bekannt sind, so muß eine große Zahl von Experimenten durchgeführt werden, um Werte zu finden, mit denen qualitativ hochwertige Lösungen gefunden werden können. Diese zeitaufwendige und schwierige Kalibrierung irgendwelcher Parameter möchte Connolly[367] dem Anwender ersparen. Er stellt einen Algorithmus vor, bei dem keine Parametereinstellungen notwendig sind. Trotzdem behauptet Connolly, mit seinem Algorithmus CO-90 eine bessere Lösunsqualität zu erreichen als z.B. Wilhelm und Ward. Diese Aussage wird durch die im Kapitel 5 dargestellten Experimente bestätigt.[368]

Darüber hinaus ist der Algorithmus von Connolly auch noch relativ einfach zu implementieren (z.B. wesentlich einfacher als der von Wilhelm und Ward). Connolly benötigt im Gegensatz zu Wilhelm und Ward keinen Gleichgewichtstest und auch kein Abbruchkriterium. Der Algorithmus terminiert nach einer ex-ante berechneten Anzahl von Vertauschungsversuchen. Weitere wichtige Unterscheidungsmerkmale (z.B. die Auswahl der Vertauschungspartner) werden bei der folgenden ausführlichen Diskussion des Verfahrens deutlich. Zunächst seien jedoch die wichtigsten noch nicht bekannten Definitionen der Übersichtlichkeit halber zusammengefaßt dargestellt.

W   die Zahl der Vertauschungsversuche, die der Algorithmus insgesamt untersucht. Connolly benutzt die Voreinstellung $W=50K$, mit $K = \frac{1}{2}(M-1)M$. Dabei ist K die Größe der Nachbarschaft einer Zuordnung $\vec{a}$.[369]

L   die Zahl der zufällig ausgewählten Vertauschungspaare, die der Algorithmus CO-90 in der vorgeschalteten Berechnungsprozedur zur Bestimmung von T_0 und β untersucht. Die Voreinstellung von Connolly ist $L=W/100$.

ξ_{max} die größte potentielle Kostenerhöhung $\Delta_{ik}(\vec{a}_0)$, die CO-90 bei den L vorgeschalteten Vertauschungsversuchen ermittelt.

ξ_{min} die kleinste potentielle Kostenerhöhung $\Delta_{ik}(\vec{a}_0)$, die CO-90 bei den L vorgeschalteten Vertauschungsversuchen ermittelt.

T_f die Endtemperatur, die das System nach W untersuchten Vertauschungen erreichen soll.

---

[367] Vgl. Connolly, 1990, S. 93 - 100.

[368] Die durchgeführten Experimente (vgl. Kap. 5) zeigen, daß der Algorithmus von Connolly zwar höherwertige Lösungen erzeugt als der von Wilhelm und Ward, dies jedoch bei größeren Problemen nur zu Lasten einer längeren Rechenzeit. In seiner Veröffentlichung vergleicht Connolly die Rechenzeiten seines Algorithmus mit denen von Wilhelm und Ward unter der Annahme, daß die von ihm verwendete Vax 11/785 leistungsgleich der von Wilhelm und Ward benutzten DEC KL 1059 ist. Da Connolly diese Annahme nicht überprüft, hat sein Vergleich der Rechenzeiten kaum Informationsgehalt.

[369] Die Nachbarschaft einer Zuordnung $\vec{a}$ umfaßt alle Permutationen, die sich ergeben, wenn B Elemente ihre Standorte vertauschen können.

Auswahl der Vertauschungspartner

Connolly hat zunächst die Relevanz unterschiedlicher Auswahlverfahren untersucht. Die meisten Simulated Annealing Algorithmen für das QZP1 wählen die potentiellen Vertauschungspartner rein zufällig aus.[370] Es werden zwei (ungleiche) Zufallszahlen zwischen 1 und M erzeugt und die korrespondierenden Elemente als potentielle Vertauschungspartner betrachtet. Bei dieser Vorgehensweise ist es keine Seltenheit, daß zwei Elemente erneut ausgewählt werden, bevor alle anderen Vertauschungsmöglichkeiten untersucht wurden. Ebenso kann es natürlich auch vorkommen, daß zwei Elemente während eines Laufes sehr selten oder gar nicht ausgewählt werden. Connolly vermutet, daß die reine Zufallsauswahl insbesondere bei niedrigen Temperaturen sinnvolle Verbesserungsmöglichkeiten übersieht.[371] Um detailliertere Erkenntnisse über die Effizienz verschiedener Auswahlverfahren zu erhalten, untersucht er die folgenden drei Vorgehensweisen:

- *Reine Zufallsauswahl*
  Hier werden die Vertauschungspartner - wie bereits beschrieben - rein zufällig ausgewählt.

- *Sequentielle Nachbarschaftssuche*
  Hierbei werden die potentiellen Vertauschungspartner (i,k) nacheinander ausgewählt, also in der Reihenfolge (1,2), (1,3), ... , (1,M), (2,3), ... , (M-1,M). Wurde eine komplette Nachbarschaft untersucht, so wird wieder mit (1,2) begonnen.

- *Zufällige ausschöpfende Nachbarschaftssuche*
  Hier werden die potentiellen Vertauschungspartner zwar zufällig ausgewählt, es wird jedoch sichergestellt, daß vor der erneuten Auswahl eines Paares alle anderen Paare genau einmal ausgewählt wurden. Dies kann beispielsweise erreicht werden, indem man zunächst eine Liste aller möglichen Vertauschungspaare erstellt. Diese Liste wird dann gründlich "gemischt". Anschließend werden die potentiellen Vertauschungsmöglichkeiten sequentiell der Liste entnommen. Nach einem kompletten Listendurchlauf wird diese neu gemischt, und die Prozedur wiederholt sich.

Connolly kommt nach umfangreichen Tests zu dem Ergebnis, daß die sequentielle Nachbarschaftssuche und die zufällig ausschöpfende Nachbarschaftssuche qualitativ vergleichbare Ergebnisse erzeugen, die allerdings signifikant hochwertiger sind als die der reinen Zufallsauswahl.[372] Connolly führt dieses Ergebnis nicht auf die Reihenfolge, sondern auf die Gründlichkeit, in der die Vertauschungsmöglichkeiten untersucht werden, zurück. Der im Flußdiagramm (Abb. 4.21) dargestellte Algorithmus benutzt die sequentielle Nachbarschaftssuche.

---

[370] Vgl. Kirkpatrick et al., 1983, S. 671 - 680; Golden/Skiscim, 1986, S. 261 - 279; Wilhelm/Ward, 1987, S. 107 - 119.

[371] Connolly argumentiert auch, daß die reine Zufallsauswahl das Entkommen aus lokalen Optima erschwert. Da keine Argumente für diese Aussage gegeben werden, vielmehr logisches Folgern das Gegenteil nahelegt, wird auf eine weitere Erörterung verzichtet.

[372] Vgl. Connolly, 1990, S. 95.

146

Temperaturverlauf

Der Temperaturverlauf ist der zweite wichtige Punkt, dem Connolly seine Aufmerksamkeit zuwendet. Die Veröffentlichungen, die zeitlich gesehen vor Connollys Arbeit erschienen sind, berichten ausschließlich von Experimenten mit Temperaturverläufen, die mit einer relativ hohen Temperatur beginnen und dann langsam abkühlen. Im Gegensatz dazu führt Connolly auch Experimente mit konstanten Temperaturen durch und erzielt damit sehr gute Ergebnisse.[373] Er gibt jedoch keine detailliertere Erklärung, warum konstante Temperaturen zu guten Ergebnissen führen, sondern stellt lediglich fest, daß der Algorithmus bei hohen Temperaturen zu viele Verschlechterungen zuläßt und bei niedrigen Temperaturen zu selten die Möglichkeit bietet, lokalen Optima zu entkommen. Connolly schließt daraus,[374] "*... that somewhere between these two extremes there must be an optimum fixed temperature.*"

Plausibler wird die Aussage von Connolly, wenn man wieder auf die Grundlagen der statistischen Mechanik zurückgreift. Aufgrund der Eigenschaften der Boltzmann Verteilung (siehe Formel 4.17) steigt die Wahrscheinlichkeit, in einem Zustand geringerer Energie zu sein, mit sinkender Temperatur. Wählt man die Temperatur jedoch zu niedrig (unter dem Gefrierpunkt), so werden Zustände nicht notwendigerweise minimaler Energie in das Material eingefroren. Eine solche Temperatur ist sicherlich nicht optimal. Auf der anderen Seite ist jedoch auch eine zu hohe Temperatur nicht optimal. Sie ermöglicht zwar das Entkommen aus lokalen Optima, doch sind Zustände geringer Energie bei hohen Temperaturen eher unwahrscheinlich (vgl. Abb. 4.16).

Es erscheint also folgerichtig, von einer konstanten Temperatur knapp über dem Gefrierpunkt gute Ergebnisse zu erwarten. Würde die Temperatur weiter gesenkt, käme es zum Aggregationszustandswechsel und somit zum Einfrieren des Materials. Die Möglichkeit, lokalen Optima zu entkommen, besteht dann nicht mehr. Umgekehrt würde eine Erhöhung der Temperatur dazu führen, daß die Wahrscheinlichkeit sinkt, Zustände minimaler Energie zu finden.

Akzeptiert man nach dieser Begründung die Existenz einer "optimalen" Temperatur, so besteht ein neues Problem darin, diese zu finden. Bisher ist nämlich kein Verfahren bekannt, das die optimale Temperatur a priori allein aufgrund der Problemdaten bestimmt. Connolly entwickelt hierzu einen sehr benutzerfreundlichen Ansatz.

---

[373] Vgl. Connolly, 1990, S. 96 ff. Eigene Experimente mit konstanten Temperaturverläufen sind in Kapitel 5 wiedergegeben.

[374] Connolly, 1990, S. 96.

Bestimmung der optimalen Temperatur

Um dem Anwender umfangreiche Experimente zur Ermittlung der optimalen Temperatur zu ersparen, entwickelt Connolly eine interessante Berechnungsprozedur (vgl. Abb. 4.20), die folgendermaßen funktioniert: Wenn der Anwender keinen Temperaturbereich angibt, so werden vor Beginn des eigentlichen Algorithmus $L=0,25(M-1)M$ zufällig ausgewählte Vertauschungen untersucht, aber nicht durchgeführt. Die aus der Vertauschung resultierende Kostenveränderung $\Delta_{ik}(\bar{a})$ wird beobachtet. Nach L untersuchten Vertauschungen sei ξ_{max} die größte ermittelte Kostenerhöhung und ξ_{min} die kleinste. Mit diesen zwei Werten werden die Grenzen des relevanten Temperaturbereichs festgelegt. Die Anfangstemperatur T_0 und die Endtemperatur T_f sind definiert durch:[375]

$$T_0 = \xi_{min} + \frac{1}{10}(\xi_{max} - \xi_{min})\qquad(4.23)$$

$$T_f = \xi_{min}\qquad(4.24)$$

Bei dem eigentlichen Algorithmus greift Connolly nun zunächst auf einen Temperaturverlauf von Lundy und Mess zurück.[376] Mit T_0 beginnend wird die Temperatur T_t nach jeder untersuchten Vertauschung gemäß

$$T_{t+1} = \frac{T_t}{1+\beta \cdot T_t}\qquad(4.25)$$

gesenkt. Um nach W untersuchten Vertauschungen von T_0 auf T_f abzukühlen, wird β folgendermaßen festgelegt:

$$\beta = \frac{T_0 - T_f}{W \cdot T_0 \cdot T_f}\qquad(4.26)$$

Dieser Temperaturverlauf (4.25) wird jedoch beendet, wenn das Verfahren die optimale Temperatur gefunden hat. Als Indikator für das Erreichen der optimalen Temperatur empfiehlt Connolly, die Anzahl der abgelehnten Vertauschungsversuche zu verwenden. Die im Flußdiagramm (vgl. Abb. 4.21) graphisch dargestellte Vorgehensweise läßt sich verbal wie folgt beschreiben: Werden $\kappa=0,5(M-1)M$ einanderfolgende Vertauschungsversuche abgelehnt,[377] so wird der Abkühlvorgang durch Setzen von $\beta=0$ beendet und die nächste Vertauschung unabhängig von ihrem Kosteneffekt akzeptiert. Mit der Temperatur T^*, die mit dem besten bisher ge-

---

[375] Der so gewählte Temperaturbereich beginnt bereits relativ kalt. Bei einer ähnlichen Vorgehensweise von Lundy und Mess,1986, S. 111 - 124, ist die empfohlene Differenz zwischen T_0 und T_f etwa die zehnfache, während die Endtemperatur die gleiche ist.

[376] Vgl. Lundy/Mess, 1986, S. 111 - 124.

[377] Connolly hat in allen Testergebnissen die Voreinstellung $\kappa = \frac{1}{2}(M-1)M$ gewählt.

fundenen Zielfunktionswert korrespondiert,[378] wird der Algorithmus bis zur Terminierung (l>W) fortgeführt. Nach insgesamt W=50κ Vertauschungsversuchen terminiert der Algorithmus. Diejenige Zuordnung, welche die geringsten Kosten verursacht ($\bar{a}*$), wird als Lösung gewählt. Dabei ist es irrelevant wann, d.h. in welcher Iteration, sie gefunden wurde.

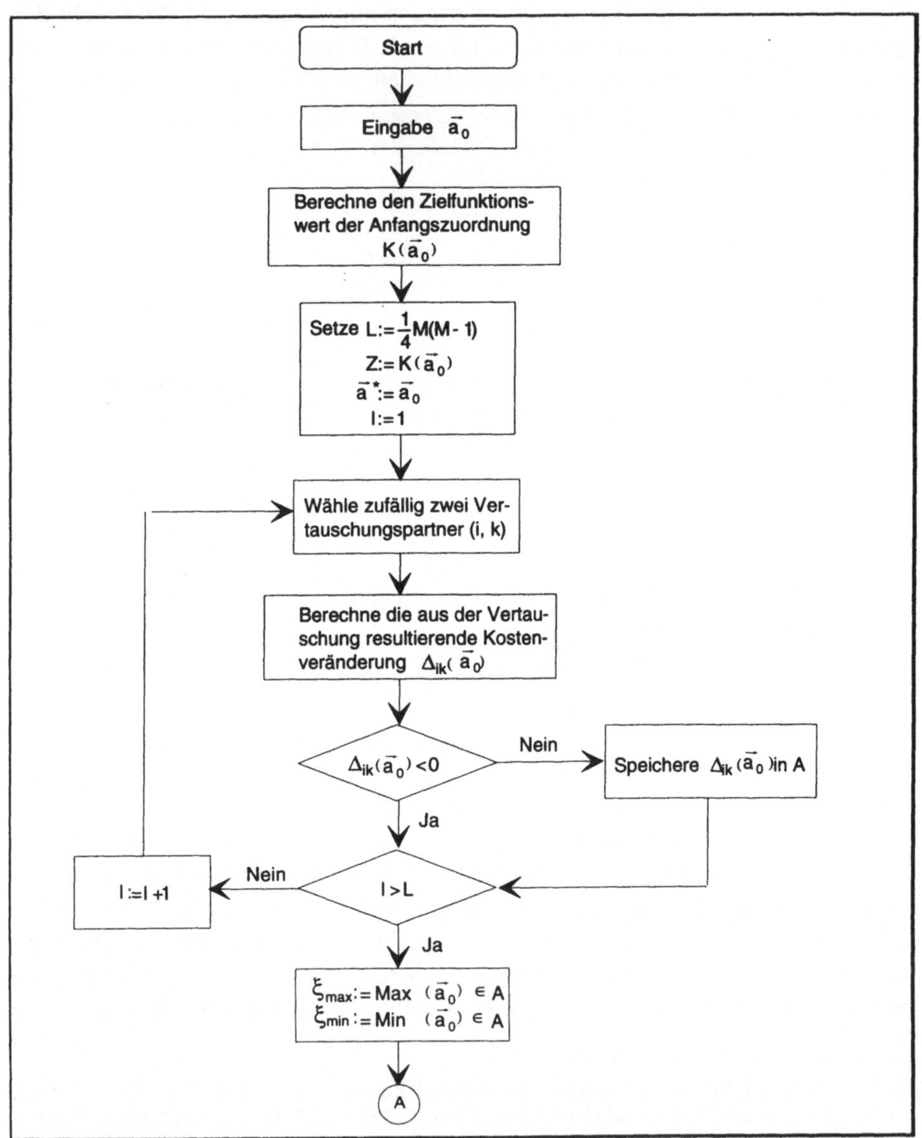

Abb.4.20: Flußdiagramm der vorgeschalteten Berechnungsprozedur von Connolly (CO-90)

---

[378] Connolly argumentiert, daß die mit dem besten bisher gefundenen Zielfunktionswert korrespondierende Temperatur ein zuverlässiger Indikator für die optimale Temperatur ist.

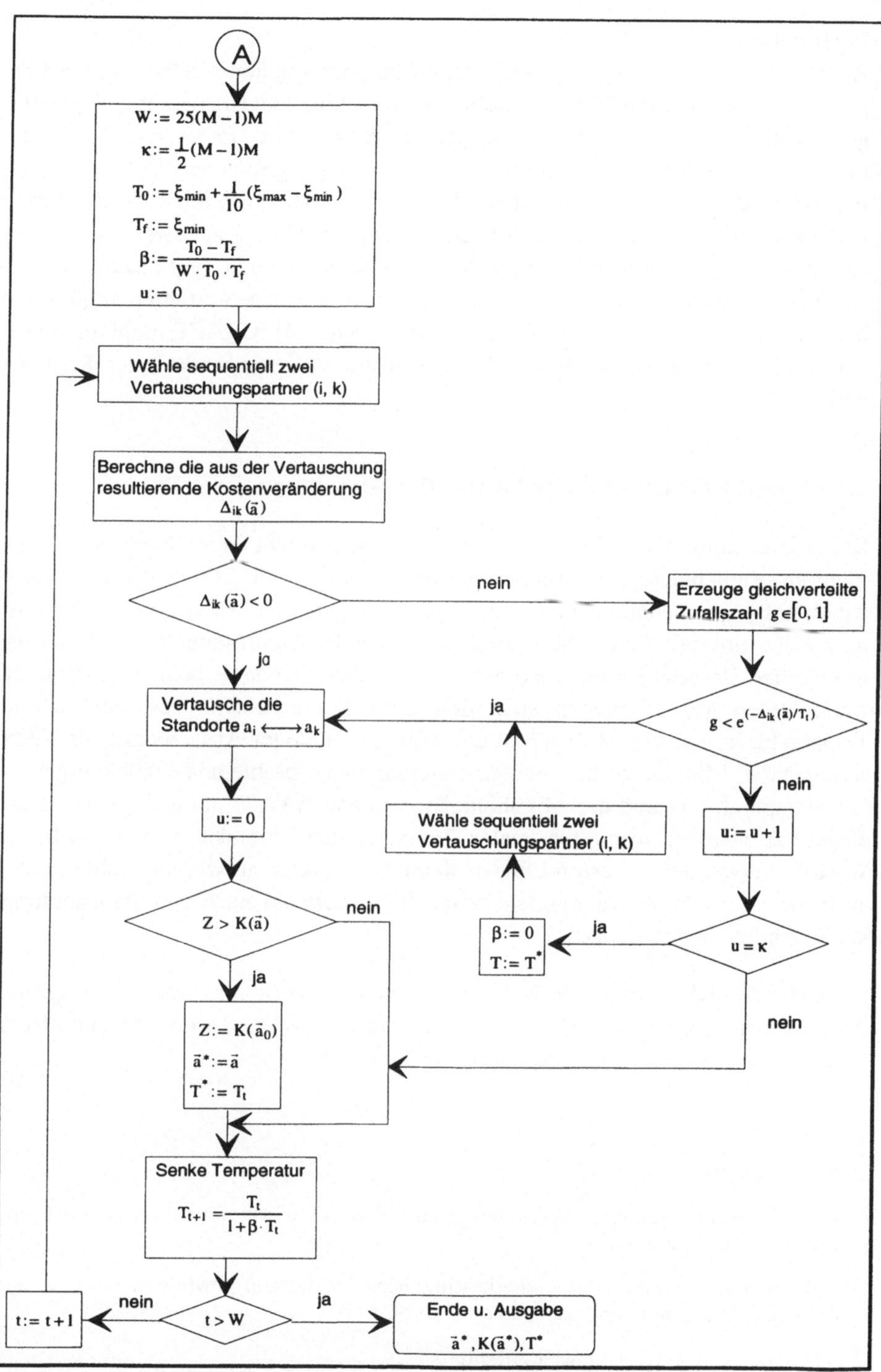

Abb. 4.21: Flußdiagramm des Hauptalgorithmus von Connolly (CO-90)

150

Postanalyse

Abschließend weist Connolly noch darauf hin, daß qualitativ höherwertige Lösungen gewonnen werden können, wenn die vom Simulated Annealing Algorithmus gefundene Lösung $\bar{a}*$ einer Postanalyse unterzogen wird. Er argumentiert, daß die mit dem eigentlichen Algorithmus (vgl. Abb. 4.21) gefundene Lösung $\bar{a}*$ nicht immer ein Optimum darstellt. Connolly empfiehlt daher, ein reines Verbesserungsverfahren auf das Problem mit $\bar{a}*$ als Anfangszuordnung anzuwenden.[379] Hierzu eignet sich im Prinzip jedes reine Verbesserungsverfahren (vgl. Kap. 4.3.2). Da Connolly leider keine Details über das von ihm verwendete Verfahren angibt, wurde bei den durchgeführten Experimenten (vgl. Kap. 5) CRAFT implementiert.[380] Durch eine solche Postanalyse geht jedoch die Vorhersagbarkeit der Rechenzeit verloren.[381]

4.3.4.7 Modifizierter Simulated Annealing Algorithmus(WWTB)

Der Algorithmus WW-87 von Wilhelm und Ward enthält einige interessante Modifikationsmöglichkeiten. Er verwendet im Gegensatz zu CO-90 einen Gleichgewichtstest, zwei Schutzmechanismen vor zu langen Laufzeiten und ein Terminierungskriterium, mit dem sichergestellt wird, daß der Algorithmus erst beendet wird, wenn keine Verbesserungen mehr erwartet werden. Die dabei benutzten Parameterwerte lassen Modifikationen sicherlich sinnvoll erscheinen. Der nicht adaptive Temperaturverlauf von WW-87 ist ein weiterer wichtiger Ansatzpunkt für Verbesserungen.[382] Mit der bisher implementierten nicht problemdatenabhängigen Anfangstemperatur T_0 und der Abkühlungsrate c kann WW-87 nur erfolgversprechend eingesetzt werden, wenn die realen Problemdaten eine den von Wilhelm und Ward[383] verwendeten Testproblemen ähnliche Struktur aufweisen. Schließlich ist auch die von WW-87 verwendete reine Zufallsauswahl nach den Beobachtungen von Connolly zu überdenken.

Im folgenden wird ein auf WW-87 aufbauender Algorithmus WWTB vorgestellt, der die Leistungsfähigkeit von WW-87 steigern soll. WWTB weist folgende Veränderungen bzw. Ergänzungen gegenüber WW-87 auf:

---

[379] Vgl. Connolly, 1990, S. 97.

[380] CRAFT wurde gewählt, da es aufgrund seiner Effizienz immer noch eine große praktische Bedeutung hat.

[381] Wenn ein Algorithmus mit vorherbestimmbarer Rechenzeit gewünscht wird, so endet der Algorithmus mit der Ausgabe von $\bar{a}*$(vgl. Abb. 4.21).

[382] Vgl. dazu Kap. 4.3.5.3.4 dieser Arbeit.

[383] Vgl. Wilhelm/Ward, 1987, S. 107 - 119.

• *Parameter*

In WW-87 werden die Parameter [η; e; ε]=[100; 15; 0,01] verwendet. Die im Kapitel 5 (Abb. 5.21) dokumentierten Experimente zeigen, daß man unter Inkaufnahme von geringen Laufzeiterhöhungen mit [200; 75; 0,01] erheblich bessere Ergebnisse erzielen kann. In WWTB werden deshalb diese Parameterwerte verwendet.

• *Problemdatennormierung*

Um den Algorithmus auch auf Probleme mit anderen Strukturen erfolgreich anwenden zu können, werden die Transportintensitäten t_{ik} und die Transportenfernungen d_{jl} auf den Bereich [0,10] normiert. Der Normierungsbereich [0,10] wurde gewählt, weil bei allen bekannten Testproblemen die Werte für t_{ik} und d_{jl} innerhalb dieses Bereichs lagen.[384] Da auch der Temperaturverlauf von WW-87 für Problemdaten mit Transportintensitäten und -entfernungen aus dem Bereich [0,10] entwickelt wurde, liegt die Vermutung sehr nahe, daß eine Normierung der realen Problemdaten auf diesen Bereich die Lösungsgüte verbessert. Die Normierung eliminiert zumindest die Abhängigkeit des Temperaturverlaufs von der absoluten Höhe der Transportintensitäten und -entfernungen.[385] Letztlich ist diese Problemdatennormierung jedoch willkürlich gewählt. Man hätte ebenso auch einen problemdatenabhängigen Temperaturverlauf verwenden können.

• *Sequentielle Nachbarschaftssuche*

In WW-87 wurden die Vertauschungspartner rein zufällig ausgewählt. Die im Kapitel 5 dokumentierten Experimente bestätigen die Beobachtungen von Connolly,[386] daß die sequentielle Nachbarschaftssuche der zufälligen überlegen ist. In WWTB wird deshalb die sequentielle Nachbarschaftssuche verwendet. Die zufällige ausschöpfende Nachbarschaftssuche erzielt zwar qualitativ vergleichbare Ergebnisse, doch besitzt sie aufgrund der komplizierteren Vorgehensweise Laufzeitnachteile.

Die Ergebnisse der mit WWTB durchgeführten Experimente werden im Kapitel 5 diskutiert. Sie zeigen, daß mittels der durchgeführten Modifikationen signifikante Verbesserungen erzielt werden können.

---

[384] Im Kapitel 5 (Abb. 5.1) sind die Problemdaten der wichtigsten Testprobleme dargestellt.

[385] Vgl. dazu auch Kap. 4.3.5.3.3.

[386] Vgl. Connolly, 1990, S. 95.

4.3.5 Simulated Annealing Verfahren mit Genetischer Programmierung

Die Grundidee der genetischen Programmierung stammt aus der Evolutionstheorie, in der Charles Darwin bereits 1859 mit seinem Konzept *"survival of the fittest and natural selection"*[387] den Ablauf evolutionärer Prozesse beschreibt. Die Idee, diesen in der Natur beobachteten evolutionären Prozeß auch auf künstliche Systeme zu übertragen, stammt primär von Holland.[388] Er stellte 1975 die ersten sogenannten Genetischen Algorithmen vor.

Dieses im Operations Research relativ neue heuristische Lösungsprinzip besteht im wesentlichen aus einer mathematischen Berechnungsprozedur, mit der die "Fortpflanzung" künstlicher Individuen nach den Darwin'schen Prinzipien simuliert wird. Dazu wird zunächst eine Generation künstlicher Individuen erzeugt, denen jeweils ein Anpassungswert zugeordnet wird. Dieser beschreibt quantitativ, wie gut das künstliche Individuum eine gegebene Aufgabe löst. Wie in der Natur wird anschließend die nächste Generation künstlicher Individuen dadurch erzeugt, daß sich relativ gut angepaßte Individuen mit einer hohen Wahrscheinlichkeit fortpflanzen, während schlecht angepaßte sterben, bevor sie sich vermehren können. Hierdurch wird sichergestellt, daß - Eigenschaften mit hoher Wahrscheinlichkeit nicht an die nächste Generation weitergeben. Mit dieser noch näher zu erläuternden "Fortpflanzung" künstlicher Individuen nach den Gesetzen der Natur (der Evolution) verbindet man die Hoffnung, hierdurch Individuen mit einem noch höheren Anpassungswert zu erhalten. So wie die Evolution ist demzufolge auch die hier betrachtete Simulation der Evolution mit einem Genetischen Algorithmus nichts anderes als die Suche nach (künstlichen) Individuen mit zieloptimal ausgeprägten Eigenschaften.

Genetische Algorithmen haben sich in den letzten Jahren im Operations Research mehr und mehr durchgesetzt. Sie wurden auf verschiedene ganzzahlige und kombinatorische Optimierungsprobleme erfolgreich angewandt. Eine in der allerjüngsten Vergangenheit publizierte Weiterentwicklung, die sogenannte Genetische Programmierung, erscheint jedoch noch erfolgversprechender. Bei den konventionellen Genetischen Algorithmen[389] werden die künstlichen Individuen nur durch eine fest vorgegebene Anzahl binärer Variablen repräsentiert. Unterschiedliche Individuen werden durch unterschiedliche Kombinationen von Nullen und Einsen dargestellt. Da die Zahl der Variablen konstant ist, können sich Struktur und Größe eines Individuums während des evolutionären Prozesses nicht verändern. Diesen Nachteil vermeidet die primär von Koza entwickelte Genetische Programmierung.[390] Dort werden Indivi-

---

[387] Survival of the fittest bedeutet frei übersetzt "Überleben des Passendsten".

[388] Die Monographie von Holland, J.H.: Adaption in Natural and Artificial Systems, 1975, wird als Pionierarbeit angesehen.

[389] Vgl. die oben zitierte Monographie von Holland oder Davis/Ritter, 1987, S. 231 - 235.

[390] Vgl. Koza, 1992, S. 51 ff.; Koza, 1991, S. 124 - 128.

duen durch Computerprogramme repräsentiert, mit dem Vorteil, daß deren Größe und Struktur sich erst im Laufe der Evolution herausbilden und nicht schon a priori feststehen.

Die von Koza vorgestellte Genetische Programmierung wird in dieser Arbeit eingesetzt, um den Temperaturverlauf beim Simulated Annealing zu optimieren, d.h., das sonst übliche manuelle Experimentieren wird durch eine "intelligente" Suche - die Simulation der Evolution - ersetzt. Es wird also ein Verfahren entwickelt, das gleich zwei Beobachtungen aus der Natur, den Abkühlungsprozeß von Flüssigkeiten und den Evolutionsprozeß nach dem Darwin'schen Prinzip auf künstliche Systeme überträgt und miteinander kombiniert. Das Kapitel ist wie folgt aufgebaut: Nach einer kurzen Erläuterung der Grundidee wird auf die Grundlagen der Genetischen Programmierung eingegangen. Anschließend werden drei neue Simulated Annealing Verfahren mit Genetischer Programmierung vorgestellt, die qualitativ hervorragende Ergebnisse erzielen.

4.3.5.1 Grundidee

Bis heute ist die Wahl des Temperaturverlaufs eines der Hauptprobleme bei der Anwendung des Simulated Annealing. Um dessen optimale Form zu finden, experimentieren die meisten Autoren mit einigen manuell erstellten Temperaturverläufen und benutzen dann den besten so gefundenen in ihrem Algorithmus. Sie berichten i.d.R. von einer Überlegenheit des exponentiellen Abkühlens.[391] Eine Ausnahme bildet Connolly, der für seine Algorithmen konstante Temperaturen empfiehlt.[392] Der erste "intelligente" Ansatz zur Optimierung des Temperaturverlaufs ist auf Davis und Ritter zurückzuführen.[393] Sie verwenden einen Genetischen Algorithmus, um den Temperaturverlauf beim Simulated Annealing zu optimieren. Davis und Ritter stand jedoch nur ein konventioneller Genetischer Algorithmus zur Verfügung. Daher muß die Form des Temperaturverlaufs bei ihrem Verfahren vorgegeben werden. Sie entscheiden sich für die Form des exponentiellen Abkühlens und benutzen den Gentischen Algorithmus "nur", um eine optimale Anfangstemperatur und Abkühlungsrate zu suchen.[394] Der entscheidende Nachteil ihres Verfahrens ist, daß die Form des Temperaturverlaufs bereits vorgegeben ist. Um diesen Nachteil zu vermeiden, wird in dieser Arbeit die bisher kaum bekannte Genetische Progammierung von Koza eingesetzt, um den Temperaturverlauf zu optimieren. Anders als bei dem von Davis und Ritter vorgeschlagenen Verfahren ist dann auch die Form des Temperaturverlaufs nicht mehr notwendigerweise vorzugeben.

---

[391] Vgl. Kirkpatrick et al. 1983, S. 671 - 680; Wilhelm/Ward, 1987, S. 107 - 119.

[392] Vgl. Connolly, 1990, S. 93 - 100.

[393] Vgl. Davis/Ritter, 1987, S. 231 - 235.

[394] Jedes Individuum ist bei Davis und Ritter ein 3-Tupel $[T_0, c, T_f]$.

Der Genetische Programmierungs-Algorithmus soll sowohl die Form als auch die Parameter des Temperaturverlaufs suchen. Da nicht bekannt ist, welcher Temperaturverlauf besonders effizient ist,[395] sollen zunächst alle Kurvenformen für den Simulated Annealing Algorithmus in Frage kommen. Der hier betrachtete Suchraum ist also die Menge der reellwertigen Funktionen.

4.3.5.2 Grundlagen der Genetischen Programmierung

Die grundsätzliche Vorgehensweise der Genetischen Programmierung läßt sich folgendermassen beschreiben.[396] Beim Start des Genetischen Programmierungs-Algorithmus wird zunächst rein zufällig eine Generation von Individuen erzeugt. Jedes Individuum repräsentiert dabei eine potentielle Lösung der betrachteten Problemstellung. Umfaßt der Lösungsraum, wie in dieser Arbeit, die Menge der reellwertigen Funktionen mit einer unabhängigen Variablen, der Zeit t, und einer abhängigen Variablen, der Temperatur T_t, so ist jedes Individuum der ersten Generation eine willkürlich erzeugte reellwertige Funktion, die dem Simulated Annealing Algorithmus als Temperaturverlauf dient. Jedem dieser Individuen wird dann ein Anpassungswert zugeordnet, der bei der Suche nach besonders effizienten Kurvenformen umso höher ist, je mehr sich der Simulated Annealing Algorithmus mit dem betrachteten Temperaturverlauf dem globalen Optimum annähert. Auf die Individuen der aktuellen Generation werden anschließend sogenannte genetische Operationen (Reproduktion und Kreuzung) angewendet, um die Individuen der nächsten Generationen zu erzeugen. Durch die Anwendung der genetischen Operationen wird das Darwin'sche Prinzip des *"survival of the fittest"* simuliert, und zwar in der Hoffnung, hierdurch Individuen mit einem noch höheren Anpassungswert zu erhalten. Diese Prozedur wiederholt sich, bis der Genetische Programmierungs-Algorithmus eine vorher festgelegte Zahl von Generationen erzeugt hat. Als Lösung wird dann der Temperaturverlauf (das Individuum) mit dem höchsten bis dahin gefundenen Anpasssungswert ausgegeben. Dabei ist es irrelevant, in welcher Generation er gefunden wurde. Der Pseudo-Code für den verbal beschriebenen Genetischen Programmierungs-Algorithmus ist in Abb. 4.22 dargestellt.

Bei der konkreten Entwicklung solcher Genetischen Programmierungs-Algorithmen sind folgende Fragen detaillierter zu diskutieren:
- Welche Programmiersprache soll bei der Implementierung verwendet werden?
- Wie wird die erste Generation künstlicher Individuen erzeugt?
- Wie wird der Anpassungswert der Individuen berechnet?
- Mit welchen genetischen Operationen wird die "Fortpflanzung" simuliert?
- Welche Parameterwerte sind empfehlenswert?

---

[395] Der bereits vorgestellte optimale Temperaturverlauf (vgl. Kapitel 4.3.3.2) ist aufgrund seiner großen Länge auf reale Probleme nicht anwendbar.

[396] Die beschriebene Vorgehensweise ist primär auf Koza, 1992, S. 59 ff. zurückzuführen.

```
1. Erzeuge rein zufällig die erste Generation von Individuen.
2. Bestimme den Anpassungswert für jedes Individuum der
   ersten Generation.
   Generation ← 0
   WHILE (Generation ≤ MaxGen)
3.    Generiere die nächste Generation durch Anwendung
            genetischer Operationen auf die Individuen der
            aktuellen Generation.
4.    Bestimme den Anpassungswert für jedes Individuum der
            aktuellen Generation.
      Generation ← Generation + 1
   ENDWHILE
5. Gib das Individuum mit dem höchsten Anpassungswert als
   Lösung aus.
```

Abb. 4.22: Pseudo-Code eines Genetischen Programmierungs-Algorithmus

4.3.5.2.1 Die Programmiersprache LISP

Koza favorisiert bei der Implementierung der Genetischen Programmierung die Programmiersprache LISP und deren Repräsentation von Programmen und Funktionen.[397] Diese nicht-prozedurale Programmiersprache LISP wurde bereits 1958 am MIT[398] entwickelt und gilt seither als die Standardsprache zur Lösung von Aufgabenstellungen der Künstlichen Intelligenz.[399] Das wichtigste Merkmal von LISP ist die Symbolbearbeitung. Anders als die meisten Programmiersprachen (z.B. C, FORTRAN oder PASCAL) operiert LISP nicht mit Zahlen o.ä., sondern ausschließlich mit Symbolischen Ausdrücken. Mit Hilfe der noch näher erläuterten Symbolischen Ausdrücke kann man relativ einfach sehr komplexe Strukturen in Listen (bzw. Computerprogrammen) darstellen und manipulieren.

Für den Einsatz von LISP bei den hier entwickelten Genetischen Programmierungs-Algorithmen spricht aber vor allem, daß durch die ausschließliche Verwendung Symbolischer Ausdrücke die Form der Programme und die Form der Daten in LISP identisch ist, so daß man LISP-Programme genauso wie Daten manipulieren kann.[400]

---

[397] Zur ausführlichen Darstellung von LISP vgl. z.B. Wilensky, 1986, S. 1 ff..

[398] MIT steht für Massachusetts Institute of Technology.

[399] Vgl. Hansen, 1992, S. 367.

[400] Im Gegensatz zu anderen Programmiersprachen kann der Programmierer bei LISP auch auf den Ableitungsbaum (parse tree) direkt zurückgreifen und ihn auch manipulieren. Weitere Vorteile der Programmiersprache LISP findet man bei Koza, 1992, S. 56 f..

Diese Gleichbehandlung von Funktionen (Programmen) und Daten bei LISP erlaubt es, daß Funktionen als aktuelle Parameter verwendet werden und daß Funktionen als Ergebnis einer Funktionsanwendung entstehen können.[401] Durch diese Eigenschaft ist LISP natürlich besonders zur Lösung von Problemen geeignet, die sich primär mit der Manipulation von Funktionen beschäftigen. Da bei der hier angestrebten Temperaturverlaufsoptimierung genau solche Manipulationen im Vordergrund stehen, wurde LISP als Programmiersprache gewählt. Daher erscheint es für das weitere Verständnis sinnvoll, einige Grundlagen dieser Programmiersprache, insbesondere die Symbolischen Ausdrücke, näher zu erläutern.

Bereits erwähnt wurde, daß LISP ausschließlich mit Symbolischen Ausdrücken (sogenannten S-Ausdrücken) operiert. Ein solcher S-Ausdruck ist entweder ein Atom oder eine Liste. Atome sind die kleinsten unteilbaren Bausteine von LISP. Ein Atom kann u.a. eine konstante Zahl (z.B. 3) oder eine Variable (z.B. t) sein. Im Gegensatz dazu ist eine Liste in LISP immer eine geordnete Menge von Elementen. In einer vereinfachten LISP-Schreibweise sind die einzelnen Elemente einer Liste immer nacheinander zwischen einer linken und rechten runden Klammer aufgeführt.[402] Ein Element einer solchen Liste ist entweder selbst eine Liste oder ein Atom. Da Listen wiederum Listen als Elemente enthalten können, ist es möglich, sehr komplexe Strukturen in LISP darzustellen.[403] Bei der Berechnung einer solchen Liste wird mit dem ersten Element nach der ersten offenen runden Klammer begonnen. Wenn es sich hierbei um ein Atom handelt, so wird dessen Wert ausgegeben. Handelt es sich hingegen um eine Liste, so wird diese Liste grundsätzlich als Anwendung einer Funktion interpretiert. Dabei soll das erste Listenelement immer der Name der Funktion sein und die restlichen Elemente immer die dazugehörigen aktuellen Argumente. Es wird als eine Präfix-Notation benutzt, d.h., der Operator (= Funktionsname) steht stets vor den Operanden. Statt "2+4" schreibt man (+ 2 4). Die einzelnen Argumente einer Funktionsanwendung müssen jedoch nicht - wie in dem genannten Beispiel - grundsätzlich Atome sein. Oftmals sind die Argumente einer Funktion selbst wieder Listen. Die Berechnung der ursprünglichen Funktion erfolgt in einem solchen Fall erst nach der rekursiven Bestimmung aller benötigten Argumente. Das folgende Beispiel soll die geschilderte Vorgehensweise verdeutlichen.

Ein einfacher Symbolischer Ausdruck in LISP ist beispielsweise die Liste (* (^ 0,9 t) 10).[404] Da das erste Element nach der ersten offenen Klammer kein Atom ist, wird bei der Berechnung der Liste zunächst die Multiplikationsfunktion (*) auf die dazugehörigen Argumente (^ 0,9 t) und (10) angewendet. Das erste Argument der

---

[401] Vgl. dazu auch Engesser, 1989, S. 330 f..

[402] Durch die vielen verwendeten Klammern gilt LISP z.T. als benutzerunfreundlich.

[403] Auch ein LISP-Programm ist selbst wiederum ein S-Ausdruck.

[404] In Funktionsschreibweise $0,9^t \cdot 10$.

Multiplikationsfunktion muß, da es sich selbst um eine Liste handelt, rekursiv berechnet werden, indem die Potenzfunktion (^) auf die dazugehörigen Argumente (0,9) und (t) angewendet wird. Dazu wird 0,9 mit dem aktuellen Wert von t potenziert. Das Ergebnis der Potenzierung wird dann mit 10 multipliziert, womit die Berechnung der Liste (* (^ 0,9 t) 10) abgeschlossen ist.

Bereits an dieser Stelle sei erwähnt, daß ein LISP S-Ausdruck nichts anderes ist, als ein binärer geordneter Baum.[405] Diese graphische Darstellungsweise der s-Ausdrücke wird sich im folgenden noch als sehr nützlich erweisen. Da die Werte (=Atome) nur in den Blättern der Bäume stehen dürfen, bezeichnet Koza die Atome auch als Terminals.[406] Auch in dieser Arbeit werden beide Begriffe im folgenden synonym verwendet.

4.3.5.2.2 Die erste Generation künstlicher Individuen

Bei der von Koza entwickelten Genetischen Programmierung wird jedes Individuum durch einen S-Ausdruck (Atom, Liste, Computerprogramm) repräsentiert. Ein solcher S-Ausdruck wird aus Funktionen und Terminals zusammengesetzt. Mit der Festlegung der zulässigen Funktionen und Terminals beginnt die Genetische Programmierung in LISP. Sie beeinflußt maßgeblich die Form, Größe und Komplexität der erzeugten S-Ausdrücke (Individuen).

Im folgenden sei $F = \{f_1, f_2, \dots , f_{|F|}\}$ die a priori festgesetzte Menge der zulässigen $|F|$ Funktionen und $\tau = \{t_1, t_2, \dots , t_{|\tau|}\}$ die a priori festgesetzte Menge der zulässigen $|\tau|$ Terminals. Mögliche Funktionen für F sind z.B. arithmetische Operatoren (+, -, *, ...), mathematische Funktionen (sin, cos, log, ...), logische Operatoren (IF-THEN-ELSE, ...), iterative Operatoren (DO-UNTIL, ...) und rekursive Funktionen. Die Vielzahl möglicher Terminals ist offensichtlich.[407] Die konkrete Festlegung von F und τ ist natürlich von der zu lösenden Problemstellung abhängig. Da die genetische Programmierung in dieser Arbeit "nur" zur Optimierung des Temperaturverlaufs, d.h. zur Suche einer besonders geeigneten (angepaßten) reellwertigen Funktion, eingesetzt wird, erscheint es ausreichend, arithmetische Operatoren und mathematische Funktionen in die Funktionsmenge aufzunehmen. Folgende Funktionen wurden daher für F ausgewählt:

$$F = \{+, -, *, \%, ^\wedge, \text{sign}, \sin , \cos\} \tag{4.27}$$

---

[405] Vgl. Engesser, 1989, S. 327; Koza, 1992, S. 56 *"rooted point-labeled tree with ordered branches"*.

[406] Vgl. Koza, 1992, S. 63.

[407] Während jede Funktion mindestens ein Argument benötigt, zeichnen sich Terminals (variable oder konstante Atome) dadurch aus, daß sie keine benötigen.

Von den in (4.27) genannten Funktionen ist die Defintion von +, -, *, sin und cos offensichtlich, so daß sich die folgende Diskussion auf (%), (^) und (sign) konzentriert. Der arithmetische Operator (%) substituiert im folgenden die mathematische Division (/). Er vermeidet, daß eine Division durch Null zum Abbruch der Simulation oder unvorhersagbaren Ergebnissen führt. (%) benötigt zwei Argumente (a_1 und a_2) und ist folgendermaßen definiert:[408]

$$(\% \; a1 \; a2) = \begin{cases} \dfrac{a_1}{a_2} & \text{wenn } a_2 \neq 0 \\[2mm] 1 & \text{wenn } a_2 = 0 \end{cases} \qquad (4.28)$$

Bei der ebenfalls in F enthaltenen Potenzierung (^) soll zum einen der Wertebereich der Potenzfunktion auf $[0, 10^{10}]$ beschränkt werden. Somit sind Fließkommaüberläufe ausgeschlossen. Zum anderen soll bei der Potenzfunktion nicht die eigentliche Basis, sondern deren Absolutwert benutzt werden, da die Potenzierung einer negativen Basis mit einem nicht-ganzzahligen Exponenten eine komplexe Zahl zum Ergebnis haben kann, die man nicht mehr sinnvoll als Temperatur interpretieren kann. Die geschützte Potenzfunktion lautet somit:

$$(^\wedge \; a1 \; a2) = \begin{cases} \left|a_1\right|^{a_2} & \text{wenn } \left|a_1\right|^{a_2} \leq 10^{10} \\[2mm] 10^{10} & \text{wenn } \left|a_1\right|^{a_2} > 10^{10} \end{cases} \qquad (4.29)$$

In der hier definierten Funktionsmenge F ist auch die Sprungfunktion (sign) enthalten. Sie erhöht den Gestaltungsfreiraum der Genetischen Programmierung, z.B. durch den mit (sign) möglichen Wechsel zwischen zwei Funktionen (Temperaturverläufen). Sie lautet:

$$(\text{sign } a_1) = \begin{cases} 1,0 & \text{wenn } a_1 > 0 \\ 0,5 & \text{wenn } a_1 = 0 \\ 0,0 & \text{wenn } a_1 < 0 \end{cases} \qquad (4.30)$$

Für die Terminalmenge τ wurde sowohl das variable Atom t als auch das Terminal R ausgewählt, d.h. $\tau = \{t, R\}$. Dabei dient R der Erzeugung von Konstanten. Bei der Auswahl von R als Terminal wird eine gleichverteilte Zufallszahl aus [-5, +5] an der entsprechenden Stelle des S-Ausdrucks bzw. Baumes eingefügt. Vor der eigentlichen Generation ist schließlich noch die Generationsgröße MG festzulegen. Sie gibt die Zahl der Individuen (S-Ausdrücke bzw. Bäume) an, die in einer Generation erzeugt werden sollen.[409] Mit der Festlegung von MG sind die vorbereitenden Maßnahmen zur Erzeugung der ersten Generation abgeschlossen.

---

[408] Eine Division durch Null wird willkürlich als Eins definiert.

[409] Zur Festlegung der einzelnen Parameterwerte vgl. Kap. 4.3.5.2.5 dieser Arbeit.

Die eigentliche Generierung der ersten Generation läßt sich nun folgendermaßen beschreiben: Für jedes zu erzeugende Individuum wird zunächst ein Element aus F ausgewählt. Bei der bereits angesprochenen Baumdarstellung ist dies die Wurzel (bzw. der Knoten 1). Gleichzeitig werden entsprechend der Anzahl der benötigten Argumente Zweige zugefügt. Abb. 4.23 zeigt im Schritt 1 beispielhaft die Auswahl der Multiplikationsfunktion (*), welche zwei Argumente benötigt.

Dann wird für jeden Zweig (i.d.R. zunächst für den linken) ein Element aus $F \cup \tau$ ausgewählt und in den Baum als Knoten 2 eingefügt. Wurde eine Funktion ausgewählt, so wird wieder für jedes dafür benötigte Argument genau ein Zweig zugefügt. Handelt es sich bei den ausgewählten Elementen um ein Terminal, so wird von diesem Knoten (bzw. Blatt) aus der Baum nicht weiter fortgeführt. Abb. 4.23 zeigt im Schritt 2 z.B. die Auswahl der Potenzfunktion für den Knoten 2 und die zwei dafür eingefügten Zweige.

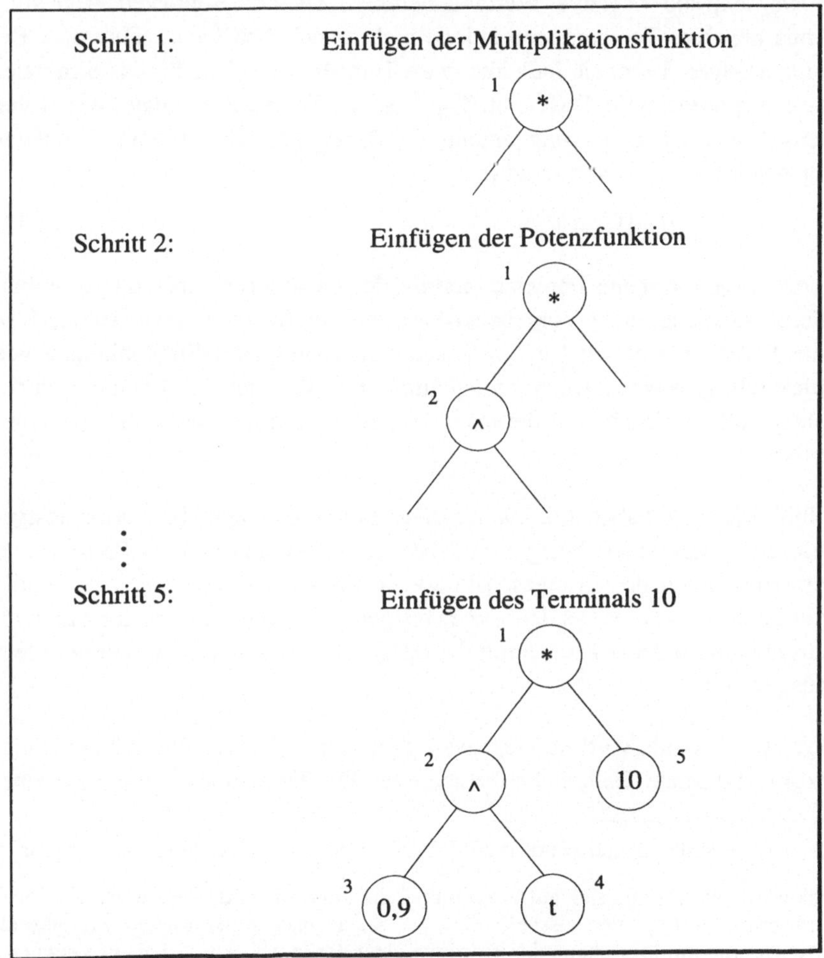

Abb. 4.23: Generierung eines Baumes bzw. S-Ausdrucks

Jeweils mit dem linken Zweig beginnend, wiederholt sich diese Prozedur, bis der Baum bzw. S-Ausdruck vollständig ist. Ein vollständiger Baum zeichnet sich dadurch aus, daß jeder Zweig einen Terminal als Endknoten hat. Werden in dem dargestellten Beispiel sukzessive drei Terminals (z.B. 0,9 für den Knoten 3, t für den Knoten 4 und 10 für den Knoten 5) ausgewählt, so ist der Baum bzw. S-Ausdruck im Schritt 5 vollständig (vgl. Abb. 4.23). Damit ist beispielhaft ein einen Temperaturverlauf repräsentierendes Individuum der ersten Generation erzeugt worden. Es ist die Funktion bzw. der Temperaturverlauf:[410]

$$T_{GP}(t)= 0,9^{\,t} \cdot 10 \qquad\qquad (4.31)$$

Auf gleiche Weise ist es möglich, andere Funktionen zu erzeugen.[411] Durch die zufällige Auswahl der einzelnen Bausteine können aber auch Temperaturverläufe generiert werden, die negative Werte annehmen. Da der Simulated Annealing Algorithmus negative Temperaturen jedoch nicht handhaben kann, sollte eine Betragsbildung erfolgen, bevor ein Individuum als Temperaturverlauf für das Simulated Annealing interpretiert wird. Das heißt, $T_{GP}(t)$ ist der Temperaturverlauf, wie er von der Genetischen Programmierung erzeugt wird, $T_{SA}(t)$, wie er vom Simulated Annealing Algorithmus betrachtet wird.

$$T_{SA}(t)=|T_{GP}(t)| \qquad\qquad (4.32)$$

Die konkret vorgenommene Implementierung der Generierungsmethode orientiert sich in dieser Arbeit an einer Vorgehensweise, mit der Koza für verschiedene Probleme gute Ergebnisse erzielt hat. Im wesentlichen sind zwei Empfehlungen von Koza berücksichtigt worden. Koza erzeugt zum einen 50% der MG Bäume nach der sogenannten "full" Methode und die restlichen 50% nach der sogenannten "grow" Methode.[412]

Bei der "full" Methode haben alle Zweige eines Baumes die gleiche a priori festgesetzte Tiefe. Die Tiefe eines Zweiges ist dabei die Entfernung von der Baumwurzel bis zu dem Endknoten des Zweiges. Um solche Bäume zu erzeugen, werden alle Knoten mit einer geringeren als der vorher festgelegten Tiefe nur aus der Menge F zufällig ausgewählt und alle Knoten mit der festgesetzten Tiefe nur aus der Menge τ zufällig ausgewählt.

Bei der "grow" Methode wird im Gegensatz dazu nur sichergestellt, daß ein Baum eine a priori festgesetzte Tiefe nicht überschreitet. Die Tiefe eines Baumes ist dabei

---

[410] Diese ist der von Wilhelm und Ward, 1987, S. 107 - 119 verwendete Temperaturverlauf.

[411] Die Diskussion beschränkt sich auf Programme, die Funktionen darstellen, da die Genetische Programmierung hier ausschließlich zur Suche nach einer Funktion eingesetzt wird. Programme mit logischen oder iterativen Operatoren werden aber ebenso erzeugt.

[412] Vgl. Koza, 1992, S. 73.

die längste Entfernung von der Wurzel bis zu einem Endpunkt. Die einzelnen Zweige eines Baumes müssen bei dieser Generierungsmethode also nicht die gleiche Tiefe haben. Um solche Bäume zu erzeugen, werden alle Knoten mit einer geringeren als der vorher festgesetzten Tiefe aus der Menge $F \cup \tau$ zufällig ausgewählt und alle Knoten mit der festgesetzten Tiefe nur aus der Menge τ zufällig ausgewählt.

Zum anderen empfiehlt Koza, für die erste Generation die maximale Tiefe eines Baumes zu beschränken und für jede Tiefe zwischen der minimalen Tiefe Zwei[413] und der maximalen Tiefe MTG die gleiche Anzahl an Bäumen zu generieren.[414] Die Wirkungsweise dieser zwei Empfehlungen verdeutlicht das folgende Beispiel. Wenn MTG=6 ist (der von Koza empfohlene Wert), so haben 20 % der Bäume eine Tiefe von 2, 20 % eine Tiefe von 3, ... und 20% eine maximale Tiefe von 6. Bei jeder erzeugten Tiefe sind außerdem jeweils 50% der Bäume nach der "full" Methode und die restlichen 50% nach der "grow" Methode zu erzeugen.

Mit dieser Generierungsmethode wird sichergestellt, daß die in der ersten Generation erzeugten Bäume eine sehr unterschiedliche Struktur haben. Deshalb werden bei der Erzeugung der ersten Generation auch keine Duplikate zugelassen.[415] Somit werden bei einer Generationsgröße von MG in der ersten Generation auch MG verschiedene Bäume erzeugt. Damit sind alle wichtigen Merkmale der hier implementierten Generierungsmethode erläutert.

4.3.5.2.3 Der Anpassungswert der Individuen

Der Anpassungswert soll quantitativ beschreiben, wie gut ein künstliches Individuum eine gegebene Aufgabe löst. Er wird zur Bestimmung der Überlebens- bzw. Fortpflanzungswahrscheinlichkeit einzelner Individuen verwendet und ist somit der wohl wichtigste Parameter, um das Darwin'sche Prinzip des *"survival of the fittest and natural selection"* zu simulieren. Bei der hier betrachteten Optimierung des Temperaturverlaufs soll der Anpassungswert eines Individuums (Temperaturverlaufs) umso höher sein, je näher der mit dem jeweiligen Temperaturverlauf implementierte Simulated Annealing Algorithmus dem globalen Optimum kommt. Diese Überlegung führte zunächst dazu, den Zielfunktionswert des Simulated Annealing-Algorithmus zu benutzen, um den sogenannten standardisierten Anpassungswert zu berechnen. Dieser wird aber anschließend in einen sogenannten progressiven Anpassungswert transformiert, da sich dessen Verwendung bei der Bestimmung der einzelnen Überlebens- bzw. Fortpflanzungswahrscheinlichkeiten als sehr nützlich erwiesen hat.

---

[413] Da die Wurzel eines Baumes immer aus der Funktionsmenge ausgewählt wird, ist die Mindesttiefe der zufällig erzeugten Bäume zwei.

[414] Vgl. Koza, 1992, S. 74.

[415] Duplikate sind völlig identische Bäume bzw. S-Ausdrücke.

162

Im folgenden sei

ψ, ζ der Index der erzeugten Individuen, mit $\psi, \zeta = 1(1)MG$

$T_{SA}(t)\psi$ der Temperaturverlauf $T_{SA}(t)$, den das Individuum mit dem Index ψ repräsentiert

$Z(T_{SA}(t)\psi)$ der Zielfunktionswert des Simulated Annealing Algorithmus bei Verwendung des Temperaturverlaufs $T_{SA}(t)\psi$

LB   eine untere Schranke für den Zielfunktionswert des zu lösenden Problems

$SF(T_{SA}(t)\psi)$ der standardisierte Anpassungswert des Temperaturverlaufs $T_{SA}(t)\psi$

$PF(T_{SA}(t)\psi)$ der progressive Anpassungswert des Temperaturverlaufs $T_{SA}(t)\psi$.

Damit kann der standardisierte Anpassungswert $SF(T_{SA}(t)\psi)$ des Temperaturverlaufs $T_{SA}(t)\psi$ wie folgt berechnet werden:

$$SF(T_{SA}(t)\psi) = Z(T_{SA}(t)\psi) - LB \qquad (4.33)$$

Prinzipiell könnte man in (4.33) auf die untere Schranke LB für das zu lösende Problem verzichten (z.B. durch Setzen von LB=0). Auch dann wäre der standardisierte Anpassungswert für Temperaturverläufe mit besseren Lösungen geringer. Durch die Benutzung einer guten unteren Schranke wird das Prinzip des "*survival of the fittest*" aber verstärkt, wie das am Ende dieses Abschnitts diskutierte Beispiel verdeutlicht. Die im Kapitel 5 durchgeführten Experimente bestätigen die hohe Relevanz einer guten unteren Schranke für den Genetischen Programmierungs-Algorithmus. Ist LB nicht bekannt, so sollte vor dem Beginn der Genetischen Programmierung auf jeden Fall eine Schrankenberechnung durchgeführt werden.[416]

Aus dem standardisierten Anpassungswert eines Temperaturverlaufs wird dann der progressive Anpassungswert $PF(T_{SA}(t)\psi)$ eines Individuums $T_{SA}(t)\psi$ berechnet:

$$PF(T_{SA}(t)\psi) = \frac{1}{1 + SF(TSA(t)\psi)} \qquad (4.34)$$

Da $SF(T_{SA}(t)\psi)$ nicht negativ ist, liegt der progressive Anpassungswert $PF(T_{SA}(t)\psi)$ zwischen Null und Eins. $PF(T_{SA}(t)\psi)$ ist für bessere Temperaturverläufe höher als für schlechte. Der Name - progressiver Anpassungswert - drückt bereits aus, daß guten Temperaturverläufen ein überproportional größerer Anpassungswert zugeordnet wird.

Aus dem progressiven Anpassungswert eines Temperaturverlaufs wird dann die Überlebens- bzw. Fortpflanzungswahrscheinlichkeit $FW(T_{SA}(t)\psi)$ eines Individuums $T_{SA}(t)\psi$ nach der Formel

$$FW(T_{SA}(t)_\psi) = \frac{PF(T_{SA}(t)_\psi)}{\sum_{\zeta=1}^{MG} PF(T_{SA}(t)_\zeta)} \qquad (4.35)$$

---

[416] Die Schrankenberechnung für das QZP1 beschreibt z.B. Lawler, 1963, S. 586 - 599.

berechnet, d.h., die Überlebens- bzw. Fortpflanzungswahrscheinlichkeit der Individuen ist proportional zu ihrem progressiven Anpassungswert. Die Gleichung (4.35) normalisiert die progressiven Anpassungswerte, so daß deren Summe Eins beträgt. Der Vollständigkeit halber sei darauf hingewiesen, daß auch Implementierungen existieren, die die Überlebens- bzw. Fortpflanzungswahrscheinlichkeit der Individuen anders bestimmen.[417] Bei der Genetischen Programmierung hat sich jedoch die Verwendung von (4.35) als nützlich erwiesen.[418] Das folgende Beispiel soll die hier beschriebene Vorgehensweise und ihre Vorteilhaftigkeit verdeutlichen.

Die beispielhaft betrachtete Generation besteht aus 4 Individuen (MG=4), die jeweils einen Temperaturverlauf repräsentieren. Die korrespondierenden Zielfunktionswerte des Simulated Annealing-Algorithmus und die aus der Literatur bekannte untere Schranke LB sind in Abb. 4.24 gegeben. Nach Anwendung von (4.33) und (4.34) ist die Überlebens- bzw. Fortpflanzungswahrscheinlichkeit durch (4.35) bestimmt.

Das Beispiel verdeutlicht zum einen die Relevanz der Einbeziehung von LB in (4.33). Würde auf die Verwendung der unteren Schranke verzichtet (LB=0), so wären die Überlebens- bzw. Fortpflanzungswahrscheinlichkeiten für alle Individuen etwa gleich.[419] Die Auswahl würde also fast unabhängig vom Anpassungswert stattfinden. Das Prinzip des "*survival of the fittest*" wäre somit außer Kraft gesetzt.

Zum anderen zeigt das Beispiel die Vorteilhaftigkeit, den progressiven Anpassungswert zu verwenden. Deutlich zu erkennen ist, wie er kleine Differenzen im Zielfunktionswert nahe der unteren Schranke LB verstärkt (vgl. Abb. 4.24). Die korrespondierenden Zielfunktionswerte der Temperaturverläufe (* (^ 0,9 t) 10) und (* 5 (cos t)) haben eine Differenz von 299-292=7. Da sie nahe dem Optimum sind, unterscheiden sich die Überlebens- bzw. Fortpflanzungswahrscheinlichkeiten mit 0,204 zu 0,559 jedoch signifikant, obwohl die Differenz der Zielfunktionswerte relativ gering ist. Die Differenz der korrespondierenden Zielfunktionswerte von (- 500 t) und (% 10 t) beträgt ebenfalls 7. Da sie aber weiter vom Optimum entfernt sind, ist nicht nur die Überlebens- bzw. Fortpflanzungswahrscheinlichkeit, sondern auch deren Unterschied weitaus geringer.

Temperaturverlauf	$Z(T_{SA}(t)\psi)$	LB	$SF(T_{SA}(t)\psi)$		$PF(T_{SA}(t)\psi)$		$FW(T_{SA}(t)\psi)$	
(* 5 (cos t))	292	289	3	*(292)*	0,250	*(0,0034)*	0,559	*(0,257)*
(* (^ 0,9 t) 10)	299	289	10	*(299)*	0,091	*(0,0033)*	0,204	*(0,252)*
(% 10 t)	304	289	15	*(304)*	0,063	*(0,0033)*	0,141	*(0,248)*
(- 500 t)	311	289	22	*(311)*	0,043	*(0,0032)*	0,096	*(0,242)*

Abb. 4.24: Anpassungswerte und Überlebens- bzw. Fortpflanzungswahrscheinlichkeit

---

[417] Vgl. z.B. Goldberg, 1989, S. 10 - 12 oder Koza, 1992, S. 75 ff..

[418] Vgl. Koza, 1992, S. 77.

[419] Dazu betrachte man in Abb. 4.24 die in Klammern und kursiv dargestellten Werte.

4.3.5.2.4 Genetische Operationen zur Simulation der Evolution

Zur Erzeugung der nächsten Generationen werden genetische Operationen auf die Individuen der aktuellen Generation angewendet. Die wesentlichen genetischen Operationen sind die Kreuzung als eine sexuelle Operation und die Reproduktion, als eine asexuelle Operation. Andere Operationen, wie z.B. die Mutation oder die Dezimation, sind nach den Erfahrungen von Koza nicht notwendig, um mit der Genetischen Programmierung gute Ergebnisse zu erzielen.[420] Dieser Empfehlung folgend, wird nachstehend ausschließlich die Reproduktion und die Kreuzung diskutiert und bei der Genetischen Programmierung implementiert, um das Darwin'sche Prinzip zu simulieren.

Die Reproduktion ist ein reiner Kopiervorgang, bei dem einzelne Individuen gemäß ihres Anpassungswertes in die nächste Generation übernommen werden. Gut angepaßte Individuen werden dabei mit einer höheren Wahrscheinlichkeit in die nächste Generation kopiert als schlecht angepaßte. Dadurch wird sichergestellt, daß Individuen, die sich in der aktuellen Generation als erfolgreich erwiesen haben, unverändert in die nächste Generation übernommen werden. Bei der Anwendung der Reproduktion wird zunächst ein Individuum mit einer durch (4.35) bestimmten Wahrscheinlichkeit aus der aktuellen Generation ausgewählt. Das ausgewählte Individuum wird anschließend unverändert in die nächste Generation kopiert.[421] Damit ist der Reproduktionsvorgang abgeschlossen. Da die reproduzierten Individuen in der aktuellen Generation erhalten bleiben, können sie erneut ausgewählt werden. Durch die Verwendung von (4.35) werden bei der Reproduktion nicht nur hochangepaßte Individuen unverändert in die nächste Generation übernommen, sondern gelegentlich auch Individuen mit relativ geringem Anpassungswert. Dadurch wird erreicht, daß eine genügend große Diversität in der neuen Generation erhalten bleibt.

Im Gegensatz zur Reproduktion ist die Kreuzung eine sexuelle Operation. Jeweils zwei künstliche Individuen werden bei der Kreuzung einer simulierten Paarung unterzogen.[422] Dazu werden zunächst zwei Individuen gemäß (4.35) aus der aktuellen Generation ausgewählt. Für den korrespondierenden Baum des ersten Individuums wird dann zufällig ein Kreuzungspunkt ausgewählt, indem eine Zufallszahl zwischen Eins und der Anzahl der Knoten des ersten Baumes erzeugt wird. Der ausgewählte Knoten repräsentiert die Wurzel des Unterbaumes, der anschließend vom ersten Baum abgetrennt wird. Auf gleiche Weise wird der zweite Baum in zwei Unterbäume aufgeteilt. Die eigentliche Kreuzung wird dann durchgeführt, indem das abgetrennte Fragment des ersten Baumes an die Schnittstelle des zweiten Rest

---

[420] Eine ausführliche Diskussion der sogenannten sekundären genetischen Operationen findet man z.B. bei Koza, 1992, S. 78 ff..

[421] Vgl. Koza, 1992, S. 79 - 80.

[422] Vgl. Koza, 1992, S. 80 - 83.

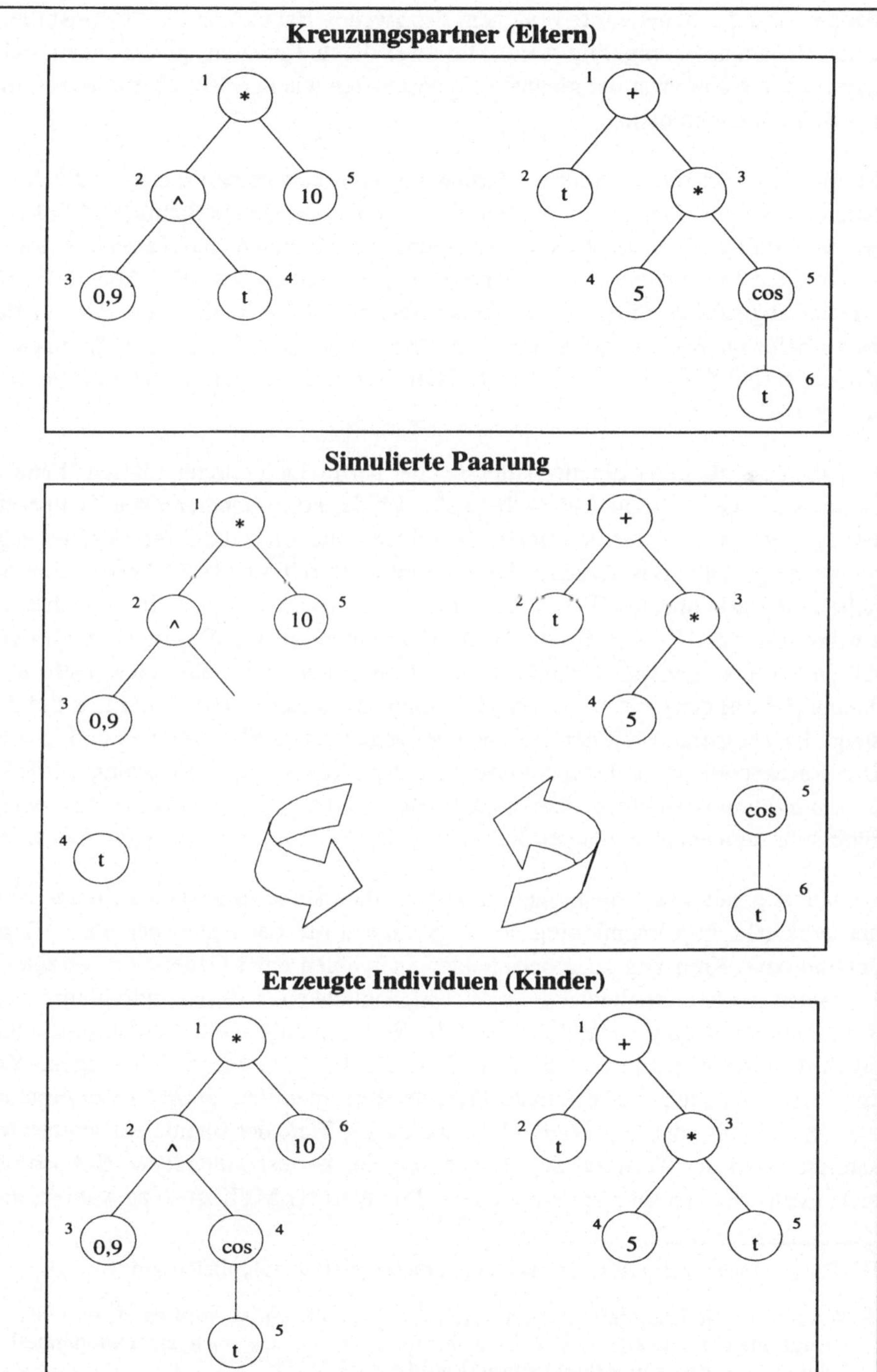

Abb. 4.25: Simulierte Paarung

baumes und das abgetrennte Fragment des zweiten Baumes an die Schnittstelle des ersten Restbaumes angefügt wird. Die zwei durch Kreuzung gewonnenen Individuen haben somit zwar die gleichen Eigenschaften wie ihre Vorfahren, jedoch in einer anderen Kombination.

In Abb. 4.25 ist die simulierte Paarung für zwei beispielhaft ausgewählte Bäume (Individuen) graphisch dargestellt. Für den ersten ausgewählten Baum (* (^ 0,9 t) 10) sei der zufällig ausgewählte Kreuzungspunkt der Knoten 4 (das Teminal t) und für den zweiten (+ t (* 5 (cos t))) der Knoten 5 (die Funktion cos). Die Abb. 4.25 zeigt, wie das abgetrennte Fragment des ersten Baumes, der Knoten 4, am zweiten Restbaum befestigt wird, und wie das abgetrennte Fragment des zweiten Baumes, die Knoten 5 und 6 sowie der zwischen ihnen liegende Ast, am ersten Restbaum befestigt wird.

Um die Vererbung der Eigenschaften bei der beispielhaft durchgeführten "Paarung" zu verdeutlichen, sind in Abb. 4.26 zusätzlich die korrespondierenden Temperaturverläufe der zwei neu entstandenen Individuen und auch die ihrer Vorfahren graphisch dargestellt. Das erzeugte Individuum (* (^ 0,9 (cos t)) 0) besitzt eine ähnliche Anfangstemperatur[423] wie das erste Elternteil (* (^ 0,9 t) 10) und hat vom zweiten Elternteil (+ t (* 5 (cos t))) das Oszillieren geerbt. Da die Potenzfunktion mit einem (cos) gekoppelt wurde, ist der Temperaturverlauf aber nicht mehr exponentiell.[424] Bei dem zweiten durch Kreuzung entstandenen Individuum (+ t (* 5 t)) steigt die Temperatur mit der Zeit, wie bei dem zweiten Elternteil (+ t (* 5 (cos t))). Der korrespondierende Temperaturverlauf des zweiten durch Kreuzung entstandenen Individuums oszilliert aber nicht mehr, da die cos-Komponente des zweiten Elternteils dem ersten erzeugten Individuum (* (^ 0,9 (cos t)) 10) zugeordnet wurde.

Da andere genetische Operationen in dieser Arbeit keine Anwendung finden, ist bei der konkreten Implementierung der Algorithmen nur der Anteil der durch Reproduktion bzw. Kreuzung zu generierenden Individuen einer Generation festzulegen. Im folgenden kennzeichnet P_r die Wahrscheinlichkeit, daß ein Individuum durch Reproduktion erzeugt wird, und $(1-P_r)$ die Wahrscheinlichkeit, daß ein Individuum durch Kreuzung erzeugt wird. Der Wert für P_r ist a priori festzulegen. Koza empfiehlt zusätzlich, die maximale Tiefe der erzeugten Bäume (MTK) zu beschränken. Damit verhindert er, daß durch Kreuzung die Tiefe der Bäume ein solches Maß annimmt, daß der Aufwand zur Berechnung der korrespondierenden S-Ausdrücke nicht mehr wirtschaftlich vertretbar ist.[425] Der Wert für MTK ist so zu wählen, daß

---

[423] Die Anfangstemperatur ist etwas kleiner, da sie mit 0,9 multipliziert wird.

[424] Wenn das erste Elternteil ein hochangepaßtes Individuum ist, wird es oft in genetische Operationen involviert, so daß es wahrscheinlich ist, daß auch ein exponentiell abkühlender Temperaturverlauf generiert wird.

[425] Vgl. Koza, 1992, S. 82 f..

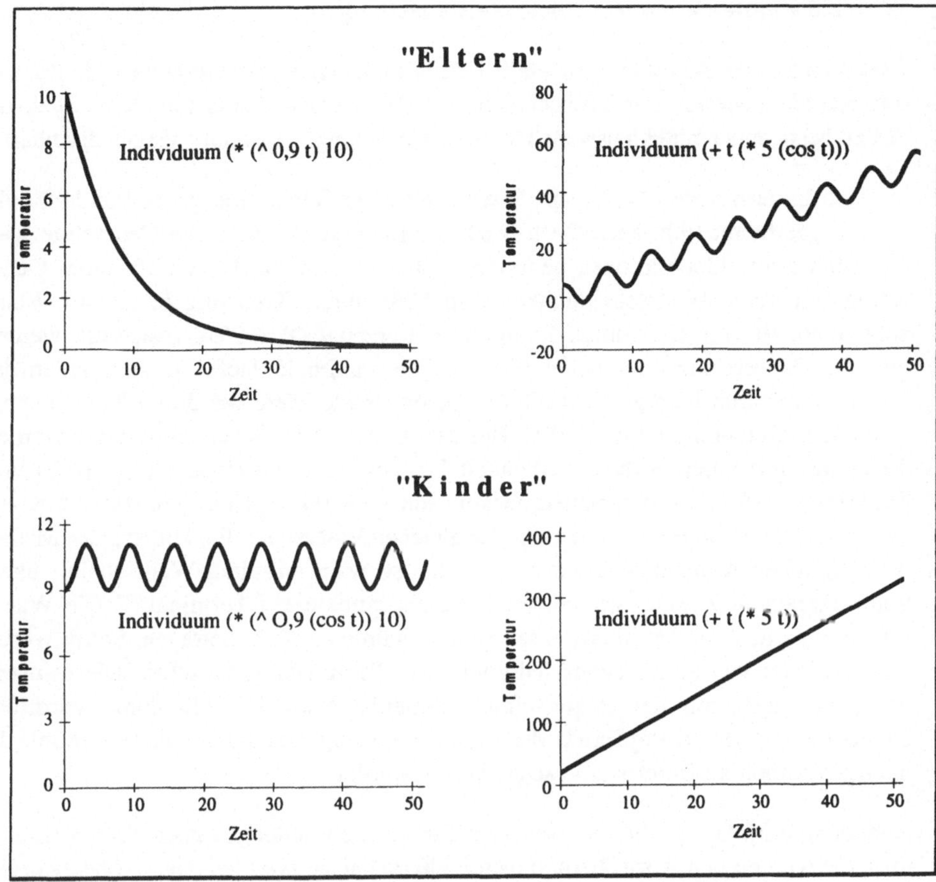

Abbildung 4.26: Kreuzungspartner und neu entstandene Individuen

einerseits die Erzeugung genügend komplexer Funktionen möglich ist, aber anderseits die S-Ausdrücke in vertretbarer Zeit berechnet werden können. Wenn bei der simulierten Paarung trotzdem ein Baum mit einer Tiefe größer als MTK entsteht, so wird an seiner Stelle einer seiner beiden Vorfahren in die nächste Generation übernommen.[426] Sollten sogar beide erzeugten Bäume eine Tiefe größer als MTK haben, so werden beide Vorfahren übernommen.

---

[426] In dieser Arbeit wird dann willkürlich der erste Baum übernommen.

4.3.5.2.5 Empfehlenswerte Parametereinstellungen

In den bisherigen Ausführungen wurde bereits auf einige a priori festzulegende Parameterwerte hingewiesen. Der Übersichtlichkeit halber werden aber erst an dieser Stelle der Arbeit besonders empfehlenswerte Parametereinstellungen zusammengefaßt diskutiert.

In allen Experimenten (vgl. Kap. 5) wird mit einer Generationsgröße von 500 Individuen gearbeitet (d.h. MG=500). Nach der Erzeugung der ersten Generation werden 50 weitere Generationen generiert. Dabei werden die Individuen einer Generation mit einer Wahrscheinlichkeit von 90% durch Kreuzung und einer Wahrscheinlichkeit von 10% durch Reproduktion erzeugt (P_r=10%). Insgesamt werden also 51 Generationen bearbeitet (G=51). Die maximale Tiefe der Individuen der ersten Generation beträgt 6 (MTG=6), die maximale Tiefe der durch Kreuzung erzeugten Individuen 17 (MTK=17). Bei der Auswahl der Kreuzungspunkte werden Terminals mit einer Wahrscheinlichkeit P_{rp} von 10% ausgewählt (P_{rp}=10%) und Funktionen mit einer Wahrscheinlichkeit von 90% ((1-P_{rp})%). Würden die Kreuzungspunkte im Gegensatz dazu mit der gleichen Wahrscheinlichkeit aus der Menge der möglichen Kreuzungspunkte ausgewählt, so wäre mit einer Wahrscheinlichkeit von ungefähr 50% einer der beiden Kreuzungspunkte ein Terminal.[427] Die Wahrscheinlichkeit, zwei Terminals auszuwählen, würde ca. 25% betragen. Somit würde man bei jeder vierten Kreuzung lediglich zwei Terminals vertauschen. Dieses unerwünschte Verhalten des Algorithmus vermeidet P_{rp}=10%. Hierdurch wird die Diversität und die Komplexität der durch Kreuzung erzeugten Bäume erhöht, da häufiger komplexe Unterbäume ausgetauscht werden.

Abbildung 4.27 fast die hier verwendeten Parametereinstellungen noch einmal zusammen. Sie wurden von Koza übernommen.[428] Koza hat sie zwar bei einer großen Anzahl verschiedenartiger Probleme erfolgreich getestet, es ist jedoch nicht ausgeschlossen, daß bei Verwendung anderer Parameterwerte bessere Ergebnisse erzielt werden.

Parameter		Wert	
Anzahl Generationen	= G	G	= 51
Generationsgröße	= MG	MG	= 500
Max. Tiefe der Individuen der ersten Generation	= MTG	MTG	= 6
Max. Tiefe der gekreuzten Individuen	= MTK	MTK	= 17
Wahrscheinlichkeit für Reproduktion [%]	= P_r	P_r	= 10
Wahrscheinlichkeit für Kreuzung [%]	= (100-P_r)	(100-P_r)	= 90
Auswahlwahrscheinlichkeit für Terminals [%]	= P_{rp}	P_{rp}	= 10
Auswahlwahrscheinlichkeit für Funktionen [%]	= (100-P_{rp})	(100-P_{rp})	= 90

Abb. 4.27 Empfohlene Parametereinstellungen

---

[427] In einem vollen Baum mit der Tiefe 17, bestehend aus Funktionen mit jeweils zwei Argumenten existieren z.B. $2^0+2^1+ ... +2^{16} = 131071$ Funktionen und $2^{17} = 131072$ Terminals.

[428] Vgl. Koza, 1992, S. 91 f. und Kap. 5.4.4.1 dieser Arbeit.

4.3.5.3 Entwurf konkreter Simulated Annealing Algorithmen mit Genetischer Programmierung

In diesem Kapitel werden drei neue Simulated Annealing Algorithmen mit Genetischer Programmierung vorgestellt. Beim ersten, TB1-92, wird die Genetische Programmierung als übergeordneter Algorithmus für das Simulated Annealing eingesetzt. Sie ist somit ein inhärenter Bestandteil von TB1-92. Im Gegensatz dazu benutzen die anderen beiden, TB2-92 und TB3-92, die Genetische Programmierung nur in der Designphase, um Erkenntnisse über die Form von Temperaturverläufen zu sammeln, mit denen das Simulated Annealing gute Ergebnisse erzielt. Für das eigentliche Simulated Annealing benötigen sie die Genetische Programmierung nicht mehr. Vor der Beschreibung der neu entwickelten Verfahren werden im folgenden zunächst einige allgemeine Designüberlegungen angestellt, die für alle drei Simulated Annealing Algorithmen von Bedeutung sind.

4.3.5.3.1 Allgemeine Designüberlegungen

Bei der Entwicklung der Simulated Annealing Algorithmen wurden im Vorfeld folgende Leistungsmerkmale definiert:
- der Algorithmus soll unabhängig von den Problemdaten gute Ergebnisse erzielen,
- $O(N^3)$ soll eine obere Schranke für die Rechenzeit darstellen,
- der Algorithmus soll vorzugsweise eine deterministische Laufzeit besitzen,[429]
- durch den Benutzer einzustellende Parameter sind nicht wünschenswert, d.h., falls der Algorithmus Parameter besitzt, sollten deren Werte entweder problemunabhängig sein oder durch den Algorithmus selbst bestimmt werden.

Natürlich sollen auch die bisher gewonnenen Erkenntnisse bei der Entwicklung der neuen Algorithmen verwendet werden. Damit ist zum einen die Problemdatennormierung angesprochen. Sie eliminiert die Abhängigkeit der Temperaturverläufe von der absoluten Höhe der Transportintensitäten und -entfernungen. Ein neu zu entwerfender Simulated Annealing Algorithmus sollte also grundsätzlich die Transportintensitäten und -entfernungen nach dem Einlesen auf den Bereich [0; 10] normieren. Zum anderen sollen aber auch die gewonnenen Erkenntnisse über die beste Art der Nachbarschaftssuche berücksichtigt werden. Da die Ergebnisse von Connolly und auch die selbst durchgeführten Experimente zeigen,[430] daß die sequentielle Nachbarschaftssuche der zufälligen überlegen ist und bei vergleichbarer Lösungsqualität gegenüber der ausschöpfenden zufälligen Nachbarschaftssuche Laufzeitvorteile besitzt, wird sie für die neuen Simulated Annealing Algorithmen generell verwendet.

---

[429] Falls dies nicht möglich ist, ist aufgrund von Experimenten zu zeigen, daß $O(N^3)$ eine obere Schranke für die Rechenzeit darstellt.

[430] Vgl. Connolly, 1990, S. 97 und Kap. 5.4.4.1 dieser Arbeit.

Zu den allgemeinen Designüberlegungen gehört schließlich auch die Wahl der Programmiersprache. Im vorigen Kapitel wurde bereits ausführlich besprochen, warum die Programmiersprache LISP besonders geeignet ist, um die bei der Genetischen Programmierung notwendigen Symbolischen Rechnungen durchführen zu können. LISP ist aber eine im Vergleich zu FORTRAN oder C sehr langsame Sprache. Vorexperimente von Thonemann[431] haben gezeigt, daß sie für rechenintensive Algorithmen, wie das Simulated Annealing, ca. fünfmal langsamer ist als C. Deshalb wurde der eigentliche Simulated Annealing Algorithmus in einer zweiten Programmiersprache - in C - programmiert.[432]

4.3.5.3.2 Simulated Annealing Algorithmus mit Genetischer Programmierung als übergeordneter Algorithmus (TB1-92)

Der in diesem Kapitel vorgestellte Algorithmus TB1-92 ist ein Simulated Annealing Algorithmus zur Lösung des QZP1, der die Genetische Programmierung benutzt, um den wichtigsten Parameter des Simulated Annealing, den Temperaturverlauf zu optimieren. Die Genetische Programmierung hat dabei die Aufgabe, den Simulated Annealing Algorithmus zu regeln. Die Regelgröße ist der Zielfunktionswert, die Stellgröße der Temperaturverlauf. Ziel ist es, für jedes QZP1 einen Temperaturverlauf zu finden, mit dem der verwendete Simulated Annealing Algorithmus eine möglichst geringe Kosten verursachende Zuordnung findet. Da TB1-92 ein heuristisches Verfahren ist, kann man nicht davon ausgehen, daß das globale Optimum gefunden wird. Die in Kapitel 5 durchgeführten Experimente zeigen aber, daß TB1-92 qualitativ sehr hochwertige Lösungen erzeugt.

Das in Abb. 4.28 dargestellte Flußdiagramm von TB1-92 läßt sich folgendermaßen verbal beschreiben: Der Simulated Annealing Algorithmus beginnt mit einer gegebenen oder zufällig erzeugten Anfangszuordnung $\bar{a}_0$.[433] Nach dem Einlesen der Problemdaten werden die Transportintensitäten und -entfernungen auf den Wertebereich [0;10] normiert, so daß gute Temperaturverläufe für verschiedene Probleme einfacher zu vergleichen sind.[434] Mit der Genetischen Programmierung wird dann zunächst eine erste Generation von MG=500 Individuen erzeugt. Jedes Individuum ist dabei nichts anderes als eine reellwertige Funktion mit einer unabhängigen Variablen, der Zeit t, und einer abhängigen Variablen, der Temperatur T_t. Der Wertebereich der mit $\psi, \zeta = 1(1)MG$ gekennzeichneten Individuen ist auf $[0;10^{10}]$ beschränkt.

---

[431] Vgl. Thonemann, 1992, S. 62.

[432] Falls erforderlich kommunizieren die beiden separaten Programme über Dateien.

[433] Alle Temperaturverläufe und alle Generationen benutzen die gleiche Anfangszuordnung.

[434] Zur Relevanz der Problemdatennormierung vgl. auch Kap. 4.3.5.3.3 dieser Arbeit.

Mit jedem dieser MG Temperaturverläufe wird dann der eigentliche Simulated Annealing Algorithmus genau einmal auf das QZP1 angewendet. Die dafür erforderliche Kommunikation der beiden separaten Programme erfolgt über Dateien. Das LISP Programm schreibt einen Temperaturverlauf in eine Datei D1, die dann vom C-Programm gelesen wird. Nach Anwendung des Simulated Annealing auf das QZP1 wird das Ergebnis über eine andere Datei D2 an das LISP-Programm zurückgegeben.

Bei dem eigentlichen Simulated Annealing Algorithmus, wird in Anlehnung an Connolly die Zahl der untersuchten Vertauschungen auf $W=50\frac{1}{2}N(N-1)$ festgelegt, um eine deterministische Laufzeit zu erreichen.[435] Außerdem wird die Temperaturverlaufslänge auf 500 und die Zahl der pro Temperatur untersuchten Vertauschungen auf $U(N)=\frac{1}{500}50\frac{1}{2}N(N-1)=\frac{1}{20}N(N-1)$ festgelegt. Somit sind die durch TB1-92 erzeugten Temperaturverläufe einfacher auf unterschiedliche Problemgrößen übertragbar.[436] Durch die Verwendung der konstanten Temperaturverlaufslänge von 500 wird bei gleicher Temperatur jeweils 10% der Nachbarschaft durchsucht (Größe der Nachbarschaft: $\frac{1}{2}N(N-1)$).

Die potentiellen Vertauschungspaare werden wie bei Connolly sequentiell ausgewählt. Falls eine paarweise Vertauschung die Kosten senkt, wird sie durchgeführt, falls nicht, wird sie mit einer durch (4.19) bestimmten Wahrscheinlichkeit akzeptiert. Nach jeder untersuchten Vertauschung - d.h. nach jedem Schleifendurchlauf - erfolgt eine Inkrementierung von t um Eins. Um nun nach jeweils U(N) Durchläufen die nächste Temperatur zu wählen, wird anders als bisher "t div U(N)" als Index des Temperaturverlaufs verwendet.[437]

Wurde der Simulated Annealing Algorithmus auf alle MG Individuen der ersten Generation angewendet, so wird durch die Anwendung genetischer Operationen die nächste Generation künstlicher Individuen (Temperaturverläufe) erzeugt. Die dafür benötigte Überlebens- bzw. Fortpflanzungswahrscheinlichkeit $FW(T_{SA}(t)\psi)$ wird auf der Basis der korrespondierenden Zielfunktionswerte $Z(T_{SA}(t)\psi)$ unter Berücksichtigung einer unteren Schranke LB gemäß (4.35) für alle Individuen berechnet. Die MG Individuen der nächsten Generation werden dann mit einer Wahrscheinlichkeit von $P_r=10\%$ durch Reproduktion, und einer Wahrscheinlichkeit von

---

[435] Vgl. Connolly, 1990, S. 96.

[436] Die konstante Länge ist bei TB1-92 nur von untergeordneter Bedeutung. Sie stellt jedoch eine große Erleichterung bei TB2-92 und TB3-92 dar. Dort werden die durch TB1-92 erzeugten Ergebnisse benutzt, um gute problemgrößenunabhängige Temperaturverläufe zu erzeugen.

[437] Falls U(N) nicht ganzzahlig ist, so wird mit "t div U(N)" sichergestellt, daß in wechselnden Sequenzen $\lfloor U(N)\rfloor$ oder $\lceil U(N)\rceil$ Vertauschungsversuche pro Temperatur durchgeführt werden.

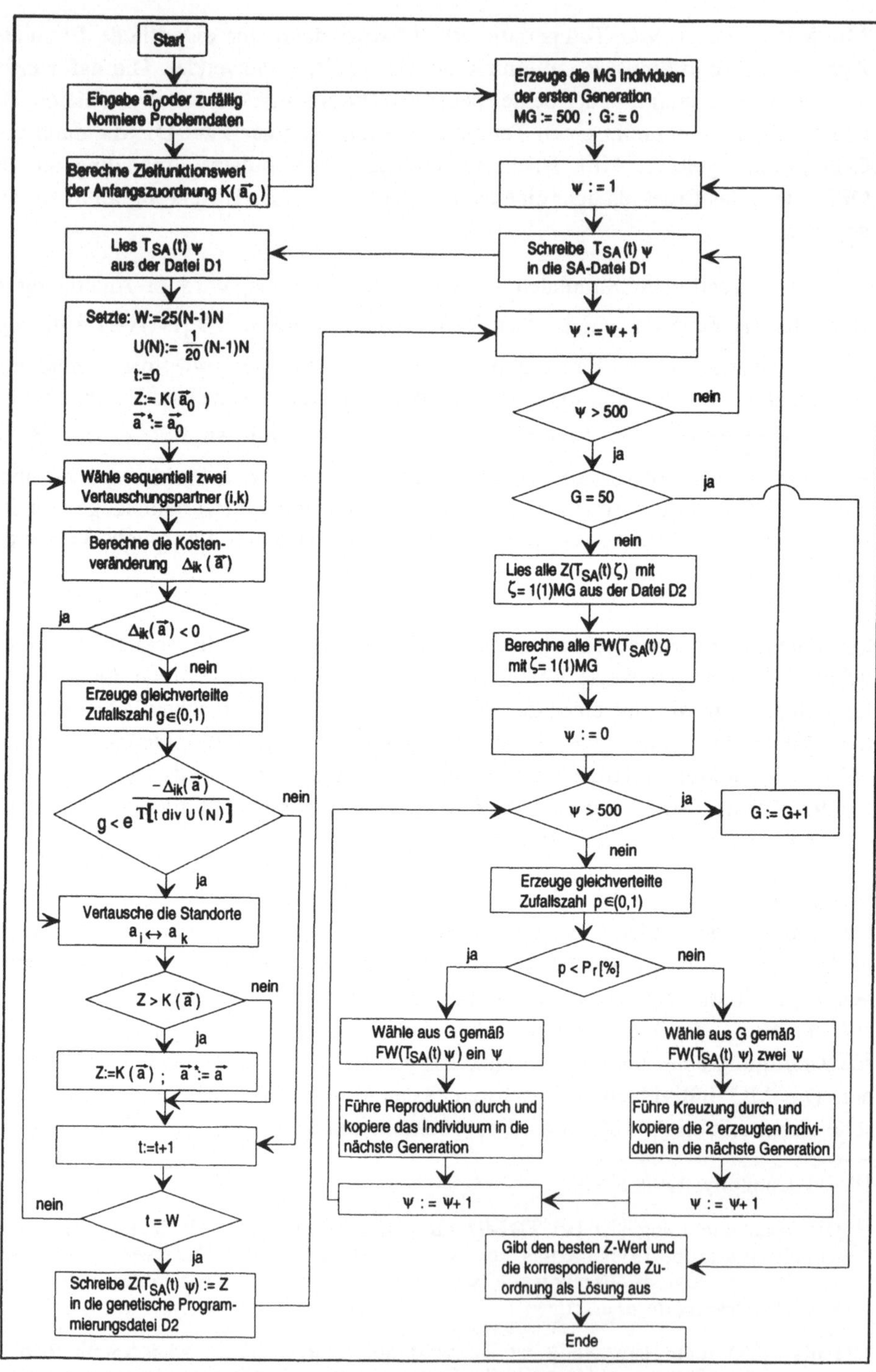

Abb. 4.28: Flußdiagramm des Simulated Annealing Algorithmus TB1-92

(1-P$_r$)=90% durch Kreuzung erzeugt. Durch die Benutzung von (4.35) werden bevorzugt hoch angepaßte Individuen für die Reproduktion und Kreuzung ausgewählt, d.h., deren Eigenschaften gehen mit einer hohen Wahrscheinlichkeit in die nächste Generation ein.

Wurde mit Hilfe der genetischen Operationen eine komplette Generation (MG=500) erzeugt, so wiederholt sich die beschriebene Prozedur, d.h., der eigentliche Simulated Annealing Algorithmus wird mit jedem neu erzeugten Temperaturverlauf wieder genau einmal angewendet usw. Der Algorithmus terminiert nach der 51. Generation mit der besten bisher gefundenen Lösung und der korrespondierenden Zuordnung (vgl. Abb. 4.28).

Da die Simulated Annealing Prozedur, unabhängig von der Problemgröße, 51·500=25.500 mal angewendet wird, beträgt die Gesamtlaufzeit von TB1-92 "25.500·T$_{SA}$+T$_{GP}$". 'Dabei bezeichnet T$_{SA}$ die Laufzeit der einmaligen Anwendung des Simulated Annealing und T$_{GP}$ die Gesamtlaufzeit der Genetischen Programmierung. Bei der Bestimmung von T$_{SA}$ kann man auf das Kap. 3.2.8 zurückgreifen. Dort wurde ausführlich hergeleitet, daß der Rechenaufwand für die Bestimmung der Kosten einer paarweisen Vertauschung O(N) beträgt. Wenn jeder Vertauschungsversuch diesen Aufwand verursacht und insgesamt 25·N·(N-1) Vertauschungen untersucht werden, so beträgt der Rechenaufwand bei einmaliger Anwendung des Simulated Annealing O(N^3). Die Rechenzeit der Genetischen Programmierung ist hingegen problemgrößenunabhängig, d.h. konstant. Der Gesamtrechenaufwand von TB1-92 beträgt demzufolge 25.500·O(N^3)+Konst.= O(N^3). Der Aufwand ist somit zwar wie gefordert O(N^3), doch ist er über 25.500 mal höher als z.B. der von Connolly.

Der Übersichtlichkeit halber sei bereits an dieser Stelle der Arbeit darauf hingewiesen, daß der hohe Rechenaufwand von TB1-92 seine Anwendung auf Probleme mittlerer Größenordnung beschränkt.[438] Der vorgestellte Algorithmus eignet sich aber hervorragend für die parallele Implementierung auf einem Multiprozessorsystem mit einer mittleren Anzahl von Pozessoren. Der Simulated Annealing Teil ist zwar inhärent sequentiell, die Genetische Programmierung dafür aber inhärent parallel. Ihre Parallelisierung ist bei TB1-92 sogar relativ einfach, weil die erforderlichen Simulated Annealing Läufe für alle MG=500 Individuen voneinander unabhängig sind, d.h., man kann sie gleichmäßig auf die vorhandenen Prozessoren verteilen und unabhängig voneinander durchführen. Der Programmteil der Genetischen Programmierung zur Erzeugung und Bewertung von Temperaturverläufen ist im Gegensatz dazu schwer parallelisierbar, so daß im folgenden darauf verzichtet wird. Somit ist der durch die Parallelisierung realisierbare Geschwindigkeitsgewinn GW in Abhängigkeit von der Zahl der verwendeten Prozessoren PRO gegeben durch:[439]

---

[438] Für ein Problem mit 50 Elementen beträgt die Laufzeit ca. 2 Tage auf einer SPARC 2.

[439] Dabei wird die HOST-Prozessor Kommunikationszeit vernachlässigt.

$$GW(PRO) = \frac{T_{GP} + 51 \cdot 500 \cdot T_{SA}}{T_{GP} + 51 \cdot \left\lceil \dfrac{500}{PRO} \right\rceil \cdot T_{SA}} \tag{4.36}$$

Das folgende Beispiel verdeutlicht den immensen Geschwindigkeitsgewinn. Die Rechenzeit für die einmalige Anwendung des Simulated Annealing auf ein Problem der Größe N=1000 beträgt auf einer SPARC 2 ca. 30.000 Sekunden (vgl. Kap. 5). Die problemgrößenunabhängige Gesamtlaufzeit der Genetischen Programmierung beträgt auf einer SPARC 2 ca. 2.500 Sekunden. Wenn ein Computer mit 500 Prozessoren eingesetzt würde, von denen jeder eine Rechenleistung hätte, die der einer SPARC 2 vergleichbar ist, so könnte die Rechenzeit von dem seriell implementierten TB1-92 für ein Problem der betrachteten Größe (N=1.000) von ca. 24,25 Jahren auf ca. 17,74 Tage reduziert werden, d.h., der in der beschriebenen Weise parallel implementierte TB1-92 wäre ca. 499 mal schneller als der seriell implementierte.

4.3.5.3.3 Simulated Annealing Algorithmus ohne Gleichgewichtstest mit verbessertem Temperaturverlauf (TB2-92)

Der in diesem Kapitel vorgestellte Simulated Annealing Algorithmus TB2-92 basiert primär auf den Erkenntnissen, die aus den Versuchen mit TB1-92 gezogen wurden. Daher ist es unumgänglich, auf einige der im Kapitel 5 dargestellten Versuchsergebnisse vorzugreifen. Erst anschließend wird der darauf basierende Algorithmus TB2-92 diskutiert.

Erkenntnisse aus den durchgeführten Experimenten
Zunächst wurden die durch TB1-92 erzeugten Temperaturverläufe untersucht. Trotz ihres sehr unterschiedlichen Erscheinungsbildes lassen sich einige Gemeinsamkeiten erkennen:

- Die Temperatur liegt den größten Teil der Zeit zwischen 0 und 15.
- Das System wird bei Problemen mit $M=N \geq 20$ mindestens einmal abgekühlt und wieder erhitzt.

Da mit diesen zwei Feststellungen noch kein Temperaturverlauf entwickelt werden konnte, der mit hoher Wahrscheinlichkeit für eine große Anzahl verschiedenartiger Probleme gute Ergebnisse erzielt, wurden weitere Versuche durchgeführt. Der wichtigste davon vermeidet eine "Schwachstelle" von TB1-92. Dort werden die erzeugten Temperaturverläufe jeweils nur auf ein Problem angewendet. Sie sind somit zwar sehr gut an das spezielle Problem angepaßt, eignen sich dafür aber wenig zur Generalisierung, d.h. die direkte Übertragung solcher Temperaturverläufe führt i.d.R. zu qualitativ minderwertigen Ergebnissen.[440]

---

[440] Die im Kapitel 5 durchgeführten Experimente bestätigen diese Aussage.

Um diesen Nachteil zu vermeiden, wird jeder Temperaturverlauf auf mehrere Probleme angewendet. Um einerseits eine genügend große Zahl von Problemen zu lösen, andererseits aber auch die Lösungszeit in einem vernünftigen Rahmen zu halten,[441] werden bei den hier durchgeführten Versuchen QZPs der Größe 12, 20 und 30 mit jeweils zwei unterschiedlichen Anfangszuordnungen verwendet. Pro QZP und Anfangszuordnung werden außerdem zwei Simulated Annealing Läufe mit verschiedenen Zufallszahlen durchgeführt. Insgesamt werden mit jedem Temperaturverlauf also 3·2·2=12 Simulated Annealing Läufe bearbeitet. Um die Anpassungswerte der einzelnen Temperaturverläufe zu berechnen, wird die durchschnittliche relative Abweichung der 12 mit dem jeweiligen Temperaturverlauf erzeugten Lösungen von der besten bekannten Lösung verwendet. Hierdurch wird vermieden, daß größere QZPs wegen der höheren Absolutwerte ihrer Zielfunktionswerte überbewertet werden.

Hier zeigt sich auch die Relevanz der Problemdatennormierung und der konstanten Temperaturverlaufslänge. In dem Versuch soll derselbe Temperaturverlauf auf Probleme unterschiedlicher Größe angewendet werden. Ohne die Verwendung einer problemgrößenunabhängigen (konstanten) Temperaturverlaufslänge, mit einer problemgrößenabhängigen Zahl von Vertauschungsversuchen je Temperatur $U(N)$, wäre dies wohl kaum möglich. Aber auch ohne vorherige Normierung der Problemdaten wäre die Lösung verschiedener Probleme mit demselben Temperaturverlauf wenig erfolgversprechend, da die verschiedenen QZPs mit einer hohen Wahrscheinlichkeit unterschiedliche optimale Temperaturen hätten. Werden die Problemdaten hingegen normiert, kann man sogar mit konstanten Temperaturen aus dem Wertebereich $T \in [4;8]$ für alle hier betrachteten Probleme relativ gute Lösungen erzeugen.[442] Im folgenden sei die untere Temperatur dieses Bereichs die untere kritische Temperatur und die obere die obere kritische Temperatur.

Da der Versuch, mit einem Temperaturverlauf verschiedenartige Probleme zu lösen, zu sehr vielen Temperaturverläufen führt, werden in dieser Arbeit nur diejenigen, die besonders gute Lösungen liefern, genauer untersucht. So werden aus den besten drei gefundenen Lösungen folgende Erkenntnisse für den Entwurf eines verbesserten Temperaturverlaufs gewonnen:

- Die Anfangstemperatur liegt über der unteren kritischen Temperatur.
- Die Temperatur schwingt um einen Wert, der zwischen der unteren und oberen kritischen Temperatur liegt.
- Die reale Form der Schwingung (Sinus, Rechteck, etc.) spielt keine besondere Rolle.
- Die Periodendauer beträgt ca. 60 Zeiteinheiten.
- Die Endtemperatur liegt deutlich über Null.

---

[441] Eine vernünftige Lösungszeit liegt im Bereich einiger Tage.

[442] Die durchschnittliche Abweichung von der besten bekannten Lösung liegt für die hier untersuchten QZPs im Temperaturbereich $T \in [4;8]$ unter 1% (vgl. Abb. 5.22).

Die wichtigste Erkenntnis, die aus dem Versuch gezogen werden kann, besteht aber darin, daß die "optimale" Form des Temperaturverlaufs mit hoher Wahrscheinlichkeit weder durch das von den meisten Autoren verwendete exponentielle Abkühlen noch durch die von Connolly[443] vorgeschlagene konstante Temperatur gegeben ist. Obwohl die Genetische Programmierung häufig auch Temperaturverläufe mit konstanten Temperaturen erzeugt, die zu guten Ergebnissen führen, wird in den durchgeführten Experimenten für Probleme mit $N \geq 20$ immer ein "schwingender" Temperaturverlauf gefunden, der bessere Ergebnisse liefert als eine konstante Temperatur. Die gleichen Beobachtungen gelten auch für die Form des exponentiellen Abkühlens. Auch hier sind die durch oszillierende Temperaturverläufe erzeugten Ergebnisse überlegen.

Simulated Annealing Algorithmus TB2-92

Aus den gewonnenen Erkenntnissen kann nun unter Berücksichtigung der im Kapitel 4.3.4.4 vorgestellten theoretischen Grundlagen über konvergierende Temperaturverläufe ein Simulated Annealing Algorithmus mit einem verbesserten Temperaturverlauf entworfen werden. Das Flußdiagramm ist in Abb. 4.29 dargestellt.

Da TB2-92 die Transportintensitäten und -entfernungen nach dem Einlesen auf den Wertebereich [0;10] normiert, kann eine problemdatenunabhängige Starttemperatur T_0 verwendet werden. Um T_0 zu bestimmen, wurden zusätzliche Experimente durchgeführt. Sie haben gezeigt, daß die Lösungsqualität bei vorheriger Problemdatennormierung relativ robust auf Änderungen der Anfangstemperatur reagiert. Für Anfangstemperaturen aus dem Wertebereich [8;13] waren keine signifikanten Unterschiede festzustellen.[444] In Anlehnung an Wilhelm und Ward[445] wird daher die Anfangstemperatur $T_0=10$ verwendet.

Der Simulated Annealing Algorithmus greift zunächst, in Anlehnung an Connolly, auf einen exponentiell verlaufenden Temperaturverlauf zurück.[446] Die Temperatur T_t wird gemäß $T_{t+1} = \frac{T_t}{1+\beta T_t}$ verändert. Dabei wird β so bestimmt, daß nach genau $W = H \cdot \frac{1}{2} N(N-1)$ Vertauschungsversuchen die Endtemperatur $T_f = T_{25N(N-1)} = 2$ erreicht würde.[447]

---

[443] Vgl. Connolly, 1990, S. 96.

[444] Wurde sie hingegen kleiner als 8 oder größer als 13 gewählt, so sank die Lösungsqualität.

[445] Vgl. Wilhelm/Ward, 1987, S. 111.

[446] Vgl. Connolly, 1990, S. 95 ff..

[447] Dabei gibt H die Anzahl der Nachbarschaften an, die untersucht werden sollen. In den durchgeführten Experimenten (vgl. Kap. 5.4.4.2) war H=250 (bzw. H=2.500). Die Berechnung von β erfolgt ansonsten gemäß (4.26).

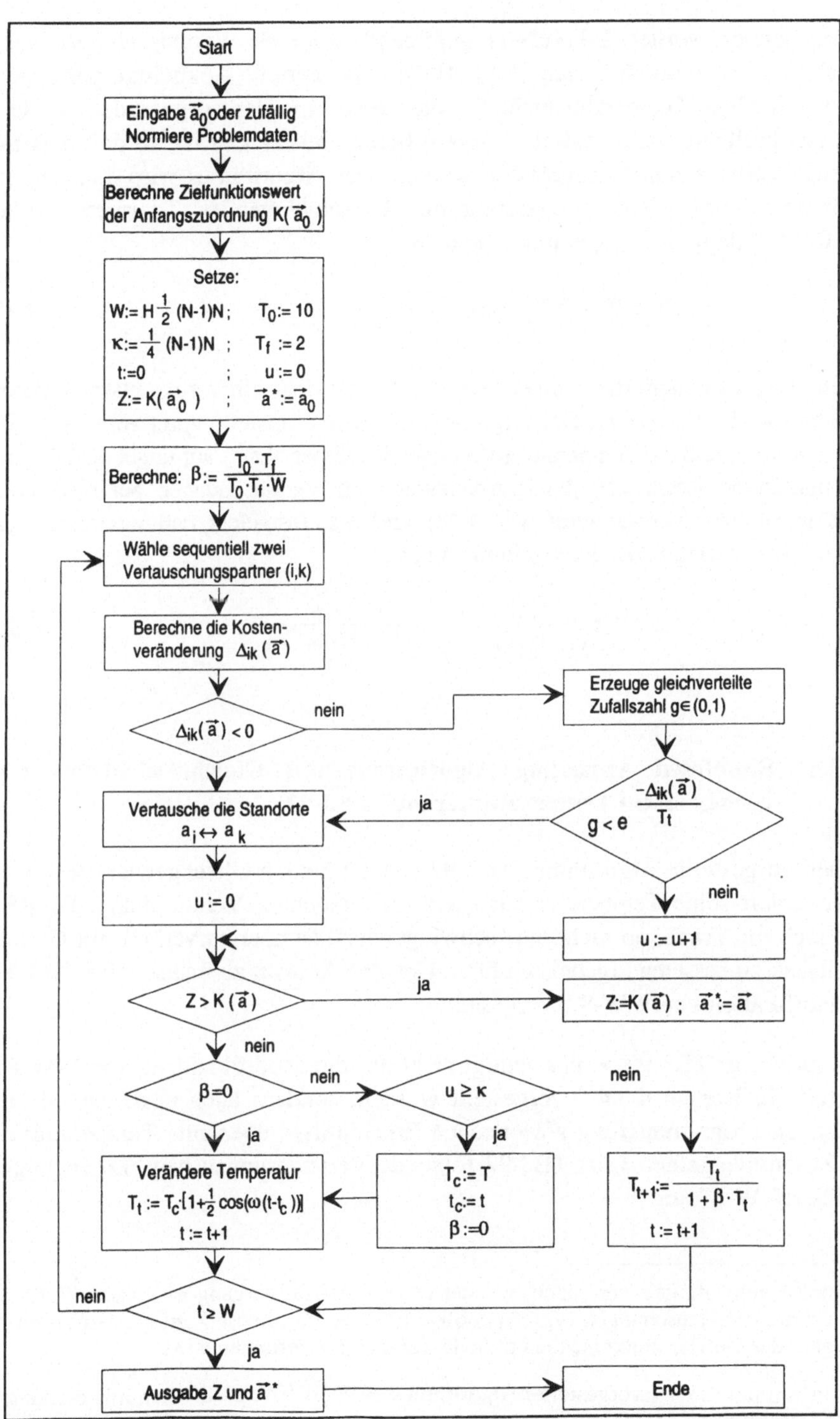

Abb. 4.29: Flußdiagramm des Simulated Annealing Algorithmus TB2-92

Werden jedoch vorher 1/4·N(N-1) aufeinanderfolgende Vertauschungsversuche abgelehnt, so wird durch Setzen von $\beta=0$ die exponentielle Abkühlung gestoppt.[448] Die so gefundene Temperatur heiße T_c, die Iteration in der sie gefunden wurde t_c. T_c ist ein Indikator dafür, daß das System bereits relativ kalt ist, so daß praktisch nur noch Verbesserungen zugelassen werden. Der Algorithmus wird dann bis zur Terminierung mit einem sinusförmig um T_c schwingenden Temperaturverlauf fortgeführt, indem die Temperatur T_t gemäß

$$T_t = T_c + \frac{1}{2}T_c(\cos(\omega(t-t_c))) \tag{4.37}$$

verläuft. Der so generierte Temperaturverlauf entspricht einer Kosinusschwingung mit einer Amplitude von T_c. Das Argument $t-t_c$ wurde anstelle von t verwendet, um sicherzustellen, daß die Temperatur sofort nach Erreichen von t_c auf ungefähr $1,5T_c$ ansteigt und keine Rechenzeit durch Ablehnung von Vertauschungen bei niedrigeren Temperaturen verschwendet wird. Mit (4.38) wird ω so festgelegt, daß maximal H/6,25 vollständige Schwingungen durchgeführt werden.

$$\omega = 2\pi\frac{8}{50\frac{1}{2}N(N-1)} = \frac{16p}{25\ N(N-1)} \tag{4.38}$$

4.3.5.3.4 Simulated Annealing Algorithmus mit Gleichgewichtstest und verbessertem Temperaturverlauf (TB3-92)

Der oben vorgestellte Algorithmus TB2-92 benutzt keinen Gleichgewichtstest, sondern verändert seine Temperatur nach jeder untersuchten Vertauschung. Es stellt sich jedoch die Frage, ob nicht ein "schwingender" Temperaturverlauf mit Gleichgewichtstest zu besseren Ergebnissen führt. Um eine Antwort zu finden, wird TB3-92, eine Modifikation von WW-87, vorgestellt.

Der Algorithmus TB3-92 berücksichtigt nicht nur die Modifikationen von WW-87, die bereits in Kapitel 4.3.4.7 vorgestellt wurden, sondern auch noch die mit der Genetischen Programmierung gewonnenen Erkenntnisse über gute Temperaturverläufe. Zusammengefaßt weist TB3-92 folgende Veränderungen bzw. Ergänzungen gegenüber WW-87 auf:[449]

---

[448] Connolly geht ähnlich vor, doch beendet er den Abkühlvorgang erst nach $\frac{1}{2}N(N-1)$ abgelehnten Vertauschungen (vgl. Connolly, 1990, S. 97). Diese Zahl ist aber so hoch, daß eher der Gefrier-punkt als die optimale Temperatur gefunden wird.

[449] Der in Kapitel 4.3.4.7 vorgestellte Algorithmus WWTB-92 enthält ebenfalls die ersten 3 der folgenden Änderungen.

- Anstatt der zufälligen wird die sequentielle Nachbarschaftssuche eingesetzt.

- Nach der Eingabe der Problemdaten werden dieTransportintensitäten und -entfernungen auf den Wertebereich [0;10] normiert.

- Als Parameter werden $\eta=200$, e=75 und $\varepsilon=0,01$ verwendet.[450]

- Nachdem das von Wilhelm und Ward vorgeschlagene Terminierungskriterium erfüllt ist,[451] wird der Algorithmus noch nicht beendet. Die Temperatur wird stattdessen um 37% erhöht, und der Algorithmus nach Initialisierung der Zähler weitergeführt.[452] Erst wenn die Temperatur in der beschriebenen Weise IT-mal (mit IT=4 bzw. IT=200) erhöht wurde, wird der Algorithmus beendet.

Die zuletzt genannte Modifikation stellt sicher, daß ein Temperaturverlauf entsteht, der insgesamt viermal abkühlt. Somit sind auch die über gute Temperaturverläufe gewonnenen Erfahrungen in den Algorithmus TB3-92 integriert. Da sich das Flußdiagramm von TB3-92 nur geringfügig von dem von WW-87 unterscheidet, wird es an dieser Stelle nicht mehr graphisch dargestellt.[453]

---

[450] Zur Definition der Parameterwerte vgl. Kap. 4.3.4.5 dieser Arbeit.

[451] Zum Terminierungskriterium von Wilhelm und Ward vgl. Kap. 4.3.4.5 dieser Arbeit.

[452] Da WW-87 von einer Temperatur zur nächsten um jeweils 10% abkühlt, muß die Temperatur um ca. 37% steigen, wenn drei Abkühlungen rückgängig gemacht werden sollen.

[453] Vgl. dazu Abb. 4.19.

5. Analyse der Lösungsverfahren

Die Leistungsbeurteilung der in dieser Arbeit diskutierten Algorithmen erfolgt auf der Grundlage eines experimentellen Ansatzes. Dazu werden die Algorithmen wie in Kap. 5.1. beschrieben auf insgesamt 15 Testprobleme angewandt und anhand der in Kap. 5.2 vorgestellten Kriterien bewertet. In Kap. 5.3 erfolgt dann zunächst die Analyse der Verfahren zur Erzeugung eines Layouts. Dabei werden für die Verfahren sowohl die Originalversionen als auch die verschiedenen Modifikationen untersucht. Anschließend werden in Kap. 5.4 die Verfahren zur Verbesserung eines Layouts untersucht. Auch hier erfolgt zunächst ein Vergleich der aus der Literatur bekannten Verfahren. Danach werden die verschiedenen Modifikationen und die drei neu vorgestellten Simulated Annealing Algorithmen analysiert. Eine abschließende Zusammenfassung der Untersuchungsergebnisse erfolgt im Kap. 5.5.

5.1 Versuchsbeschreibung

Die Beurteilung der Lösungsgüte heuristischer Verfahren kann prinzipiell auf der Grundlage eines theoretischen und eines experimentellen Ansatzes erfolgen. Beim theoretischen Ansatz wird die von konkreten Datenkonstellationen unabhängige Worst-Case-Lösungsgüte bestimmt.[454] Darauf wird in dieser Arbeit jedoch verzichtet, da die tatsächlich zu erreichende Lösungsgüte in der Regel viel zu schlecht geschätzt wird, weil der theoretische Ansatz von der im ungünstigsten Fall auftretenden maximalen Abweichung des Zielwertes der heuristischen Lösung vom optimalen Zielwert ausgeht.

Im Gegensatz dazu basiert der hier gewählte experimentelle Ansatz zur Bestimmung der Lösungsgüte auf der Lösung konkreter Problemstellungen. Die Datenkonstellationen können dabei der Literatur entnommen sein, von praxisrelevanten Problemen stammen oder durch einen geeigneten Zufallsmechanismus erzeugt werden. Datenkonstellationen aus der Praxis wären zwar wünschenswert, stehen aber nur in sehr geringer Zahl zur Verfügung, so daß sich Aussagen über die Lösungsgüte der untersuchten Verfahren im allgemeinen nicht ableiten lassen. Speziell konstruierte Beispiele können im Gegensatz dazu mit einem Zufallsmechanismus relativ einfach in sehr großer Zahl erzeugt werden. Bei ihnen besteht aber insbesondere die Gefahr der Konstruktion von für einzelne Verfahren besonders vorteilhaften Datenkonstellationen. Daher beschränkt sich die vorliegende Arbeit nur auf die in der Literatur zu Testzwecken üblicherweise benutzten Problemdaten. Da die meisten Autoren der hier untersuchten Verfahren diese Probleme ebenfalls verwenden,[455] dürfte auch keines der hier untersuchten Verfahren bevorzugt oder benachteiligt sein.[456]

---

[454] Vgl. zur Worst-Case-Lösungsgüte z.B. Garey/Johnson, 1979, S. 121 ff..

[455] Vgl. Wilhelm/Ward, 1987, S. 107 - 119; Connolly, 1990, S. 93 - 100; Skorin-Kapov, 1990, S. 33 - 45; Taillard, 1991, S. 443 - 455.

[456] Ansonsten müßte man sich der Kritik stellen, daß evtl. erforderliche Parametereinstellungen bei den Verfahren aus der Literatur nicht sorgfältig genug durchgeführt wurden.

Folgende Problemdaten wurden aus der Literatur gewählt: Ein quadratisches Zuordnungsproblem der Größe 12 aus Hillier (H12),[457] zwei der Größe 20 und 30 aus Nugent et al. (NVR20 und NVR30),[458] sieben der Größe 42, 49, 56, 64, 72, 81 und 90 aus Skorin-Kapov (SK42, ..., SK90),[459] zwei der Größe 50 und 100 aus Wilhelm und Ward (WW50 und WW100),[460] sowie drei vom Autor selbst erzeugte Probleme der Größe 30, 40 und 150 (TB30, TB40 und TB150).

In Abb. 5.1 sind die wesentlichen Eigenschaften der untersuchten Probleme überschaubar zusammengefaßt. Der in der ersten Spalte angegebene Schlüssel wird im folgenden zur Bezeichnung der Probleme verwendet. Die in der zweiten Spalte angegebene Standortträgerabmessung (Länge × Breite) determiniert die Entfernungsmatrix D.[461] Der Transportintensitätsbereich gibt Auskunft über den minimalen und den maximalen t_{ik}-Wert in der Transportintensitätsmatrix T. Besonders interessante Problemeigenschaften sind der Anteil der Nullen in T und die sogenannte Flußdominanz FD(T). Vor allem die zuletzt genannte Flußdominanz FD(T) gilt als wichtiger Indikator für den Schwierigkeitsgrad eines quadratischen Zuordnungsproblems. Sie errechnet sich aus dem Quotienten der Standardabweichung σ_t zu dem Mittelwert $\bar{t}$ der Transportintensitäten:[462]

$$FD(T) = \frac{\sigma_t}{\bar{t}} \qquad \text{mit} \tag{5.1}$$

$$\sigma_t = \sqrt{\frac{1}{M^2} \sum_{i=1}^{M} \sum_{k=1}^{M} \left(t_{ik} - \bar{t}\right)^2} \tag{5.2}$$

$$\bar{t} = \frac{1}{M^2} \sum_{i=1}^{M} \sum_{k=1}^{M} \left(t_{ik}\right) \tag{5.3}$$

---

[457] Vgl. Hillier, 1963, S. 33 - 40.

[458] Vgl. Nugent et al. 1968, S. 167 ff..

[459] Vgl. Skorin-Kapov, 1990, S. 40 ff.. Für die Übermittlung der Daten per E-mail sei Jadranka Skorin-Kapov nochmals gedankt. Mühsame und fehleranfällige Eingabearbeiten waren somit nicht erforderlich.

[460] Wilhelm und Ward senden die Problemdaten auf Anfrage zu. An dieser Stelle sei ihnen dafür nocheinmal gedankt.

[461] Alle Autoren gehen von einer rechtwinkligen Entfernungsmessung aus.

[462] Zur Berechnung der Flußdominanz vgl. Vollmann/Buffa, 1966, S. 450 - 468. Bei genauer Betrachtung von (5.1) wird deutlich, daß es sich um nichts anderes handelt als den Variationskoeffizienten der Transportintensitäten. Zur Definition des Variationskoeffizienten vgl. z.B. Law/Kelton, 1991, S. 359.

182

Problem-schlüssel	Standort trägerab-messung[463]	Transport-intensitäts-bereich	Anteil Nullen in T in %	Fluß-dominanz FD(T) in %	beste bekannte Lösung[464]
H12	3 × 4	[0; 10]	33%	108%	289*
NVR20	4 × 5	[0; 10]	26%	99%	1.285*
NVR30	5 × 6	[0; 10]	33%	109%	3.062*
TB30	3 × 10	[0; 250]	50%	134%	74.968
TB40	5 × 8	[0; 250]	60%	153%	120.271
SK42	6 × 7	[0; 10]	32%	108%	7.906*
SK49	7 × 7	[0; 10]	32%	109%	11.693*
WW50	5 × 10	[0; 9]	10%	64%	24.408*
SK56	7 × 8	[0; 10]	32%	110%	17.229*
SK64	8 × 8	[0; 10]	32%	108%	24.249*
SK72	8 × 9	[0; 10]	31%	107%	33.128
SK81	9 × 9	[0; 10]	31%	107%	45.504
SK90	9 × 10	[0; 10]	31%	107%	57.767
WW100	10 × 10	[0; 9]	10%	63%	136.522
TB150	10 × 15	[0; 250]	58%	147%	4.067.669

Abb. 5.1: Wichtige Eigenschaften der untersuchten Probleme

Eine geringe Flußdominanz bedeutet, daß die Transportintensitäten nur schwach um den Mittelwert schwanken. Solche Probleme sind relativ einfach zu lösen, da sehr viele Zuordnungen existieren, deren Zielfunktionswerte nahe dem Optimum liegen. So sind bei einer Flußdominanz von Null alle Zuordnungen optimal.[465] Probleme mit hoher Flußdominanz haben entsprechend weniger Zuordnungen, deren Zielfunktionswerte in der Nähe des Optimums liegen. Daher sind sie i.d.R. schwieriger zu lösen.

In der Abb. 5.1 ist deutlich zu erkennen, daß die Probleme aus der Literatur nur eine geringe bis mittlere Flußdominanz besitzen. Für die Analyse der Lösungsverfahren sind aber auch Probleme mit hoher Flußdominanz interessant. Da solche Probleme in der Literatur nicht zu finden sind, wurden zusätzlich die Probleme TB30, TB40 und TB150 erzeugt und untersucht. Um die gewünschten Problemstrukturen zu erhalten, erfolgte die Generierung der Transportintensitäten zum einen durch Verwendung von Zufallszahlen aus dem Wertebereich [0;250]. Zum anderen sind 50% bzw. 60% der zufällig erzeugten Transportintensitäten nachträglich auf Null gesetzt

---

[463] In Rastereinheiten gemessen.

[464] Die mit einem Stern (*) gekennzeichneten Zielfunktionswerte sind entweder nachweislich optimal oder sehr wahrscheinlich optimal (Vgl. dazu Taillard, 1991, S. 452).

[465] Bei einer Flußdominanz von Null sind alle t_{ik}-Werte der Matrix T (mit $i \neq k$) gleich groß.

worden, um nicht nur die Flußdominanz (vgl. Abb. 5.1), sondern auch den Anteil der Nullen in T, im Vergleich zu den Testproblemen aus der Literatur, zu erhöhen. Die Auswahl dieser Intensitäten erfolgte zufällig. Der Prozentsatz der Nullen in der Transportintensitätsmatrix zeigt an, zwischen welchem Anteil von Elementen keine Transportbeziehungen bestehen. Obwohl die Struktur der so erzeugten Probleme durchaus praxisrelevant ist, sind manche Algorithmen aus der Literatur mit der Lösung solcher Probleme überfordert.

Die optimalen bzw. besten bisher bekannten Zielfunktionswerte sind in Abb. 5.1 ebenfalls angegeben, da sie für die Abschätzung der Lösungsgüte sehr wichtig sind.[466] Die genannten Werte wurden entweder Taillard entnommen oder selbst erzeugt.[467]

Bei den durchzuführenden Experimenten ist zu unterscheiden, ob der Algorithmus deterministisch oder stochastisch ist. Stochastische Algorithmen können mehrfach auf das gleiche Problem angewandt werden, um unterschiedliche Lösungen zu erzeugen. Um diesen Vorteil zu nutzen, werden sie in dieser Arbeit generell dreimal mit verschiedenen Zufallszahlen auf ein bestimmtes Problem angewandt und nur der beste der drei Läufe als Lösung deklariert.[468] Ein Vergleich solcher Lösungen zur Leistungsbeurteilung verschiedener Verfahren ist aufgrund zufälliger Schwankungen aber immer noch wenig aussagekräftig. Bei stochastischen Algorithmen empfiehlt es sich vielmehr, über mehrere Lösungen gemittelte Ergebnisse zu vergleichen. In dieser Arbeit erfolgt diese Durchschnittswertbildung bei Problemen bis zur Größe N=30 über 25 Lösungen und bei Problemen größer N=30 aufgrund limitierter Computerressourcen über 10 Lösungen. Somit sind bei Problemen bis zur Größe N=30 jeweils 75 Läufe (3·25) und bei Problemen größer N=30 jeweils 30 Läufe (3·10) notwendig.

5.2 Bewertungskriterien

Bei der Analyse und Beurteilung heuristischer Verfahren sind zwei Aspekte von besonderer Bedeutung: der Rechenaufwand der Verfahren und die erreichbare Lösungsgüte.[469] Sowohl für den Rechenaufwand als auch für die erreichbare Lösungsgüte kann man verschiedene Maßzahlen berechnen. Um eine möglichst fundierte Beurteilung der Verfahren zu ermöglichen, werden in dieser Arbeit primär drei Beurteilungskriterien verwendet. Sie lauten:

---

[466] Manche Autoren verzweifachen den Zielfunktionswert, wenn die Matrix D symmetrisch ist.

[467] Für die selbst erzeugten Probleme konnten die besten Lösungen für die untersuchten Probleme nicht Taillard, 1991, S. 452 entnommen werden.

[468] Die angegebene Lösungszeit ist dementsprechend mit drei zu multiplizieren.

[469] Der Speicherplatzbedarf ist für die hier untersuchten Verfahren unkritisch, da die im Kap. 3.2.8 diskutierte Vorberechnung nicht implementiert wurde.

184

Rechenaufwand:

Der Rechenaufwand kann durch die tatsächliche Rechenzeit oder das O-Kalkül der Algorithmen bestimmt werden. Die gemessene Rechenzeit ist jedoch sehr stark von dem eingesetzten Hardware-Software-System und den vorgegebenen · Planungsproblemen abhängig. Sie besitzt aber den Vorteil, daß der bei der Lösung tatsächlich aufgetretene Rechenzeitbedarf bekannt ist. Darum wird die Rechenzeit im folgenden auch angegeben, und zwar jeweils für einen Lauf auf einer SPARC 2.[470]

Interessanter als die Rechenzeiten für einzelne speziell untersuchte Probleme sind aber globale Aussagen über den Rechenaufwand eines Algorithmus. Daher wird in dieser Arbeit zusätzlich zur tatsächlich festgestellten Rechenzeit das O-Kalkül der Algorithmen abgeschätzt, um zu zeigen, wie der Rechenaufwand unabhänig von konkreten Datenkonstellationen mit der Problemgröße ansteigt. Bei Algorithmen mit deterministischem Rechenaufwand kann diese Aufwandsabschätzung ex-ante durchgeführt werden, bei Algorithmen mit nicht deterministischem Aufwand jedoch nur ex-post aufgrund der Versuchsergebnisse. Deshalb wird bei allen untersuchten Algorithmen eine Regressionsanalyse durchgeführt, um den Rechenaufwand abzuschätzen.[471] Als Kurvenform für den Rechenaufwand wird dabei

$$O(N) = a \cdot N^b \tag{5.4}$$

unterstellt. Die Berechnung von a und b erfolgt auf der Grundlage der bei Problemen unterschiedlicher Größe gemessenen Rechenzeiten. Es sei darauf hingewiesen, daß das Ergebnis der Regressionsanalyse nur eine Abschätzung des Rechenaufwandes ist, da lediglich 14 Wertepaare [O(N); N] zur Verfügung stehen. Die Abschätzung ist aber als hinreichend genau anzusehen.

Abweichung der Lösung von der besten bekannten Lösung:

In der Literatur wird als primäres Bewertungskriterium der Lösungsqualität die prozentuale Abweichung der Lösung von der besten bekannten Lösung verwendet. Der Algorithmus mit der geringsten prozentualen Abweichung wird als der qualitativ beste betrachtet. Dieses Kriterium ist zwar aussagekräftiger als die absolute Abweichung der Lösung von der besten bekannten Lösung, es ist aber trotzdem nur bei deterministischen Verfahren empfehlenswert. Um aussagekräftige Ergebnisse über probabilistische Algorithmen zu erhalten, empfiehlt es sich, über mehrere Lösungen gemittelte Ergebnisse zu vergleichen, d.h. bei stochastischen Algorithmen wird nicht die prozentuale Abweichung, sondern die durchschnittliche prozentuale Ab-

---

[470] Alle Algorithmen wurden mit GNU-C übersetzt und laufzeitoptimiert. Bei TB1-92 wurde zusätzlich Lucid-LISP Version 4.0 verwendet.

[471] Bei Algorithmen mit deterministischem Rechenaufwand zeigte sich, daß die ex-ante durchgeführte Aufwandsbestimmung nur geringfügig von der ex-post durchgeführten Abschätzung abweicht.

weichung der Lösungen von der besten bekannten Lösung als Beurteilungskriterium verwendet. Der probabilistische Algorithmus mit der geringsten durchschnittlichen prozentualen Abweichung wird als der qualitativ beste betrachtet.

Das zuletzt genannte Kriterium liefert i.d.R. zwar recht gute Informationen über die Güte eines Algorithmus, es kann aber auch zu Fehlentscheidungen führen, da die Verteilung der Lösungen unberücksichtigt bleibt. So ist z.B. nicht zu erkennen, ob ein Algorithmus häufig sehr gute, sporadisch aber auch sehr schlechte Ergebnisse liefert, oder ob er durchgehend fast gleichgute Lösungen erzeugt. Darum wird bei stochastischen Verfahren zusätzlich die Streuung s_Z und der Anteil der Lösungen, die weniger als 1% von der besten bisher bekannten Lösung abweichen, $opt_{1\%}$, berechnet. Der Wert für $opt_{1\%}$ gibt gleichzeitig die Wahrscheinlichkeit an, daß eine durch den Algorithmus erzeugte Lösung nicht mehr als 1% über der besten bekannten Lösung liegt.

Wenn nun ein Algorithmus A bei unterschiedlichen Problemgrößen nicht nur eine geringere durchschnittliche prozentuale Abweichung, sondern auch eine geringere Streuung s_Z und einen höheren Wert für $opt_{1\%}$ aufweist als Algorithmus B, so kann zwar auf eine Überlegenheit von A über B geschlossen werden, aufgrund der endlich großen Stichproben und der probabilistischen Natur der Algorithmen kann es aber trotzdem vorkommen, daß der Algorithmus A eine größere durchschnittliche prozentuale Abweichung, eine größere Streuung oder einen niedrigeren Wert für $opt_{1\%}$ erzeugt als Algorithmus B. Um trotz solcher Problematiken zu einer eindeutigen Bewertung der Algorithmen zu gelangen, werden statistische Verfahren eingesetzt.

Vorzeichentest:
Das wohl aussagekräftigste Vergleichskriterium zweier Algorithmen wäre ein Konfidenzintervall für die Differenz ihrer Zielfunktionswerte. Ein Konfidenzintervall ist jedoch nur gültig, wenn die Differenzen den gleichen Mittelwert haben.[472] Diese Bedingung ist hier nicht erfüllt, da die absoluten Abweichungen der Lösungen von der besten bekannten Lösung und somit auch die absoluten Differenzen zwischen den Zielfunktionswerten mit der Problemgröße steigen.[473] Leider ist auch die Berechnung eines Konfidenzintervalls, das angibt, um wieviel Prozentpunkte die Lösungen von Algorithmus A mehr von der besten bekannten Lösung abweichen als die von Algorithmus B, unzulässig, da die Lösungsqualität beim Simulated Annealing tendenziell mit der Problemgröße steigt, so daß die prozentuale Abweichung mit steigender Problemgröße fällt.[474]

---

[472] Vgl. Law/Kelton, 1991, S. 586 - 589.

[473] Vgl. z.B. Connolly, 1990, S. 95.

[474] Vgl. Bonomi/Lutton, 1986, S. 295 - 300.

Deshalb wird in dieser Arbeit ein Test benutzt, der von weniger restriktiven Annahmen ausgeht. Es ist der sogenannte Vorzeichentest, den bereits Nugent et al. zum Vergleich verschiedener Algorithmen zur Lösung des quadratischen Zuordnungsproblems einsetzen.[475] Im Gegensatz zu anderen Tests gestattet er auch bei niedrigen Stichprobenumfängen den Vergleich zweier Verteilungen.[476] Bei der folgenden Beschreibung des Vorzeichentests kennzeichnet:

Z_i^A	den Zielfunktionswert der i-ten Lösung, wenn Algorithmus A benutzt wird,
$W(Z^A\!<\!Z^B)$	die Wahrscheinlichkeit, daß die mit Algorithmus A erzielte Lösung besser ist als die mit Algorithmus B erzielte,
H_0	die Nullhypothese als die statistische Formulierung der zu prüfenden Hypothese,
H_1	die Gegenhypothese als die jeweils relevante Alternative der Nullhypothese,
$I(O)$	die Anzahl der Probleme, die mit beiden Algorithmen gelöst werden,
$I(R)$	die Anzahl der Probleme, für die die beiden zu vergleichenden Algorithmen ungleich große Zielfunktionswerte berechnen (d.h. $Z_i^A \neq Z_i^B$),
$D_{I(R)}$	die Anzahl der Probleme, bei denen $Z_i^A < Z_i^B$ ist,
$C_{I(R)}$	die Annahmekennzahl, die mit $D_{I(R)}$ verglichen wird, um festzustellen, ob die Nullhypothese verworfen wird,
α	das a priori festgelegte Signifikanzniveau als die Wahrscheinlichkeit dafür, daß H_0 verworfen wird, obgleich H_0 zutrifft,
$z_{1-\alpha}$	Stelle, an der die Verteilungsfunktion von z den Wert $1-\alpha$ annimmt.

Ziel des Vorzeichentests ist die Überprüfung der Behauptung, daß ein bestimmter Algorithmus bessere Lösungen erzielt als ein anderer. Zu diesem Zweck ist die zu prüfende Behauptung, unabhängig von einer bereits vorliegenden Stichprobenrealisation, als Nullhypothese H_0 und die jeweils relevante Alternative als Gegenhypothese H_1 festzulegen. Dabei ist darauf zu achten, daß die Nullhypothese die Negation der Behauptung ist, die durch den statistischen Test nachgewiesen werden soll, da lediglich die Verwerfung der Nullhypothese eine statistisch gesicherte Entscheidung darstellt.[477] Wenn bei der hier gegebenen Problemstellung vermutet wird, daß Algorithmus A besser ist als Algorithmus B, dann lautet die Nullhypothese[478]

$$H_0\!: \ W(Z^A < Z^B) \leq W(Z^A > Z^B) \tag{5.5}$$

---

[475] Vgl. Nugent et al., 1968, S. 160 ff. An dieser Stelle sei auch darauf hingewiesen, daß die Annahmen für den aussagekräftigeren Vorzeichen-Rang-Test ebenfalls nicht erfüllt sind.

[476] Vgl. Bamberg/Baur, 1982, S. 205.

[477] Mit anderen Worten, der "Nachweis" ist genau dann erfolgt, wenn H_0 abgelehnt wird.

[478] Es wird also nur ein einseitiger Test durchgeführt (vgl. dazu Schwarze, 1986, S. 199).

und die Gegenhypothese

$$H_1: \quad W(Z^A < Z^B) > W(Z^A > Z^B) \tag{5.6}$$

Die Überprüfung dieser Hypothesen setzt zunächst einmal voraus, daß zwei einfache Stichproben gleichen Umfangs vorliegen, d.h. vor der Durchführung der Tests sind jeweils I(O) Probleme mit beiden Algorithmen zu lösen. Dabei ist in dieser Arbeit darauf zu achten, daß der Wert für I(O) von der Art der zu vergleichenden Algorithmen abhängt. Bei deterministischen Verfahren hat die Stichprobe einen Umfang von I(O)=15, bei stochastischen hingegen einen Umfang von I(O)=210. Diese Werte ergeben sich wie folgt:

Deterministische Verfahren ermitteln bei wiederholter Anwendung auf dasselbe Problem stets dieselbe Lösung. Infolgedessen wird jeder von ihnen auch nur einmal auf die 15 in Kap. 5.1 genannten Testprobleme angewandt, so daß die Stichprobe genau 15 Lösungen bzw. Zielfunktionswerte umfaßt. Im Gegensatz dazu, führen stochastische Algorithmen bei wiederholter Anwendung auf dasselbe Problem i.d.R. zu unterschiedlichen Lösungen. Um trotzdem aussagekräftige Ergebnisse zu erhalten, werden sie mehrfach zur Bearbeitung eines Problems eingesetzt. Wie in Kap. 5.1 beschrieben, werden hier für die 4 Probleme der Größe N≤30 jeweils 25 Lösungen sowie für die 11 Probleme der Größe N>30 jeweils 10 Lösungen ermittelt, so daß die Stichprobe genau 4·25+11·10=210 Lösungen bzw. Zielfunktionswerte umfaßt.[479]

Bei dem Experiment ist außerdem darauf zu achten, daß die beiden Algorithmen bei dem i-ten Versuch auf das gleiche Problem angewandt werden, da der Test von einer verbundenen Stichprobe ausgeht.[480] Die Problemdaten können jedoch von Versuch zu Versuch unterschiedlich sein.

Der einzige a priori festzulegende Parameter beim Vorzeichentest ist das sogenannte Signifikanzniveau α. Es bestimmt die Wahrscheinlichkeit, die der Anwender für die Fehlentscheidung zulassen will, daß H_0 zu Unrecht abgelehnt wird. In dieser Arbeit wird $\alpha=1\%$ gewählt.[481]

---

[479] Da jede Lösung drei Läufe erfordert, sind für jeden stochastischen Algorithmus insgesamt 630 Läufe durchzuführen.

[480] Vgl. Schwarze, 1988, S. 238.

[481] Dies ist ein durchaus gebräuchlicher Wert für α (vgl. z.B. Bamberg/Baur, 1982, S. 180 und S. 197).

Bei der Auswertung der Stichprobe wird nun zunächst die Testgröße $D_{I(R)}$ ermittelt. Sie gibt die Anzahl der Stichprobenpaare (Z_i^A, Z_i^B) mit $Z_i^A \neq Z_i^B$ an,[482] bei denen $Z_i^A < Z_i^B$ ist.[483]

$$D_{I(R)} = \sum_{i=1}^{I(R)} \text{sign}\left(Z_i^B - Z_i^A\right) \tag{5.7}$$

Ist die Nullhypothese richtig formuliert, so ist die Testgröße $D_{I(R)}$ binomialverteilt, und zwar mit einem Stichprobenumfang $n=I(R)$ und einem Anteilswert in der Grundgesamtheit $\pi=0,5$ als Parameter. Mit anderen Worten, $D_{I(R)}$ ist eine $B(n;0,5)$-verteilte Zufallsvariable. Für größere Stichprobenumfänge, $I(R)>36$, kann die Binomialverteilung aber auch durch eine $N(\frac{I(R)}{2}; \sqrt{\frac{I(R)}{4}})$-Verteilung approximiert werden, d.h. bei $I(R)>36$ ist $D_{I(R)}$ mit einem Erwartungswert $\mu=\frac{I(R)}{2}$ und einer Standardabweichung $\sigma=\sqrt{\frac{I(R)}{4}}$ näherungsweise normalverteilt.

Einer der wichtigsten Schritte beim Vorzeichentest ist aber wohl die Berechnung der sogenannten Annahmekennzahl $C_{I(R)}$. Sie kennzeichnet den maximalen Wert, den $D_{I(R)}$ annehmen darf, ohne daß die Nullhypothese verworfen wird. Die konkrete Berechnung von $C_{I(R)}$ ist von dem Stichprobenumfang abhängig. Bei $I(R)\leq 36$ ist $C_{I(R)}$ aus der Tabelle der Binomialverteilung für $n=I(R)$ so zu bestimmen, daß für die Verteilungsfunktion F von $C_{I(R)}$ gilt:

$$F(C_{I(R)}) \geq 1-\alpha \quad \text{und} \quad F(C_{I(R)}-1) < 1-\alpha \tag{5.8}$$

Im Gegensatz dazu errechnet sich $C_{I(R)}$ bei $I(R)>36$ durch

$$C_{I(R)} = \frac{I(R)}{2} + \left(\frac{1}{2} + z_{1-\alpha} \cdot \sqrt{\frac{I(R)}{4}}\right) \tag{5.9}$$

Die Stelle, an der die Verteilungsfunktion von z den Wert $1-\alpha$ annimmt, ergibt sich in (5.9) aus der Normalverteilungstabelle.[484] Bei dem hier verwendeten Signifikanzniveau von $\alpha=1\%$ ist $z_{0,99}=2,326$.

---

[482] Die Stichprobenpaare, bei denen $Z_i^A=Z_i^B$ ist, bleiben unberücksichtigt, da der Test davon ausgeht, daß $W(Z^A=Z^B)=0$ ist. Der Stichprobenumfang $I(O)$ ist um die entsprechende Anzahl auf $I(R)$ zu reduzieren.

[483] Bei der Formel (5.7) ist zu beachten, daß die sign-Funktion in dieser Arbeit anders als sonst üblich definiert ist (Vgl. Formel (4.30). $D_{I(R)}$ ist also nichts anderes als die Anzahl der positiven Differenzen $(Z_i^B-Z_i^A)$. Der Autor stellt sich der Kritik, daß der Vorzeichentest nur die Richtung der Abweichung zweier Beobachtungswerte und nicht ihre Größe berücksichtigt.

[484] Vgl. Schwarze, 1988, S. 297.

Die Entscheidungsregel des Vorzeichentests liefert als abschließendes Testergebnis nur die Ablehnung bzw. die Nichtablehnung der Nullhypothese. Ist der ermittelte Wert für $D_{I(R)}$, also die Anzahl der Probleme, bei denen $Z_i^A < Z_i^B$ ist, kleiner als der kritische Wert $C_{I(R)}$, so wird die Nullhypothese nicht verworfen. Dies bedeutet aber nicht, daß die Hypothese H_0 bestätigt ist, sondern nur, daß die Beobachtungsdaten nicht zu einer Ablehnung von H_0 ausreichen. Ist $D_{I(R)}$ hingegen größer als $C_{I(R)}$, so kann H_0 verworfen werden. Diese Ablehnung der Nullhypothese H_0 ist aber gleichbedeutend mit dem statistischen Nachweis der Gegenhypothese H_1 bei einem Signifikanzniveau von a.

5.3 Analyse der Verfahren zur Erzeugung eines Layouts

5.3.1 Vergleich der Algorithmen aus der Literatur

In diesem Kapitel werden die zwei simultanen Prioritätsregelverfahren DA-86 und MO-77, das reine Zufallsregelverfahren BR-84 und das vorausschauende Prioritätsregelverfahren HC-66 miteinander verglichen. Die Analyse beschränkt sich also auf die Verfahren, die sich in der Literatur durchgesetzt haben und deshalb hier von Interesse sind. Eine Ausweitung der Analyse ist auch deshalb nicht sinnvoll, weil die im Kap. 5.4 dargestellten Testergebnisse bestätigen, daß die Lösungsqualität der Verfahren zur Erzeugung eines Layouts deutlich schlechter ist als die der Verbesserungsverfahren. Alle betrachteten Verfahren wurden in der in der Literatur beschriebenen Form implementiert. Nur bei dem Zufallsregelverfahren BR-84 wurde im Unterschied zur Literatur die Anzahl der zufällig zu erzeugenden Anordnungspläne nicht fest vorgegeben. Das Verfahren wurde vielmehr, zum Zwecke des korrekten Vergleichs, mit einer Zeitsteuerung versehen. Dabei diente die Rechenzeit desjenigen Verfahrens, das von den o.g. die längste Laufzeit aufwies, als Zeitvorgabe.

Um die Leistungsfähigkeit der Algorithmen zu beurteilen, werden sie auf die 15 genannten Testprobleme angewandt. Die durch die Versuche gefundenen Zielfunktionswerte, die prozentualen Abweichungen von der jeweils besten bisher bekannten Lösung, die tatsächlich festgestellten Rechenzeiten, der Worst-Case-Rechenaufwand und der mit Hilfe der Regressionsanalyse abgeschätzte Rechenaufwand sind am Ende dieses Abschnitts in Abb. 5.5 zusammengefaßt. Auf den paarweisen Vergleich der Algorithmen durch den Vorzeichentest wird primär bei der nun folgenden Beurteilung eingegangen.

Beurteilung der simultanen Prioritätsregelverfahren DA-86 und MO-77
Bei der Beurteilung der Lösungsqualität seien zunächst die beiden simultanen Prioritätsregelverfahren DA-86 und MO-77 miteinander verglichen. Bei beiden Algorithmen ist die prozentuale Abweichung der Lösungen von der besten bekannten Lösung relativ hoch. Wie Abb. 5.5 zeigt, schwankt sie bei DA-86 zwischen 5,07 und 18,13% und bei MO-77 zwischen 3,76 und 14,52%. Diese Zahlen deuten aber bereits darauf hin, daß MO-77 überlegen ist. Der in Abb. 5.2 wiedergegebene Vorzeichentest des Vergleichs von DA-86 mit MO-77 bestätigt diese Vermutung.

Null- und Gegenhypothese	I(R)	$D_{I(R)}$	$C_{I(R)}$	Entscheidung
H_0: $W(Z^{MO\text{-}77} < Z^{DA\text{-}86}) \leq W(Z^{MO\text{-}77} > Z^{DA\text{-}86})$ H_1: $W(Z^{MO\text{-}77} < Z^{DA\text{-}86}) > W(Z^{MO\text{-}77} > Z^{DA\text{-}86})$	14	13	11	H_0 verwerfen

Abb. 5.2: Paarweiser Vergleich der Algorithmen DA-86 und MO-77 durch den Vorzeichentest

Die Laufzeiten von DA-86 und MO-77 sind hingegen fast identisch. Beide Algorithmen haben einen Worst-Case-Rechenaufwand von $O(N^4)$. Nach der Regressionsanalyse hat DA-86 mit $4{,}75 \cdot 10^{-7} \cdot N^{3{,}9}$ bei sehr großen Problemen jedoch einen etwas höheren Rechenaufwand als MO-77 mit $1{,}26 \cdot 10^{-6} \cdot N^{3{,}7}$. Im Vergleich zu DA-86 ist MO-77 also als überlegen anzusehen. Er liefert bei vergleichbaren Rechenzeiten qualitativ bessere Ergebnisse.

Beurteilung des Zufallsregelverfahrens BR-84

Das reine Zufallsregelverfahren BR-84 wird zur Beurteilung seiner Lösungsqualität an den simultanen Prioritätsregelverfahren DA-86 und MO-77 gemessen. Wie die Gegenüberstellung der Verfahren in Abb. 5.5 zeigt, ist BR-84 hinsichtlich der dort genannten Beurteilungskriterien unterlegen. Die prozentuale Abweichung von der besten bekannten Lösung weist einen deutlich höheren Wert auf. Sie schwankt bei den betrachteten Problemen zwischen 7,77 und 32,11%. Auch die Laufzeit von BR-84 ist aufgrund der eingebauten Zeitsteuerung etwas größer als die von DA-86 und MO-77.[485] Die Regressionsanalyse liefert einen Aufwand von $1{,}4 \cdot 10^{-6} \cdot N^{3{,}9}$. Der durchgeführte Vorzeichentest unterstützt die Vermutung, daß BR-84 unterlegen ist (vgl. Abb. 5.3). Bei den 15 Lösungen, die jeweils einem paarweisen Vergleich unterzogen werden, liefert BR-84 stets schlechtere Lösungen als DA-86 und MO-77. Die Testgröße $D_{I(R)}$ liegt also trotz des geringen Stichprobenumfangs deutlich über $C_{I(R)}$. Deutlich herauszustellen bleibt für BR-84 in allen Kriterien ein wesentlich schlechteres Verhalten als für DA-86 und MO-77.

Null- und Gegenhypothese	I(R)	$D_{I(R)}$	$C_{I(R)}$	Entscheidung
H_0: $W(Z^{DA\text{-}86} < Z^{BR\text{-}84}) \leq W(Z^{DA\text{-}86} > Z^{BR\text{-}84})$ H_1: $W(Z^{DA\text{-}86} < Z^{BR\text{-}84}) > W(Z^{DA\text{-}86} > Z^{BR\text{-}84})$	15	15	12	H_0 verwerfen
H_0: $W(Z^{MO\text{-}77} < Z^{BR\text{-}84}) \leq W(Z^{MO\text{-}77} > Z^{BR\text{-}84})$ H_1: $W(Z^{MO\text{-}77} < Z^{BR\text{-}84}) > W(Z^{MO\text{-}77} > Z^{BR\text{-}84})$	15	15	12	H_0 verwerfen

Abb. 5.3: Paarweiser Vergleich von BR-84 mit DA-86 und MO-77 durch den Vorzeichentest

---

[485] Als Zeitvorgabe für BR-84 dient die Rechenzeit von HC-66.

Beurteilung des vorausschauenden Prioritätsregelverfahrens HC-66

Das vorausschauende Prioritätsregelverfahren HC-66 wird zur Beurteilung seiner Lösungsqualität ebenfalls an DA-86 und MO-77 gemessen. Dabei führt der paarweise Vergleich mit DA-86 zu einer relativ eindeutigen Aussage. Bei allen Problemen, außer H12, weist HC-66 eine deutlich geringere prozentuale Abweichung von der besten bekannten Lösung auf. Erwartungsgemäß schließt auch der Vorzeichentest auf eine Überlegenheit von HC-66. Sein Worst-Case-Rechenaufwand ist zwar ebenfalls $O(N^4)$, die Regressionsanalyse zeigt aber, daß sein Rechenzeitbedarf bei den hier untersuchten Problemen mit $2{,}02 \cdot 10^{-6} \cdot N^{3,8}$ etwas größer ist als der von DA-86.

Null- und Gegenhypothese	$I(R)$	$D_{I(R)}$	$C_{I(R)}$	Entscheidung
H_0: $W(Z^{HC-66}<Z^{DA-86}) \leq W(Z^{HC-66}>Z^{DA-86})$ H_1: $W(Z^{HC-66}<Z^{DA-86})>W(Z^{HC-66}>Z^{DA-86})$	15	14	12	H_0 verwerfen
H_0: $W(Z^{HC-66}<Z^{MO-77}) \leq W(Z^{HC-66}>Z^{MO-77})$ H_1: $W(Z^{HC-66}<Z^{MO-77})>W(Z^{HC-66}>Z^{MO-77})$	15	10	12	H_0 nicht verwerfen

Abb. 5.4: Paarweiser Vergleich von HC-66 mit DA-86 und MO-77 durch den Vorzeichentest

Der qualitative Vergleich der Lösungen von HC-66 und MO-77 ist im Gegensatz dazu nicht ganz so eindeutig. Bei den 15 untersuchten Testproblemen liefert MO-77 fünfmal geringfügig bessere Zielfunktionswerte als HC-66. Für die restlichen 10 Probleme führt hingegen HC-66 zu besseren Lösungen. Bei genauer Betrachtung fällt jedoch auf, daß die prozentuale Abweichung von der besten bisher bekannten Lösung nur bei den selbst erzeugten Problemen deutlich geringer ist. Dies deutet darauf hin, daß MO-77 bei Problemen mit hoher Flußdominanz größere Schwierigkeiten als HC-66 hat, gute Lösungen zu finden.

Der paarweise Vergleich durch den Vorzeichentest führt allerdings nur mit einem Signifikanzniveau von 10% zu dem Ergebnis, daß HC-66 besser ist als MO-77.[486] Beide Algorithmen sind aber den vorher betrachteten Verfahren DA-86 und BR-84 hinsichtlich der genannten Beurteilungskriterien überlegen. Von den beiden zuletzt genannten Verfahren ist DA-86 leistungsfähiger.

---

[486] Das in dieser Arbeit ansonsten sehr niedrig gewählte Signifikanzniveau $\alpha=1\%$ führt bei dem paarweisen Vergleich durch den Vorzeichentest zu keiner statistisch abgesicherten Entscheidung, d.h. die Nullhypothese wird nicht abgelehnt. Dies bedeutet aber nicht, daß die Nullhypothese H_0 bestätigt ist, sondern nur, daß die Beobachtungsdaten nicht zu einer Ablehnung von H_0 ausreichen.

Problem	Beurteilungskriterium	DA-86	MO-77	BR-84	HC-66
H12	(a) Zielfunktionswert	314	314	337	327
	(b) (Z-Opt.)/Opt.	8,65%	8,65%	16,61%	13,15%
	(c) Rechenzeit (Sek.)	0,2	0,4	0,6	0,5
NVR20	(a) Zielfunktionswert	1.417	1.437	1.506	1.412
	(b) (Z-Opt.)/Opt.	10,27%	11,83%	17,20%	9,88%
	(c) Rechenzeit (Sek.)	0,4	0,4	0,7	0,6
NVR30	(a) Zielfunktionswert	3.617	3.413	3.826	3.384
	(b) (Z-Opt.)/Opt.	18,13%	11,46%	24,95%	10,52%
	(c) Rechenzeit (Sek.)	0,7	0,8	1,2	1,4
TB30	(a) Zielfunktionswert	83.693	83.263	98.973	80.482
	(b) (Z-Opt.)/Opt.	11,64%	11,06%	32,02%	7,36%
	(c) Rechenzeit (Sek.)	0,6	0,6	1,8	1,3
TB40	(a) Zielfunktionswert	140.810	137.729	158.891	131.282
	(b) (Z-Opt.)/Opt.	17,08%	14,52%	32,11%	9,16%
	(c) Rechenzeit (Sek.)	1	1	3,6	3,1
SK42	(a) Zielfunktionswert	9.115	8.720	9.484	8.640
	(b) (Z-Opt.)/Opt.	15,29%	10,30%	19,96%	9,28%
	(c) Rechenzeit (Sek.)	1,2	1,2	4	3,6
SK49	(a) Zielfunktionswert	12.978	12.576	13.617	12.675
	(b) (Z-Opt.)/Opt.	10,99%	7,55%	16,45%	8,40%
	(c) Rechenzeit (Sek.)	2	2,6	5,8	6,2
WW50	(a) Zielfunktionswert	26.045	25.348	26.977	25.660
	(b) (Z-Opt.)/Opt.	6,71%	3,85%	10,53%	5,13%
	(c) Rechenzeit (Sek.)	2,6	3,1	6,9	7,2
SK56	(a) Zielfunktionswert	19.498	18.676	20.542	18.755
	(b) (Z-Opt.)/Opt.	13,17%	8,40%	19,23%	8,86%
	(c) Rechenzeit (Sek.)	3,7	4	9,9	10
SK64	(a) Zielfunktionswert	26.673	25.966	28.358	25.788
	(b) (Z-Opt.)/Opt.	10,00%	7,08%	16,95%	6,35%
	(c) Rechenzeit (Sek.)	5,8	6,1	15,7	16,2
SK72	(a) Zielfunktionswert	36.180	35.708	38.489	35.690
	(b) (Z-Opt.)/Opt.	9,21%	7,79%	16,18%	7,73%
	(c) Rechenzeit (Sek.)	8,6	9,6	24,9	25,3
SK81	(a) Zielfunktionswert	49.780	48.173	52.702	48.211
	(b) (Z-Opt.)/Opt.	9,40%	5,87%	15,82%	5,95%
	(c) Rechenzeit (Sek.)	13,9	13,7	38,9	39,4
SK90	(a) Zielfunktionswert	62.679	61.086	66.772	60.678
	(b) (Z-Opt.)/Opt.	8,50%	5,75%	15,59%	5,04%
	(c) Rechenzeit (Sek.)	20,4	20,4	58,7	58,9
WW100	(a) Zielfunktionswert	143.443	141.658	147.133	140.524
	(b) (Z-Opt.)/Opt.	5,07%	3,76%	7,77%	2,93%
	(c) Rechenzeit (Sek.)	32,4	32	91	89.8
TB150	(a) Zielfunktionswert	4.432.390	4.381.535	4.925.260	4.306.035
	(b) (Z-Opt.)/Opt.	8,97%	7,72%	21,08%	5,86%
	(c) Rechenzeit (Sek.)	32,4	32	91	89,8
Rechen-aufwand	(a) Worst-Case	$O(N^4)$	$O(N^4)$	$O(N^4)$	$O(N^4)$
	(b) Regression	$4{,}8 \cdot 10^{-7} \cdot N^{3,91}$	$1{,}2 \cdot 10^{-6} \cdot N^{3,7}$	$1{,}4 \cdot 10^{-6} \cdot N^{3,9}$	$2{,}02 \cdot 10^{-6} \cdot N^{3,8}$

Abb. 5.5: Versuchsergebnisse mit DA-86, MO-77, BR-84 und HC-66

5.3.2 Analyse der durchgeführten Modifikationen

In diesem Kapitel werden die im Kap. 4.2.5 beschriebenen Modifikationen von HC-66 mit der Originalversion verglichen.[487] Um ihre Leistungsfähigkeit zu beurteilen, werden sie ebenfalls auf die 15 genannten Testprobleme angewandt. Eine Ausnahme bilden nur die Algorithmen HB2-92 und HB9-92, die bei größeren Problemen sehr lange Laufzeiten haben. Aufgrund limitierter Computerressourcen werden sie deshalb nur auf Probleme bis zur Größe $N \leq 64$ angewandt. Die Ergebnisse der Versuche sind in den Abb. 5.6 bis 5.10 zusammengefaßt.

Als wenig sinnvoll erwies sich die modifizierte vorläufige Anordnung der noch nicht zugeordneten Elemente und die modifizierte Berechnung der Summenmatrix SM. Von den zwei alternativen Vorgehensweisen zur vorläufigen Anordnung der noch nicht zugeordneten Elemente liefert die eine, HB1-92, nur für ca. 42% der untersuchten Probleme bessere Lösungen. Da auch die Laufzeit im Vergleich zur Originalversion von HC-66 geringfügig ansteigt, wird die Schlußfolgerung gezogen, die Modifikation HB1-92 nicht zu empfehlen. Die in Abb. 5.6 dargestellten Versuchsergebnisse zeigen aber auch, daß die zweite alternative Vorgehensweise zur vorläufigen Anordnung der noch nicht zugeordneten Elemente, HB2-92, nicht zu empfehlen ist. Die prozentuale Abweichung von der besten bisher bekannten Lösung ist zwar meistens geringer als bei der Originalversion von HC-66, dafür steigt aber auch der Rechenaufwand mit $O(N7)$ auf ein bei weitem nicht mehr vertretbares Maß an.488

Als Fehlentwicklung erwies sich auch die Berücksichtigung zusätzlicher Transportkosten bei der Berechnung der Summenmatrix SM zur Bestimmung einer unteren Schranke. Sowohl HB3-92 als auch HB4-92 liefern anders als zunächst vermutet meist schlechtere Zielfunktionswerte als die Originalversion, obwohl sie längere Laufzeiten verursachen. Bei HB4-92 ist der Worst-Case-Rechenaufwand mit $O(N^5)$ sogar um eine Ordnung größer als bei HC-66. Insgesamt können die bisherigen Modifikationen wohl nicht als erfolgreich betrachtet werden.

Im Gegensatz dazu führen die meisten Modifikationen der Vogel'schen Approximationsmethode zu einer Verbesserung der Lösungsqualität. Wie der in Abb. 5.8 dargestellte Vergleich der verschiedenen Modifikationen hinsichtlich der dort genannten Beurteilungskriterien zeigt, bringt die mit HB7-92 bezeichnete Modifikation die spürbarste Verbesserung der Zielfunktionswerte.[489] So schwankt die pro-

---

[487] Wegen der insgesamt relativ schlechten Lösungsqualität der vier bisher untersuchten Algorithmen wurde entschieden, nur den besten, HC-66, weiterzuentwickeln.

[488] In der Praxis ist ein durch $O(N^3)$ begrenzter Rechenaufwand Voraussetzung zur Lösung größerer Probleme (vgl. Garey/Johnson, 1979, S. 9).

[489] Daher wird auf einen ausführlichen Vergleich der anderen Modifikationen der Vogel'schen Approximation verzichtet. Die Modifikation HB6-92 liefert z.B. aber nur eine geringfügig schlechtere Lösungsqualität als HB7-92.

194

Problem	Beurteilungskriterium	HC-66	HB1-92	HB2-92	HB3-92	HB4-92
H12	(a) Zielfunktionswert	327	346	303	318	347
	(b) 100(Z-Opt.)/Opt.	13,15%	19,72%	4,84%	10,03%	20,07%
	(c) Rechenzeit (Sek.)	0,5	0,7	1,8	0,7	0,6
NVR20	(a) Zielfunktionswert	1.412	1.398	1.360	1.460	1.480
	(b) 100(Z-Opt.)/Opt.	9,88%	8,79%	5,84%	13,62%	15,18%
	(c) Rechenzeit (Sek.)	0,6	1,5	48,8	1,3	1,2
NVR30	(a) Zielfunktionswert	3.384	3.320	3.481	3.548	3.602
	(b) 100(Z-Opt.)/Opt.	10,52%	8,43%	13,68%	15,87%	17,64%
	(c) Rechenzeit (Sek.)	1,4	6,8	735	1,7	6,8
TB30	(a) Zielfunktionswert	80.482	85.908	85.175	98.254	92.767
	(b) 100(Z-Opt.)/Opt.	7,36%	14,59%	13,62%	31,06%	23,74%
	(c) Rechenzeit (Sek.)	1,3	6,8	733	1,5	6,7
TB40	(a) Zielfunktionswert	131.282	137.837	136.810	151.528	156.221
	(b) 100(Z-Opt.)/Opt.	9,16%	14,61%	13,75%	25,99%	29,89%
	(c) Rechenzeit (Sek.)	3,1	21,7	5306,2	5,3	23,3
SK42	(a) Zielfunktionswert	8.640	8.640	8.441	8.922	9.404
	(b) 100(Z-Opt.)/Opt.	9,28%	9,28%	6,77%	12,85%	18,95%
	(c) Rechenzeit (Sek.)	3,6	26,3	7391	4,4	31,2
SK49	(a) Zielfunktionswert	12.675	12.898	12.500	13.390	13.723
	(b) 100(Z-Opt.)/Opt.	8,40%	10,31%	6,90%	14,51%	17,36%
	(c) Rechenzeit (Sek.)	6,2	48,8	20635,3	7,6	59,9
WW50	(a) Zielfunktionswert	25.660	25.420	25.384	27.029	27.034
	(b) 100(Z-Opt.)/Opt.	5,13%	4,15%	3,99%	10,74%	10,76%
	(c) Rechenzeit (Sek.)	7,2	53	23.635,3	8,2	65,8
SK56	(a) Zielfunktionswert	18.755	18.504	18.156	20.024	20.541
	(b) 100(Z-Opt.)/Opt.	8,86%	7,40%	5,38%	16,22%	19,22%
	(c) Rechenzeit (Sek.)	10	87,4	51.977,8	12,2	114,5
SK64	(a) Zielfunktionswert	25.788	26.011	25.767	28.344	27.709
	(b) 100(Z-Opt.)/Opt.	6,35%	7,27%	6,26%	16,89%	14,27%
	(c) Rechenzeit (Sek.)	16,2	149,5	129.862,5	21,2	221,2
SK72	(a) Zielfunktionswert	35.690	35.608		37.267	37.597
	(b) 100(Z-Opt.)/Opt.	7,73%	7,49%		12,49%	13,49%
	(c) Rechenzeit (Sek.)	25,3	246,4		31,9	404,3
SK81	(a) Zielfunktionswert	48.211	48.570		52.277	52.420
	(b) 100(Z-Opt.)/Opt.	5,95%	6,74%		14,88%	15,20%
	(c) Rechenzeit (Sek.)	39,4	400,9		50,6	721,6
SK90	(a) Zielfunktionswert	60.678	62.334		66.067	65.563
	(b) 100(Z-Opt.)/Opt.	5,04%	7,91%		14,37%	13,50%
	(c) Rechenzeit (Sek.)	58,9	604,8		76,8	1.235,8
WW100	(a) Zielfunktionswert	140.524	141.473		146.443	147.020
	(b) 100(Z-Opt.)/Opt.	2,93%	3,63%		7,27%	7,69%
	(c) Rechenzeit (Sek.)	89,8	962,1		119,8	2193,0
TB150	(a) Zielfunktionswert	4.306.035	4.381.490		4.733.535	4.788.015
	(b) 100(Z-Opt.)/Opt.	5,86%	7,72%		16,37%	17,71%
	(c) Rechenzeit (Sek.)	420,9	5.198,6		591,7	18.126,9
Rechen-aufwand	(a) Worst-Case	$O(N^4)$	$O(N^4 \cdot \log N)$	$O(N^7)$	$O(N^4)$	$O(N^5)$
	(b) Regression $[\cdot 10^{-6}]$	$2,02 \cdot N^{3,8}$	$4,3 \cdot N^{4,17}$	$0,102 \cdot N^{6,7}$	$1,4 \cdot N^{3,96}$	$0,079 \cdot N^{5,2}$

Abb. 5.6: Versuchsergebnisse der Modifikationen HB1-92, HB2-92, HB3-92, HB4-92

zentuale Abweichung von der besten bisher bekannten Lösung im Vergleich zur Originalversion nicht mehr zwischen 2,99 und 13,15% sondern nur noch zwischen 2,77 und 8,73%. Aus dieser Verbesserung resultiert auch das in Abb. 5.7 dargestellte Ergebnis des Vorzeichentests. HB7-92 ist nicht nur der Originalversion von Hillier sondern auch dem Verfahren MO-77 mit einem Signifikanzniveau von einem Prozent eindeutig überlegen.[490] Darüber hinaus kommt HB7-92 sogar ohne eine Erhöhung der Laufzeit aus. Die damit wohl eindeutige Vorteilhaftigkeit dieser recht einfachen Modifikation führt zu der Empfehlung, sie standardmäßig zu implementieren.

Null- und Gegenhypothese	$I(R)$	$D_{I(R)}$	$C_{I(R)}$	Entscheidung
H_0: $W(Z^{HB7\text{-}92}{<}Z^{HC\text{-}66}){\leq}W(Z^{HB7\text{-}92}{>}Z^{HC\text{-}66})$ H_1: $W(Z^{HB7\text{-}92}{<}Z^{HC\text{-}66}){>}W(Z^{HB7\text{-}92}{>}Z^{HC\text{-}66})$	15	13	12	H_0 verwerfen
H_0: $W(Z^{HB7\text{-}92}{<}Z^{MO\text{-}77}){\leq}W(Z^{HB7\text{-}92}{>}Z^{MO\text{-}77})$ H_1: $W(Z^{HB7\text{-}92}{<}Z^{MO\text{-}77}){>}W(Z^{HB7\text{-}92}{>}Z^{MO\text{-}77})$	15	14	12	H_0 verwerfen

Abb. 5.7: Paarweiser Vergleich von HB7-92 mit HC-66 und MO-77 durch den Vorzeichentest

Die letzte Modifikation, HB9-92, erscheint auf den ersten Blick besonders erfolgversprechend. Da sie bei größeren Problemen aber sehr lange Laufzeiten verursacht, beschränkt sich der Vergleich mit HC-66 und HB7-92 nur auf Probleme bis zur Größe N=64. Die Ergebnisse der Experimente sind in Abb. 5.9 zusammengefaßt. HB9-92 liefert signifikant bessere Zielfunktionswerte als HC-66 und HB7-92. Die prozentuale Abweichung von der besten bisher bekannten Lösung schwankt nur noch zwischen 0 und 4%.[491] Auch der Vorzeichentest führt erwartungsgemäß zu dem Ergebnis, daß HB9-92 den Algorithmen HC-66 und HB7-92 und damit auch allen anderen bisher analysierten Verfahren eindeutig überlegen ist.

Leider ist die Modifikation HB9-92 aber mit einem gewaltigen Anstieg der Laufzeiten verbunden. Der Worst-Case Rechenaufwand von $O(N^7)$ beschränkt die Anwendung von HB9-92 auf Probleme mit bis zu 70 anzuordnenden Elementen. Wenn regelmäßig Probleme mit N>70 anzuordnenden Elementen zu lösen sind, führt die Anwendung von HB9-92 zu unakzeptabel langen Rechenzeiten. HB9-92 ist also nur für kleine Problemgrößen empfehlenswert.

---

[490] Die Originalversion von HC-66 ist MO-77 nur mit einem Signifikanzniveau von 10% überlegen.

[491] Dem Autor ist kein Eröffnungsverfahren bekannt, daß bessere Zielfunktionswerte erzielt.

Problem	Beurteilungskriterium	HC-66	HB5-92	HB6-92	HB7-92	HB8-92
H12	(a) Zielfunktionswert	327	332	313	306	294
	(b) 100(Z-Opt.)/Opt.	13,15%	14,88%	8,30%	5,88%	1,73%
	(c) Rechenzeit (Sek.)	0,5	1,1	0,3	0,3	3,9
NVR20	(a) Zielfunktionswert	1.412	1.362	1.352	1.391	1.411
	(b) 100(Z-Opt.)/Opt.	9,88%	5,99%	5,21%	8,25%	9,81%
	(c) Rechenzeit (Sek.)	0,6	0,5	0,5	0,5	20,4
NVR30	(a) Zielfunktionswert	3.384	3.297	3.204	3.277	3.312
	(b) 100(Z-Opt.)/Opt.	10,52%	7,67%	4,64%	7,02%	8,16%
	(c) Rechenzeit (Sek.)	1,4	1,3	1,4	1,4	84,7
TB30	(a) Zielfunktionswert	80.482	85.302	83.021	81.515	83.712
	(b) 100(Z-Opt.)/Opt.	7,36%	13,78%	10,74%	8,73%	11,66%
	(c) Rechenzeit (Sek.)	1,3	1,3	1,4	1,5	84,4
TB40	(a) Zielfunktionswert	131.282	131.514	131.602	130.694	136.300
	(b) 100(Z-Opt.)/Opt.	9,16%	9,35%	9,42%	8,67%	13,33%
	(c) Rechenzeit (Sek.)	3,1	3,2	3,1	3,1	244,9
SK42	(a) Zielfunktionswert	8.640	8.492	8.505	8.530	8.518
	(b) 100(Z-Opt.)/Opt.	9,28%	7,41%	7,58%	7,89%	7,74%
	(c) Rechenzeit (Sek.)	3,6	3,6	3,6	3,6	294,8
SK49	(a) Zielfunktionswert	12.675	12.952	12.576	12.534	12.702
	(b) 100(Z-Opt.)/Opt.	8,40%	10,77%	7,55%	7,19%	8,63%
	(c) Rechenzeit (Sek.)	6,2	6,1	6,1	6,2	529,5
WW50	(a) Zielfunktionswert	25.660	25.370	25.434	25.180	25.645
	(b) 100(Z-Opt.)/Opt.	5,13%	3,94%	4,20%	3,16%	5,07%
	(c) Rechenzeit (Sek.)	7,2	6,6	6,6	6,6	576,4
SK56	(a) Zielfunktionswert	18.755	18.203	17.983	18.325	18.772
	(b) 100(Z-Opt.)/Opt.	8,86%	5,65%	4,38%	6,36%	8,96%
	(c) Rechenzeit (Sek.)	10,0	9,9	9,8	10,0	884,3
SK64	(a) Zielfunktionswert	25.788	25.660	25.643	25.542	26.032
	(b) 100(Z-Opt.)/Opt.	6,35%	5,82%	5,75%	5,33%	7,35%
	(c) Rechenzeit (Sek.)	16,2	16,1	16,2	16,2	1.484,3
SK72	(a) Zielfunktionswert	35.690	35.261	34.837	35.214	35.422
	(b) 100(Z-Opt.)/Opt.	7,73%	6,44%	5,16%	6,30%	6,92%
	(c) Rechenzeit (Sek.)	25,3	25,0	25,0	25,2	2.339,4
SK81	(a) Zielfunktionswert	48.211	48.079	47.731	47.775	48.822
	(b) 100(Z-Opt.)/Opt.	5,95%	5,66%	4,89%	4,99%	7,29%
	(c) Rechenzeit (Sek.)	39,4	39,7	38,9	39,1	3.694,7
SK90	(a) Zielfunktionswert	60.678	61.195	61.001	61.428	61.665
	(b) 100(Z-Opt.)/Opt.	5,04%	5,93%	5,60%	6,34%	6,75%
	(c) Rechenzeit (Sek.)	58,9	58,4	58,4	58,7	5.638,6
WW100	(a) Zielfunktionswert	140.524	140.551	140.448	140.299	142.437
	(b) 100(Z-Opt.)/Opt.	2,93%	2,95%	2,88%	2,77%	4,33%
	(c) Rechenzeit (Sek.)	89.8	89,5	89,2	88,9	8.672,9
TB150	(a) Zielfunktionswert	4.306.035	4.343.875	4.288.405	4.287.300	4.312.544
	(b) 100(Z-Opt.)/Opt.	5,86%	6,79%	5,43%	5,40%	6,02%
	(c) Rechenzeit (Sek.)	420,9	421,3	420,2	419,5	43.684,7
Rechen-aufwand	(a) Worst-Case	$O(N^4)$	$O(N^4)$	$O(N^4)$	$O(N^4)$	$O(N^4)$
	(b) Regression $[\cdot 10^{-6}]$	$2{,}02 \cdot N^{3,82}$	$1{,}77 \cdot N^{3,85}$	$1{,}85 \cdot N^{3,84}$	$2{,}12 \cdot N^{3,81}$	$95{,}4 \cdot N^{3,98}$

Abb. 5.8: Versuchsergebnisse der Modifikationen HB5-92, HB6-92, HB7-92, HB8-92

Problem	Beurteilungskriterium	HC-66	HB7-92	HB9-92
H12	(a) Zielfunktionswert	327	306	293
	(b) 100(Z-Opt.)/Opt.	13,15%	5,88%	1,38%
	(c) Rechenzeit (Sek.)	0,5	0,3	8,0
NVR20	(a) Zielfunktionswert	1.412	1.391	1.285
	(b) 100(Z-Opt.)/Opt.	9,88%	8,25%	0,00%
	(c) Rechenzeit (Sek.)	0,6	0,5	210,9
NVR30	(a) Zielfunktionswert	3.384	3.277	3.131
	(b) 100(Z-Opt.)/Opt.	10,52%	7,02%	2,25%
	(c) Rechenzeit (Sek.)	1,4	1,4	3.180,9
TB30	(a) Zielfunktionswert	80.482	81.515	77.440
	(b) 100(Z-Opt.)/Opt.	7,36%	8,73%	3,30%
	(c) Rechenzeit (Sek.)	1,3	1,5	3.212,5
TB40	(a) Zielfunktionswert	131.282	130.694	125.095
	(b) 100(Z-Opt.)/Opt.	9,16%	8,67%	4,01%
	(c) Rechenzeit (Sek.)	3,1	3,1	23.142,5
SK42	(a) Zielfunktionswert	8.640	8.530	8.153
	(b) 100(Z-Opt.)/Opt.	9,28%	7,89%	3,12%
	(c) Rechenzeit (Sek.)	3,6	3,6	33.609,1
SK49	(a) Zielfunktionswert	12.675	12.534	12.090
	(b) 100(Z-Opt.)/Opt.	8,40%	7,19%	3,40%
	(c) Rechenzeit (Sek.)	6,2	6,2	94.071,2
WW50	(a) Zielfunktionswert	25.660	25.180	24.690
	(b) 100(Z-Opt.)/Opt.	5,13%	3,16%	1,16%
	(c) Rechenzeit (Sek.)	7,2	6,6	107.068,3
SK56	(a) Zielfunktionswert	18.755	18.325	17.824
	(b) 100(Z-Opt.)/Opt.	8,86%	6,36%	3,45%
	(c) Rechenzeit (Sek.)	10,0	10,0	231.830,3
SK64	(a) Zielfunktionswert	25.788	25.542	24.878
	(b) 100(Z-Opt.)/Opt.	6,35%	5,33%	2,59%
	(c) Rechenzeit (Sek.)	16,2	16,2	583.213,4
Rechen-aufwand	(a) Worst-Case	$O(N^4)$	$O(N^4)$	$O(N^7)$
	(b) Regression $[\cdot 10^{-6}]$	$2,02 \cdot N^{3,82}$	$2,12 \cdot N^{3,81}$	$0,233 \cdot N^{6,86}$

Abb. 5.9: Vergleich der Versuchsergebnisse von HC-66, HB7-92 und HB9-92

Null- und Gegenhypothese	$I(R)$	$D_{I(R)}$	$C_{I(R)}$	Entscheidung
H_0: $W(Z^{HB9-92} < Z^{HC-66}) \leq W(Z^{HB9-92} > Z^{HC-66})$ H_1: $W(Z^{HB9-92} < Z^{HC-66}) > W(Z^{HB9-92} > Z^{HC-66})$	10	10	9	H_0 verwerfen
H_0: $W(Z^{HB9-92} < Z^{HB7-92}) < W(Z^{HB9-92} > Z^{HB7-92})$ H_1: $W(Z^{HB9-92} < Z^{HB7-92}) > W(Z^{HB9-92} > Z^{HB7-92})$	10	10	9	H_0 verwerfen

Abb. 5.10: Paarweiser Vergleich von HB9-92 mit HC-66 und HB7-92 durch den Vorzeichentest

5.4 Analyse der Verfahren zur Verbesserung eines Layouts

Um die Leistungsbeurteilung der Verfahren zur Verbesserung eines Layouts möglichst überschaubar darzustellen, wurde die in Abb. 5.11 dargestellte Vorgehensweise gewählt. Wie dort gezeigt, werden die Verfahren einer Klasse, also die reinen Verbesserungsverfahren (Kap. 5.4.1), die Simulated Annealing Verfahren (Kap. 5.4.2), die Tabu Search Verfahren (Kap. 5.4.3) und die Simulated Annealing Verfahren mit Genetischer Programmierung (Kap. 5.4.4) zunächst untereinander verglichen, um anschließend nur noch die jeweils besten der verschiedenen Klassen miteinander zu vergleichen.

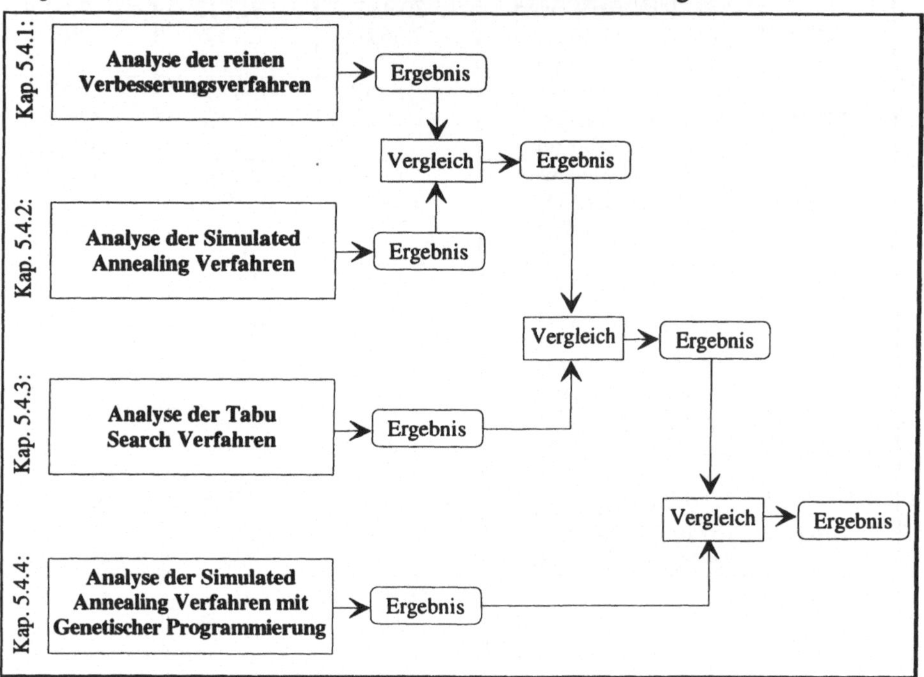

Abb. 5.11: Überblick über die Vorgehensweise

5.4.1 Analyse der reinen Verbesserungsverfahren

Da die reinen Verbesserungsverfahren in der Vergangenheit nicht nur sehr häufig, sondern auch sehr ausführlich analysiert wurden, kann die Leistungsbeurteilung in dieser Arbeit entsprechend kurz ausfallen. Bereits Nugent et al.[492] zeigen in ihrer Untersuchung, daß der in Kap. 4.3.2.2 vorgestellte Algorithmus Craft Biased Sampling (CBS-68) den anderen bis dahin bekannten reinen Verbesserungsverfahren (z.B. H-63, HC63-66 u. CRAFT) überlegen ist. Neuere Untersuchungen bestätigen diese Aussage.[493] Daher beschränkt sich die Analyse der reinen Verbesserungsverfahren

---

[492] Vgl. Nugent et al., 1968, S. 159-162.

[493] Vgl. Kusiak/Heragu, 1987, S. 246; Wilhlem/Ward, 1987, S. 116.

auf den Algorithmus CBS-68, der auf Empfehlung von Nugent et al. mit dem Parameter $\mu=2$ implementiert wurde. Zur Beurteilunseiner Leistungsfähigkeit wird er zunächst an den hier bereits diskutierten Verfahren zur Erzeugung eines Layouts gemessen.

Die wichtigsten Testergebnisse für diese Gegenüberstellung sind in Abb. 5.12 zusammengefaßt. Wie ein Vergleich der Abbildungen 5.7, 5.8 und 5.9 mit 5.12 zeigt, ist CBS-68 eindeutig überlegen. Von den 25 bzw. 10 Lösungen, die das stochastische Verfahren CBS-68 für ein und dasselbe Problem jeweils erzeugt, ist die beste Lösung immer besser als die mit einem der hier diskutierten Verfahren zur Erzeugung eines Layouts ermittelte (einzige) Lösung.[494] Sehr auffällig ist auch die relativ geringe durchschnittliche prozentuale Abweichung von der besten bisher bekannten Lösung. Alle Verfahren zur Erzeugung eines Layouts, mit Ausnahme von HB9-92, haben nämlich eine deutlich höhere prozentuale Abweichung von der besten bisher bekannten Lösung. Bei HB9-92 ist die prozentuale Abweichung von der besten bisher bekannten Lösung zwar meistens geringer als die durchschnittliche prozentuale Abweichung von der besten bekannten Lösung bei CBS-68, dafür führt HB9-92 aber auch zu unakzeptabel langen Rechenzeiten. Mit $O(N^7)$ für HB9-92 und $O(N^4)$ für CBS-68 ist die Laufzeit von HB9-92 auch dann noch deutlich höher, wenn mit CBS-68 einige hundert oder tausend Lösungen ermittelt werden, von denen der Anwender dann mit einer entsprechenden Standardsoftware die beste auswählen kann. Die durchgeführten Tests zeigen aber, daß man CBS-68 sogar nur 25 bzw. 10 mal auf ein und dasselbe Problem anwenden muß, um bessere Lösungen als mit einem Verfahren zur Erzeugung eines Layouts zu erhalten. Im Vergleich zu den Verfahren zur Erzeugung eines Layouts ist CBS-68 so eindeutig überlegen, daß ein Vorzeichentest überflüssig ist.[495] Er liefert bei geringeren Rechenzeiten bessere Ergebnisse.

Problem	bester bisher bekannter Zielfunktionswert	bester Zielfunktionswert von 25 bzw. 10 Lösungen	durchschnittliche Abweichung vom Optimum [in %]	Rechenzeit pro Lauf [in Sek.]
H12	289	289	2,16	0,04
NVR20	1.285	1.299	2,96	0,24
NVR30	3.062	3.127	2,81	2,42
TB 30	74.968	77.024	3,44	2,42
TB40	120.271	124.028	3,97	8,88
SK42	7.906	8.108	2,94	12,15
SK49	11.693	11.939	2,84	21,96
WW50	24.408	24.619	1,49	23,68
SK56	17.229	17.520	2,67	41,81
SK64	24.249	24.675	2,32	66,76
SK72	33.128	33.543	2,58	108,81
SK81	45.504	46.233	2,26	174,34
SK90	57.767	58.607	2,20	289,13
WW100	136.522	137.606	1,14	414,28
TB150	4.067.669	4.129.915	1,83	2.154,36

Abb. 5.12: Testergebnisse von CBS-68

---

[494] Einzige Ausnahme ist die Lösung, die Algorithmus HB9-92 für das Problem NVR20 liefert.

[495] Ein Vorzeichentest ist auch nicht möglich, da die Stichprobenumfänge ungleich groß sind.

5.4.2 Analyse der Simulated Annealing Verfahren

In diesem Kapitel werden die beiden Simulated Annealing Algorithmen WW-87 und CO-90 miteinander verglichen und an CBS-68 gemessen. Bei CBS-68 wird weiterhin der Parameter $\mu=2$ gesetzt. Für WW-87 werden die in Wilhelm und Ward empfohlenen Parameterwerte e=15, $\varepsilon=0,01$ und $\eta=100$ verwendet.[496] Da es sich um probabilistische Algorithmen handelt, werden, wie in Kap. 5.2 beschrieben, über 25 bzw. 10 Lösungen gemittelte Ergebnisse miteinander verglichen. Die Versuchsergebnisse sind in den Abb. 5.13 bis 5.15 zusammengefaßt.

In Abbildung 5.13 sind zunächst die durchschnittlichen prozentualen Abweichungen der durch die Algorithmen gefundenen Lösungen von der besten bisher bekannten Lösung und der Anteil der Lösungen, die nicht mehr als 1% von dieser abweichen, wiedergegeben. Wenn mindestens eine der 25 bzw. 10 Lösungen nicht schlechter ist als die beste bisher bekannte Lösung, ist der in Abbildung 5.13 dargestellte Durchschnittswert zusätzlich mit einem Stern (*) gekennzeichnet. Abbildung 5.14 zeigt die Standardabweichungen der Lösungen und die durchschnittlichen Laufzeiten der Algorithmen auf einer SPARC 2. Das Ergebnis des paarweisen Vergleichs der Algorithmen durch den Vorzeichentest, bei dem jeweils 210 Lösungen miteinander verglichen werden, ist in Abbildung 5.15 zusammengefaßt.

Durchschnittliche Abweichung von der besten bisher bekannten Lösung [in %]				Anteil der Lösungen $\leq$ 1% über der besten bisher bekannten Lösung [in %]			
Problem	CBS-68	WW-87	CO-90	Problem	CBS-68	WW-87	CO-90
H12	2,16 *	0,89 *	0,70 *	H12	12	48	52
NVR20	2,96	0,96 *	0,73 *	NVR20	4	56	68
NVR30	2,81	1,83	0,79 *	NVR30	4	8	64
TB30	3,44	5,66	1,16 *	TB30	0	0	44
TB40	3,97	8,29	1,47	TB40	0	0	30
SK42	2,94	1,67	0,79	SK42	0	10	80
SK49	2,84	0,78	0,62	SK49	0	80	90
WW50	1,49	0,74	0,26	WW50	30	90	100
SK56	2,67	2,98	0,61	SK56	0	0	90
SK64	2,32	9,20	0,63	SK64	0	0	100
SK72	2,58	3,16	0,65	SK72	0	0	100
SK81	2,26	1,01	0,66	SK81	0	40	100
SK90	2,20	1,60	0,53	SK90	0	10	100
WW100	1,14	0,88	0,27	WW100	30	70	100
TB150	1,83	2,47	1,61	TB150	0	0	0

Abb. 5.13: Durchschnittliche Abweichung von der besten bekannten Lösung u. Anteil Lösungen, die nicht mehr als 1% über der besten bekannten Lösung liegen

---

[496] Vgl. Wilhelm/Ward, 1987, S. 116. Zur Definition der Parameterwerte vgl. Kap. 4.3.4.5.

Vergleich von CBS-68 mit WW-87

Der Vergleich von CBS-68 mit WW-87 zeigt zunächst einmal sehr deutlich, daß das Verhalten von WW-87 im Gegensatz zu CBS-68 sehr stark von der konkreten Problemdatenstruktur abhängt, d.h. WW-87 erzeugt zum Teil zwar recht gute, zum Teil aber auch sehr schlechte Lösungen. Zu der Problemdatengruppe, bei der WW-87 im Vergleich zu CBS-68 relativ gute Ergebnisse liefert, gehören die meisten Problemdaten aus der Literatur. Hier haben die Lösungen von WW-87 eine geringere Abweichung von der besten bisher bekannten Lösung und eine kleinere Streuung als CBS-68. Da auch der Anteil der Lösungen die nicht mehr als 1% über der besten bisher bekannten Lösung liegen, bei WW-87 durchgehend höher ist, liegt zunächst einmal die Vermutung nahe, daß CBS-68 hinsichtlich der Lösungsqualität unterlegen ist.

Diese Schlußfolgerung ist bei isolierter Betrachtung der anderen Problemdatengruppen, TB30, TB40 und SK64, jedoch sicherlich falsch. Bei den zuletzt genannten QZPs kann WW-87 in keiner Weise überzeugen. Die Lösungen von CBS-68 sind in jeder Hinsicht qualitativ besser. Der Grund ist - zumindest für TB30 und TB40 -, daß WW-87 für Problemdaten mit Transportintensitäten aus dem Wertebereich [0,10] entwickelt wurde. Durch die hohen Transportintensitäten von TB30 und TB40 wird daher praktisch keine Verschlechterung akzeptiert und der Algorithmus terminiert, wie aus Abbildung 5.13 und 5.14 ersichtlich, bereits nach einer kurzen Laufzeit mit einem relativ schlechten Ergebnis.

Standardabweichung der 25 bzw. 10 Lösungen				Durchschnittliche Rechenzeit für einen Lauf [in Sekunden]			
Problem	**CBS-68**	**WW-87**	**CO-90**	**Problem**	**CBS-68**	**WW-87**	**CO-90**
H12	3,3	2,2	2,1	**H12**	0,04	0,42	0,11
NVR20	10,8	9,6	8,1	**NVR20**	0,24	0,94	0,43
NVR30	33,5	19,3	15,0	**NVR30**	2,42	1,62	1,29
TB30	664,0	1.066,0	530,6	**TB30**	2,42	0,50	1,29
TB40	1.164,8	1.811,0	885,4	**TB40**	8,88	0,79	2,97
SK42	43,0	29,7	25,0	**SK42**	12,15	2,72	3,48
SK49	76,4	37,0	31,3	**SK49**	21,96	3,54	5,71
WW50	142,9	56,5	35,6	**WW50**	23,68	3,91	6,04
SK56	119,2	51,6	51,7	**SK56**	41,81	4,96	8,70
SK64	107,4	698,3	62,9	**SK64**	66,76	5,97	13,13
SK72	275,6	136,3	60,4	**SK72**	108,81	7,59	18,85
SK81	151,6	161,2	124,7	**SK81**	174,34	9,08	26,98
SK90	284,6	225,0	92,8	**SK90**	289,13	11,63	37,26
WW100	278,8	229,0	70,6	**WW100**	414,28	12,50	51,15
TB150	8.599,3	11.270,2	16.009,5	**TB150**	2.154,36	20,18	175,53

Abb. 5.14: Standardabweichung und durchschnittliche Rechenzeit für einen Lauf bei CBS-68, WW-87 und CO-90

Aufgrund der besonderen Problemdatenstruktur hat aber auch CBS-68 Schwierigkeiten, gute Lösungen zu finden. Im Vergleich zu den anderen Problemen ist nicht nur die durchschnittliche Abweichung von der besten bisher bekannten Lösung, sondern auch die Streuung deutlich größer. Relativ zu WW-87 schneidet CBS-68 bei diesen Problemen jedoch besser ab. Die durchschnittliche Abweichung von der besten bisher bekannten Lösung ist geringer und die Streuung kleiner. Dieses atypische Verhalten ist bei dem Problem SK64 besonders auffällig. Hier fällt die durchschnittliche Abweichung von der besten bisher bekannten Lösung mit über 9% völlig aus dem Rahmen. Ein Vergleich von SK64 mit anderen Problemen aus der Literatur zeigt im Gegensatz zu TB30 und TB40 jedoch keine signifikanten Unterschiede in der Problemdatenstruktur. Eine nachvollziehbare Erklärung für das völlig überraschende Verhalten von WW-87 bei SK64 kann nicht gegeben werden. Trotz dieser Schwächen bei der Lösung einiger Probleme zeigt der paarweise Vergleich der 210 Lösungen durch den Vorzeichentest, daß WW-87 gegenüber CBS-68 überlegen ist.

Der bei der Beurteilung der Algorithmen ebenfalls zu berücksichtigende Rechenaufwand ist bei WW-87 für kleinere Probleme etwas größer als der von CBS-68. Die Lösungszeit steigt bei CBS-68 aber wesentlich steiler mit der Problemgröße an, so daß die Laufzeit bei Problemen der Größe N>30 höher ist als die von WW-87. Die Regressionsanalyse liefert einen Rechenaufwand von $3{,}49 \cdot 10^{-6} \cdot N^{4{,}04}$ für CBS-68 und $4{,}78 \cdot 10^{-3} \cdot N^{1{,}71}$ für WW-87.[497] Der Rechenaufwand von WW-87 ist somit um mehr als zwei Ordnungen geringer als der von CBS-68.

Zusammenfassend kann festgestellt werden, daß WW-87 zu empfehlen ist, wenn die zu lösenden Probleme die von WW-87 geforderte Struktur haben. Dann liefert der Algorithmus im Vergleich zu CBS-68 gute Lösungen bei einem, insbesondere für größere Probleme, äußerst geringen Rechenaufwand. Besitzen die zu lösenden Probleme nicht diese Struktur, sollte von der Verwendung von WW-87 abgesehen werden. Um Lösungen mittlerer Qualität zu erhalten, kann CBS-68 eingesetzt werden, der mit $O(N^4)$ aber immer noch einen relativ steil mit der Problemgröße ansteigenden Rechenzeitbedarf hat.

Vergleich von CBS-68 mit CO-90

Der qualitative Vergleich der Lösungen von CBS-68 und CO-90 läßt sich kurz zusammenfassen: CO-90 ist eindeutig überlegen. Er liefert Lösungen mit einer deutlich geringeren durchschnittlichen Abweichung von der besten bisher bekannten Lösung und einer kleineren Standardabweichung. Außerdem hat CO-90 einen größeren Anteil von Lösungen, die nicht mehr als 1% über der besten bisher bekannten Lösung liegen. Bei den 210 Lösungen, die einem paarweisen Vergleich unterzogen wurden, ist CBS-68 nur siebenmal besser als CO-90 und liefert nur zweimal eine Lösung mit gleichen Kosten. Der Vorzeichentest schließt daher ebenfalls auf eine Überlegenheit von CO-90.

---

[497] Wilhelm und Ward, 1987, S. 117 ermitteln einen Aufwand von $O(N^{1{,}679})$.

Die Laufzeit von CO-90 ist bei Problemen der Größe N<30 höher als die von CBS-68, bei größeren Problemen hingegen geringer. Die durchgeführte Regressionsanalyse bestätigt diese Aussage. Sie liefert für CO-90 einen Rechenaufwand von $4{,}21 \cdot 10^{-5} \cdot N^3$, also einen Aufwand, der um eine ganze Ordnung geringer ist als der von CBS-68. Somit hat CO-90 im Gegensatz zu CBS-68 auch bei der Lösung größerer Probleme noch akzeptable Laufzeiten. Zusammenfassend bleibt festzuhalten, daß CO-90 im Vergleich zu CBS-68 höherwertigere Lösungen mit einem, von sehr kleinen Problemen abgesehen, geringeren Rechenaufwand erzeugt.

Vergleich von WW-87 mit CO-90

Auch der Vergleich von WW-87 mit CO-90 führt zu einem eindeutigen Ergebnis. Die Lösungen von CO-90 weisen im Vergleich zu WW-87 bei allen untersuchten Problemen eine geringere durchschnittliche Abweichung von der besten bisher bekannten Lösung auf. Auch die Anzahl der Probleme (insgesamt vier), bei denen wenigstens eine der 25 bzw. 10 Lösungen optimal ist, ist bei CO-90 größer als bei WW-87. Die Streuung ist, außer bei TB150, ebenfalls geringer. Da außerdem der Anteil der Lösungen, die nicht mehr als 1% von der besten bisher bekannten Lösung abweichen, bei CO-90 durchgehend höher ist, wird die Schlußfolgerung gezogen, daß CO-90 qualitativ bessere Lösungen als WW-87 liefert. Erwartungsgemäß läßt auch der in Abb. 5.15 zusammengefaßte Vorzeichentest auf eine Überlegenheit von CO-90 schließen.[498]

Besonders interessant an WW-87 ist vor allem dessen geringer Rechenaufwand von $O(N^{1,7})$. Selbst bei sehr großen Problemen entstehen somit nur relativ kurze Laufzeiten. Die Qualität der durch ihn erzeugten Lösungen ist jedoch bei Problemen mit einer Struktur, auf die seine Parameter nicht angepaßt sind, als äußert schlecht zu bezeichnen. CO-90 ist im Gegensatz dazu ein Algorithmus, der ohne Parametereinstellungen qualitativ hochwertige Lösungen für Probleme unterschiedlichster Struktur erzeugt. Sein Aufwand von $O(N^3)$ ist auch bei großen Problemen noch akzeptabel.

Null- und Gegenhypothese	$I(R)$	$D_{I(R)}$	$C_{I(R)}$	Entscheidung
H_0: $W(Z^{WW\text{-}87} < Z^{CBS\text{-}68}) \leq W(Z^{WW\text{-}87} > Z^{CBS\text{-}68})$ H_1: $W(Z^{WW\text{-}87} < Z^{CBS\text{-}68}) > W(Z^{WW\text{-}87} > Z^{CBS\text{-}68})$	202	127	118	H_0 verwerfen
H_0: $W(Z^{CO\text{-}90} < Z^{CBS\text{-}68}) \leq W(Z^{CO\text{-}90} > Z^{CBS\text{-}68})$ H_1: $W(Z^{CO\text{-}90} < Z^{CBS\text{-}68}) > W(Z^{CO\text{-}90} > Z^{CBS\text{-}68})$	208	201	121	H_0 verwerfen
H_0: $W(Z^{CO\text{-}90} < Z^{WW\text{-}87}) \leq W(Z^{CO\text{-}90} > Z^{WW\text{-}87})$ H_1: $W(Z^{CO\text{-}90} < Z^{WW\text{-}87}) > W(Z^{CO\text{-}90} > Z^{WW\text{-}87})$	202	174	118	H_0 verwerfen

Abb. 5.15: Vergleich von CBS-68, WW-87 und CO-90 durch den Vorzeichentest

---

[498] Auch ohne Berücksichtigung der Probleme, die der von WW-87 geforderten Struktur nicht entsprechen, schließt der Vorzeichentest auf eine Überlegenheit von CO-90.

204

5.4.3 Analyse der Tabu Search Verfahren

Wie zu Beginn dieses Kapitels bereits angedeutet, beschränkt sich die Analyse der Tabu Search Verfahren SK-90, SK-92 und TA-91 im wesentlichen auf die jeweils veröffentlichten Testergebnisse. Der von Skorin-Kapov zuerst entwickelte Algorithmus SK-90 konnte jedoch nach Übersetzung des zur Verfügung gestellten Quellcodes auf alle Testprobleme selbst angewandt werden. Um ihn mit den anderen Tabu Search Verfahren besser vergleichen zu können, wird der Parameter Φ, also die Anzahl der Iterationen, jedoch anders als bei der ersten Version von Skorin-Kapov auf $\Phi=N^2$ gesetzt. Als Tabu-Size wird der von Taillard empfohlene Parameterwert TS=N verwendet.[499] Der bisher noch nicht veröffentlichte Algorithmus SK-92 wurde im Gegensatz dazu nicht implementiert. Gegen eine Implementierung sprachen nicht nur eine im Vergleich zu SK-90 kaum verbesserte Lösungsqualität, sondern auch fehlende Detailinformationen.[500] Leider sind in dem zur Verfügung gestellten Arbeitspapier auch nicht alle Testergebnisse dokumentiert. Der primär für einen Parallelrechner entwickelte TA-91 wurde ebenfalls nicht implementiert. Dafür ausschlaggebend war zum einen der große Bedarf an Hard- und Software, zum anderen sind die wichtigsten Testergebnisse für eine für diesen Vergleich gewählte Iterationszahl von N^2 für die hier untersuchten Probleme aus der Literatur verfügbar.[501]

Um die Lösungsqualität der Tabu Search Verfahren zu beurteilen, wird zunächst SK-90 an CO-90 gemessen. Die durchschnittlichen prozentualen Abweichungen der durch die Algorithmen gefundenen Lösungen von der besten bisher bekannten Lösung und der Anteil der Lösungen, die nicht mehr als 1% von dieser abweichen, sind in Abb. 5.16 wiedergegeben. Abb. 5.17 zeigt die Standardabweichungen der Lösungen und die durchschnittlichen Laufzeiten. Der durchgeführte Vorzeichentest ist in Abb. 5.18 dargestellt. Das einzige verfügbare qualitative Beurteilungskriterium für den Vergleich der Tabu Search Verfahren untereinander ist die durchschnittliche Abweichung von der besten bisher bekannten Lösung. Das Ergebnis ist in Abb. 5.19 zusammengefaßt.

Der qualitative Vergleich der Lösungen von CO-90 und SK-90 ist relativ eindeutig. Die durchschnittliche Abweichung von der besten bekannten Lösung ist durchgehend geringer. Auch die Streuung ist bei den meisten Problemen kleiner. Da außerdem der Anteil der Lösungen, die nicht mehr als 1% von der besten bekannten Lösung abweichen, bei SK-90 durchgehend höher ist, wird die Schlußfolgerung gezogen, daß SK-90 qualitativ bessere Lösungen als CO-90 und somit auch als WW-87 erzeugt. Der durchgeführte Vorzeichentest bestätigt diese Schlußfolgerung.

---

[499] Die mit $\Phi=N^2$ und TS=N erzielten Ergebnisse sind insbesondere wegen der höheren Zahl an Iterationen besser als die von Skorin-Kapov, 1990, S. 39 veröffentlichten (vgl. Abb. 5.16).

[500] Das von Skorin-Kapov dankenswerterweise privat übermittelte Arbeitspapier enthält nicht alle Informationen, die für eine Implementierung erforderlich sind.

[501] Vgl. Taillard, 1991, S. 452.

Durchschnittliche Abweichung von der besten bisher bekannten Lösung [in %]			Anteil der Lösungen ≤ 1% über der besten bisher bekannten Lösung [in %]		
Problem	**CO- 90**	**SK-90**	**Problem**	**CO- 90**	**SK-90**
H12	0,70 ∗	0,89 ∗	**H12**	52	48
NVR20	0,73 ∗	0,96 ∗	**NVR20**	68	52
NVR30	0,79 ∗	1,83	**NVR30**	64	76
TB30	1,16 ∗	0,74 ∗	**TB30**	44	80
TB40	1,47	0,66	**TB40**	30	70
SK42	0,79	0,41	**SK42**	80	90
SK49	0,62	0,33	**SK49**	90	100
WW50	0,26	0,19	**WW50**	100	100
SK56	0,61	0,59	**SK56**	90	90
SK64	0,63	0,55	**SK64**	100	100
SK72	0,65	0,39	**SK72**	100	100
SK81	0,66	0,33	**SK81**	100	100
SK90	0,53	0,40	**SK90**	100	100
WW100	0,27	0,26	**WW100**	100	100
TB150	1,61	0,69	**TB150**	0	70

Abb. 5.16: Erster Teil der Testergebnisse von SK-92 und CO-90

Die geringfügig bessere Lösungsqualität von SK-90 wird aber mit einer deutlich höheren Rechenzeit erkauft. Die Regressionsanalyse liefert einen Rechenaufwand von $4{,}88 \cdot 10^{-3} \cdot N^{3{,}61}$, der etwas geringer als der theoretisch abgeschätzte Worst-Case-Rechenaufwand von $O(N^4)$ ist. Der Aufwand ist allerdings fast um eine Ordnung größer als der von CO-90.

Standardabweichung der 25 bzw. 10 Lösungen			Durchschnittliche Rechenzeit für einen Lauf [in Sekunden]		
Problem	**CO - 90**	**SK- 90**	**Problem**	**CO - 90**	**SK- 90**
H12	2,1	2,2	**H12**	0,11	0,38
NVR20	8,1	6,2	**NVR20**	0,43	1,17
NVR30	15,0	46,6	**NVR30**	1,29	6,26
TB30	530,6	547,0	**TB30**	1,29	6,40
TB40	885,4	419,0	**TB40**	2,97	20,53
SK42	25,0	30	**SK42**	3,48	25,35
SK49	31,3	17	**SK49**	5,71	48,56
WW50	35,6	23	**WW50**	6,04	52,22
SK56	51,7	50	**SK56**	8,70	81,98
SK64	62,9	73	**SK64**	13,13	140,60
SK72	60,4	51	**SK72**	18,85	226,96
SK81	124,7	48	**SK81**	26,98	366,67
SK90	92,8	84	**SK90**	37,26	550,81
WW100	70,6	84	**WW100**	51,15	855,89
TB150	16.009,5	12.137,0	**TB150**	175,53	4.324,99

Abb. 5.17: Zweiter Teil der Testergebnisse von SK-92 und CO-90

Null- und Gegenhypothese	I(R)	$D_{I(R)}$	$C_{I(R)}$	Entscheidung
H_0: $W(Z^{SK\text{-}90} < Z^{CO\text{-}90}) \leq W(Z^{SK\text{-}90} > Z^{CO\text{-}90})$ H_1: $W(Z^{SK\text{-}90} < Z^{CO\text{-}90}) > W(Z^{SK\text{-}90} > Z^{CO\text{-}90})$	207	155	121	H_0 verwerfen

Abb. 5.18: Vergleich der Algorithmen SK-90 und CO-90 durch den Vorzeichentest

Ausschlaggebend dafür ist vor allem die Zahl der untersuchten Vertauschungen. CO-90 untersucht insgesamt nur $25N(N\text{-}1)$ Vertauschungen, während SK-90 in jeder der N^2 Iterationen bereits $1/2 \cdot N(N\text{-}1)$ Vertauschungen untersucht. Die Zahl der untersuchten Vertauschungen steigt bei SK-90 also signifikant stärker mit der Problemgröße an und ist bereits bei Problemen der Größe $N>7$ größer als die von CO-90. Wie groß der Unterschied ist, zeigt das folgende Beispiel. Bei dem größten untersuchten Problem ($N=150$) berechnet SK-90 mit 251.437.500 bereits 450 mal so viele Vertauschungen wie CO-90 mit 558.750.[502] Somit bleibt festzuhalten, daß SK-90 zwar geringfügig bessere Lösungen erzeugt, allerdings mit einem erheblich größeren Rechenaufwand.

Wie Abb. 5.19 zeigt, ist die Lösungsqualität der anderen Tabu Search Verfahren ähnlich zu beurteilen. TA-91 liefert fast immer eine etwas kleinere durchschnittliche Abweichung von der besten bekannten Lösung als SK-90 und somit natürlich auch als CO-90. Die wenigen verfügbaren Testergebnisse von SK-92 deuten ebenfalls auf eine im Vergleich zu SK-90 geringfügig bessere Lösungsqualität hin. Beide Verfahren, SK-92 und TA-91, verursachen mit $O(N^4)$ auch einen ähnlich hohen Rechenaufwand wie SK-90. Sie untersuchen ebenfalls insgesamt $N^2(1/2 \cdot N(N\text{-}1))$ Vertauschungen. Festzuhalten bleibt also, die Tabu Search Verfahren erzeugen zwar bessere Lösungen als alle bisher bekannten Verfahren, für größere Probleme ist ihre Laufzeit aber nicht mehr aktzeptabel.

Problem	SK- 90	SK- 92	TA- 91
H12	0,89 *	-[503]	0,90 *
NVR20	0,96 *	-	0,40 *
NVR30	1,83	-	0,40 *
TB30	0,74 *	-	-
TB40	0,66	-	-
SK42	0,41	0,26	0,40 *
SK49	0,33	0,50	0,20 *
WW50	0,19	-	0,20
SK56	0,59	0,29	0,50
SK64	0,55	0,28	0,40
SK72	0,39	0,39	0,40
SK81	0,33	0,36	0,40
SK90	0,40	0,34	0,40
WW100	0,26	-	0,20
TB150	0,69	-	-

Abb. 5.19: Abweichung von der besten bekannten Lösung für Tabu Search-Verfahren

---

[502] Bei jeder paarweisen Vertauschung müssen $2 \cdot N\text{-}3$ Multiplikationen und $6 \cdot N\text{-}9$ Additionen durchgeführt werden, um die daraus resultierende Kostenveränderung zu berechnen.

[503] Da der Algorithmus nicht neu implementiert wurde, liegen z.T. keine Testergebnisse vor.

5.4.4 Analyse der Simulated Annealing Verfahren mit Genetischer Programmierung

Bevor der Vergleich der Simulated Annealing Verfahren mit Genetischer Programmierung und deren Gegenüberstellung mit den bisher analysierten Verfahren erfolgt, werden zunächst die Überlegungen und Tests dargestellt, die zu diesen Modifikationen führten.

5.4.4.1 Analyse der Modifikationen

Von den bereits existierenden Simulated Annealing Verfahren enthält vor allem WW-87 einige interessante Komponenten. Daher wird er bei dem Versuch, die Leistungsfähigkeit der Simulated Annealing Verfahren zu verbessern, zunächst herangezogen, um Erkenntnisse über die Relevanz der Problemdatenaufbereitung, der Auswahlverfahren und der verschiedenen Parameterwerte zu erhalten. Die Testergebnisse sind in Abb. 5.20 und Abb. 5.21 dokumentiert. Noch interessanter ist jedoch die Frage, mit welchen Temperaturverläufen das Simulated Annealing die besten Ergebnisse liefert. Um die "optimale" Form zu finden, wurde zunächst mit konstanten Temperaturen experimentiert. Abb. 5.22 zeigt für die untersuchten Probleme als Ergebnis die Lösungsqualität bei verschiedenen konstanten Temperaturen. Die wichtigsten Erkenntnisse über gute Temperaturverläufe lieferte aber der anschließend selbst entwickelte TB1-92, der mit Hilfe der Genetischen Programmierung das ansonsten übliche manuelle Experimentieren durch eine "intelligente" Suche ersetzt. Die besten mit diesem Algorithmus gefundenen Temperaturverläufe sind in Abb. 5.23 und 5.24 graphisch dargestellt. Zunächst werden jedoch die an WW-87 durchgeführten Modifikationen diskutiert.

Der erste Ansatzpunkt für eine Verbesserung der Simulated Annealing Verfahren waren die relativ schlechten Ergebnisse von WW-87 bei Problemen, die betragsmäßig hohe Transportintensitäten und/oder -entfernungen aufwiesen. Sie führten zu der Überlegung, die Problemdaten nach dem Einlesen auf den Bereich [0, 10] zu normieren. Auf eine ausführliche Analyse dieser Modifikation wird an dieser Stelle allerdings verzichtet, da es unmittelbar einsichtig ist, daß der Algorithmus bei hohen Transportintensitäten bzw. -entfernungen ohne Problemdatennormierung praktisch keine Verschlechterung akzeptiert und somit bereits nach einer kurzen Laufzeit mit einer relativ schlechten Lösung terminiert. Die Vorteilhaftigkeit der Problemdatennormierung wird aber gemeinsam mit den nachfolgend diskutierten Modifikationen experimentell untersucht.

Um Erkenntnisse über die Relevanz der verschiedenen Auswahlverfahren zu erhalten, wurde die Lösungsqualität untersucht, die WW-87 liefert, wenn nicht die reine Zufallsauswahl (Z), sondern die sequentielle Nachbarschaftssuche (S) oder die zufällige ausschöpfende Nachbarschaftssuche (A) angewandt wird. Das wohl wichtigste Ergebnis, die durchschnittliche prozentuale Abweichung von der besten bekannten Lösung, die der Algorithmus für die unterschiedlichen Auswahlverfahren mit den

η	e	ε	H12			NVR30			WW50		
			Z	S	A	Z	S	A	Z	S	A
10	5	0,25	3,59	1,76	1,49	3,85	2,76	2,71	1,90	1,22	1,27
10	5	0,10	2,96	1,41	1,95	3,85	2,76	2,71	1,90	1,22	1,27
10	5	0,01	4,63	4,28	4,44	4,39	4,08	3,35	1,71	1,46	0,97
10	15	0,25	3,66	1,81	2,45	4,27	3,24	3,07	1,84	1,54	1,59
10	15	0,10	2,86	1,95	1,91	4,27	3,24	3,11	2,22	1,54	1,59
10	15	0,01	5,35	5,58	6,27	6,89	6,84	6,28	2,01	2,11	1,98
10	25	0,25	4,83	3,57	3,81	5,31	4,74	4,26	2,01	1,75	1,67
10	25	0,10	4,74	3,97	3,53	5,23	4,43	4,44	2,90	1,75	1,67
10	25	0,01	6,38	5,99	7,17	7,37	7,74	6,74	2,90	3,32	2,69
10	50	0,25	6,74	6,66	7,02	7,37	7,28	6,74	2,90	3,10	2,73
10	50	0,10	6,74	6,66	7,02	7,37	7,28	6,74	2,90	3,10	2,73
10	50	0,01	6,61	6,81	6,93	7,37	7,74	6,74	1,46	3,16	2,73
50	5	0,25	2,20	1,20	1,05	3,34	1,99	1,70	1,46	1,01	1,05
50	5	0,10	2,54	1,22	1,08	3,34	1,99	1,70	1,21	1,01	1,05
50	5	0,01	1,79	0,66	0,72	2,40	1,08	1,46	1,04	0,95	0,56
50	15	0,25	1,79	0,86	0,69	2,26	0,89	1,01	1,04	0,68	0,65
50	15	0,10	1,75	0,75	0,78	2,31	0,94	1,18	0,87	0,68	0,65
50	15	0,01	1,43	0,82	0,93	1,94	1,21	1,06	0,90	0,70	0,53
50	25	0,25	1,24	0,50	0,80	2,11	1,19	0,93	0,90	0,63	0,67
50	25	0,10	1,25	0,64	0,75	1,95	0,94	0,89	0,85	0,63	0,67
50	25	0,01	1,67	0,84	0,97	2,17	1,83	1,78	0,88	0,53	0,48
50	50	0,25	1,30	0,64	0,72	1,88	1,33	1,25	0,88	0,62	0,69
50	50	0,10	1,24	0,36	0,75	2,17	1,21	1,32	1,24	0,62	0,69
50	50	0,01	1,48	0,98	1,07	3,46	2,97	2,84	1,56	1,04	0,92
100	5	0,25	2,35	0,98	1,22	3,15	1,73	1,70	1,56	0,92	0,85
100	5	0,10	2,02	0,84	1,00	3,15	1,73	1,70	1,12	0,92	0,85
100	5	0,01	1,46	0,66	0,75	2,11	1,22	1,01	1,03	0,82	0,55
100	15	0,25	1,23	0,86	0,68	2,20	1,04	0,84	1,03	0,72	0,62
100	15	0,10	1,48	0,58	0,42	2,20	1,04	0,84	0,74	0,72	0,62
100	15	0,01	0,69	0,3	0,11	1,71	0,71	0,75	0,74	0,53	0,38
100	25	0,25	1,20	0,42	0,58	1,75	0,74	0,88	0,74	0,47	0,44
100	25	0,10	1,09	0,61	0,55	1,58	0,76	0,79	0,76	0,47	0,44
100	25	0,01	0,73	0,39	0,44	1,66	0,87	0,71	0,68	0,37	0,26
100	50	0,25	1,12	0,39	0,50	1,50	0,57	0,69	0,68	0,40	0,36
100	50	0,10	1,14	0,36	0,22	1,60	0,63	0,66	0,68	0,40	0,36
100	50	0,01	0,74	0,22	0,53	1,82	1,37	1,1	0,65	0,31	0,31
Minimum:			0,69	0,22	0,11	1,50	0,57	0,66	0,65	0,31	0,26

Abb. 5.20: Durchschnittliche prozentuale Abweichung von der besten bekannten Lösung als Funktion von η, e, ε und der Art der Nachbarschaftssuche

Parametereinstellungen von Wilhelm und Ward für η, e und ε für die Beispielprobleme H12, NVR30 und WW50 liefert, ist in Abb. 5.20 dargestellt. Die jeweils besten 3 Ergebnisse sind durch eine Schattierung hervorgehoben. Außerdem wurden die von Wilhelm und Ward verwendeten Parameter η, e und ε zu ihrer Kalibrierung innerhalb der folgenden Mengen variiert: $\eta \in \{100, 200, 500\}$; $e \in \{25, 50, 75, 100\}$; $\varepsilon \in \{0,01; 0,10; 0,25\}$. Die Testergebnisse von WW-87 (mit Problemdatennormierung und sequentieller Nachbarschaftssuche) sind in Abb. 5.21 zusammengefaßt.

η	e	ε	H12		NVR30		WW50	
			$100\,\frac{Z\text{-}Opt}{Opt}$	Zeit	$100\,\frac{Z\text{-}Opt}{Opt}$	Zeit	$100\,\frac{Z\text{-}Opt}{Opt}$	Zeit
100	75	0,25	0,00	0,26	0,72	1,08	0,37	2,48
100	75	0,10	0,00	0,26	0,62	1,04	0,37	2,48
100	75	0,01	0,45	0,25	1,71	0,53	0,48	2,11
100	100	0,25	0,28	0,26	0,99	1,01	0,44	2,29
100	100	0,10	0,28	0,26	0,83	0,95	0,44	2,29
100	100	0,01	0,14	0,26	2,22	0,46	0,94	1,07
200	25	0,25	0,35	0,54	0,79	2,56	0,43	6,15
200	25	0,10	0,48	0,53	0,47	2,43	0,43	6,17
200	25	0,01	0,21	0,46	0,51	2,95	0,16	6,55
200	50	0,25	0,14	0,49	0,37	2,30	0,22	6,24
200	50	0,10	0,28	0,51	0,50	2,29	0,36	6,00
200	50	0,01	0,14	0,50	0,47	2,75	0,14	6,24
200	75	0,25	0,14	0,44	0,59	2,26	0,19	5,97
200	75	0,10	0,14	0,48	0,40	2,32	0,19	5,76
200	75	0,01	0,06	0,37	0,41	2,09	0,16	6,89
200	100	0,25	0,14	0,48	0,43	2,23	0,23	5,54
200	100	0,10	0,14	0,48	0,44	2,19	0,23	5,68
200	100	0,01	0,00	0,51	0,62	2,05	0,24	5,68
500	25	0,25	0,48	1,38	0,65	6,77	0,48	18,11
500	25	0,10	0,14	1,37	0,62	6,48	0,48	18,12
500	25	0,01	0,00	1,58	0,56	7,18	0,20	19,36
500	50	0,25	0,14	1,40	0,31	6,64	0,27	17,37
500	50	0,10	0,14	1,42	0,43	6,50	0,27	17,39
500	50	0,01	0,00	1,45	0,26	7,54	0,15	20,28
500	75	0,25	0,00	1,39	0,43	6,32	0,25	16,48
500	75	0,10	0,00	1,39	0,35	6,60	0,25	16,49
500	75	0,01	0,00	1,30	0,31	6,93	0,14	19,63
500	100	0,25	0,14	1,33	0,18	6,52	0,16	16,28
500	100	0,10	0,14	1,35	0,18	6,53	0,16	16,26
500	100	0,01	0,14	1,29	0,24	7,29	0,12	18,25

Abb. 5.21: Lösungen von WW-87 mit Problemdatennormierung und sequentieller Nachbarschaftssuche (Vgl. dazu auch Wilhelm/Ward, 1987, S. 115 f).

Wie Abb. 5.20 zeigt, liefert WW-87 bei Verwendung der reinen Zufallsauswahl für alle Probleme die qualitativ schlechtesten Ergebnisse. Der Vergleich zwischen den Ergebnissen der sequentiellen und der ausschöpfenden zufälligen Nachbarschaftssuche kann im Gegensatz dazu nicht eindeutig zugunsten einer der beiden Vertauschungsstrategien entschieden werden. Für die sequentielle Nachbarschaftssuche spricht letzlich nur das bessere Laufzeitverhalten, da sie im Gegensatz zur zufälligen ausschöpfenden Nachbarschaftssuche auf das Erzeugen von Zufallszahlen verzichten kann.[504]

In Abb. 5.20 wird außerdem deutlich, daß die besten Ergebnisse mit den höchsten untersuchten Parameterwerten für η und e erreicht wurden. In Abb. 5.21 sind deshalb die Ergebnisse von zusätzlichen Experimenten dargestellt, die zur Untersuchung der Frage durchgeführt wurden, ob größere Werte für diese beiden Parameter die Ergebnisse noch weiter verbessern würden. Erwartungsgemäß nimmt sowohl die Lösungsqualität als auch der Rechenzeitbedarf mit zunehmendem η zu, so daß $\eta=200$ als ein guter Kompromiß ausgewählt wurde. Für diesen Wert liefern die anderen untersuchten Parameter bei e=75 und $\varepsilon=0,01$ die besten Ergebnisse.[505]

Bei der anschließenden Suche nach möglichst guten Temperaturverläufen wurden zunächst, in Anlehnung an Connolly, Versuche mit konstanten Temperaturen angestellt. Connolly experimentiert mit nicht normierten Problemdaten und findet eine mit der Problemgröße steigende "optimale" Temperatur.[506] Es stellt sich die Frage, ob diese Schlußfolgerung noch gültig ist, wenn die Transportintensitäten und -entfernungen, wie bei den selbst entwickelten Algorithmen, auf den Bereich [0, 10] normiert werden. Das in Abb. 5.22 graphisch dargestellte Ergebnis der Versuche zeigt sehr deutlich, daß die "optimalen" Temperaturen auch bei normierten Problemdaten problemabhängig sind. Mit steigender Problemgröße und steigender Flußdominanz der quadratischen Zuordnungsprobleme sinkt die optimale Temperatur.[507] So ist sie bei H12, einem kleinen Problem mit mittlerer Flußdominanz, im Temperaturbereich [6, 10] angesiedelt, während sie bei TB30 und TB40 (mittelgroße Probleme mit hoher Flußdominanz) sowie WW50 und WW100 (große Probleme mit geringer Flußdominanz) im Bereich [3, 6] liegt.

Wie Abb. 5.22 verdeutlicht, können jedoch zu ähnlichen Problemen mit ein und derselben konstanten Temperatur gute Lösungen gefunden werden. Die Probleme H12, NVR 20 und NVR30 sind zwar unterschiedlich groß, doch ist die durchschnittliche Abweichung von der besten bekannten Lösung kleiner als 1%, wenn eine Temperatur aus dem Bereich [4, 8] gewählt wird.

---

[504] Bei der sequentiellen Nachbarschaftssuche wird bei jeder Auswahl nur ein Zähler erhöht.

[505] Mit diesen Parameterwerten wird der modifizierte Algorithmus WWTB implementiert.

[506] Vgl. Connolly, 1990, S. 96.

[507] Im Gegensatz zu der mit der Problemgröße steigenden "optimalen" Temperatur bei nicht normierten Problemdaten.

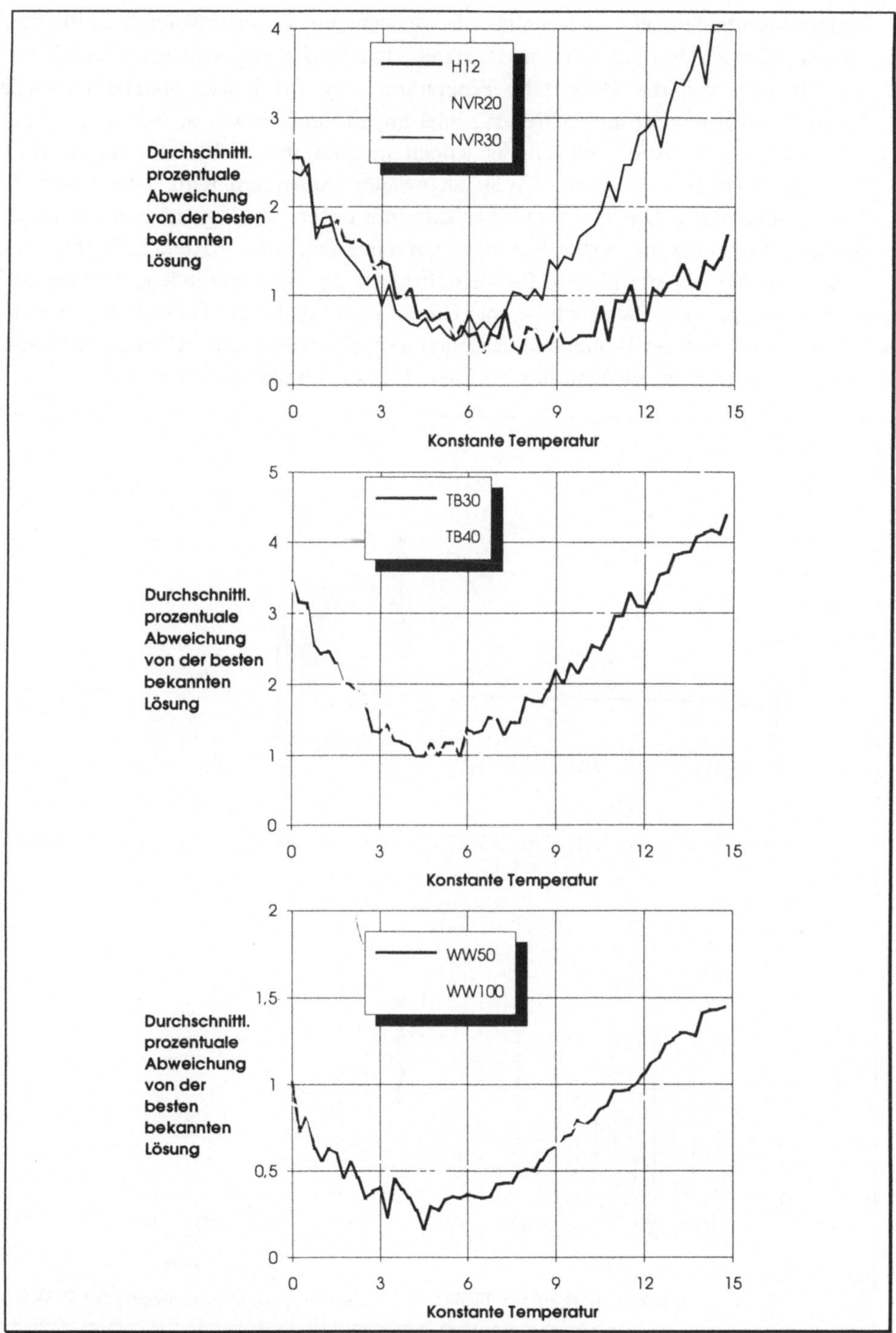

Abb. 5.22: Lösungsqualität bei konstanten Temperaturen

212

Um herauszufinden, ob -und wenn ja-, mit welchen Temperaturverläufen das Simulated Annealing noch bessere Ergebnisse erzielt, wurde der Algorithmus TB1-92 entwickelt, bei dem die Genetische Programmierung das bisher übliche manuelle Experimentieren substituiert. Wegen seiner hohen Laufzeit wurde der im Abschnitt 4.3.5.3.2 beschriebene Algorithmus jedoch nur auf die Problemstellungen H12, NVR20, NVR30, TB40 und WW50 angewandt. Außerdem wird jeweils nur ein Lauf durchgeführt. Die Temperaturverläufe, mit denen der Algorithmus für die jeweiligen Probleme die besten Lösungen gefunden hat, sind in Abb. 5.23 graphisch dargestellt. H12 ist das einzige Problem, bei dem der beste gefundene Temperaturverlauf konstant ist. Daher wurde bei H12 auf eine graphische Darstellung verzichtet. Bei allen anderen Problemen verändert sich die Temperatur während der Laufzeit, und das System wird mindestens einmal abgekühlt und wieder erhitzt.

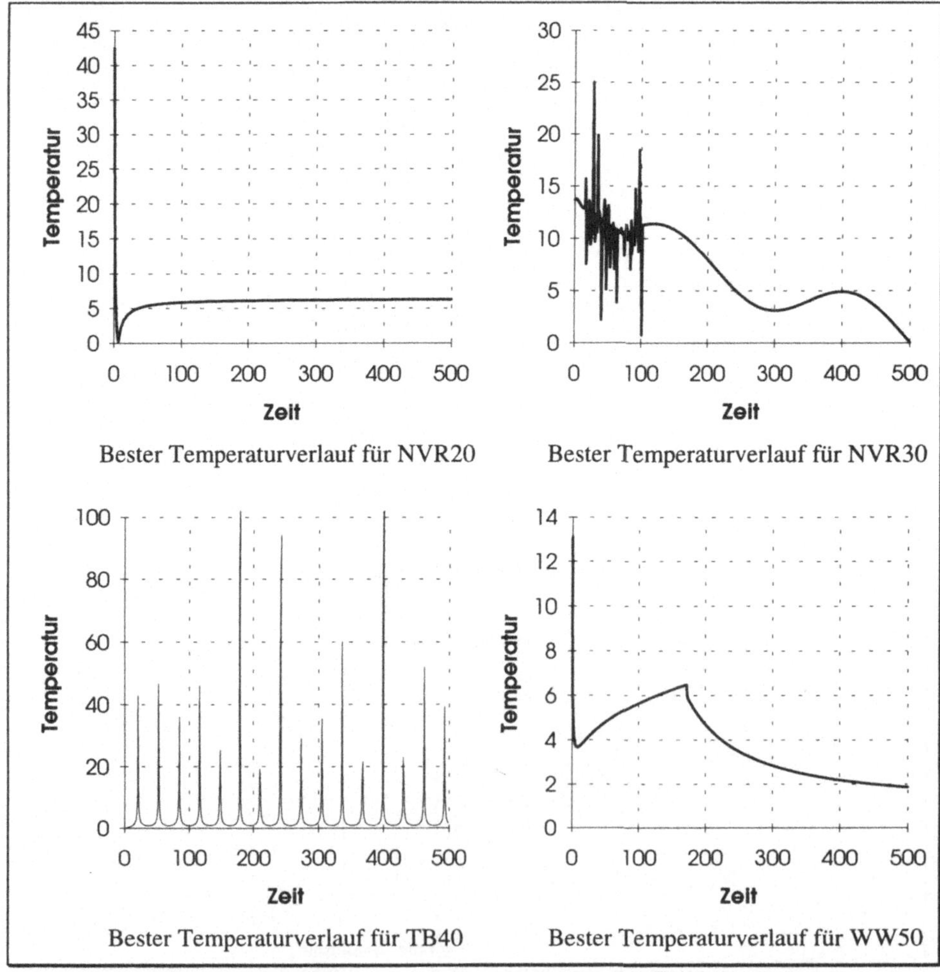

Abb. 5.23: Bester Temperaturverlauf für NVR20, NVR30, TB40 und WW50

Das sehr unterschiedliche Erscheinungsbild der in Abb. 5.23 dargestellten Temperaturverläufe deutet jedoch darauf hin, daß der jeweilige Verlauf der Temperatur zu sehr an das spezielle Problem angepaßt ist. Tatsächlich führte die direkte Übertragung der Temperaturverläufe auf andere Probleme meist nur zu qualitativ minderwertigen Ergebnissen. Daher wurde, um einen Temperaturverlauf zu finden, der mit hoher Wahrscheinlichkeit für eine große Anzahl verschiedenartiger Probleme gute Ergebnisse liefert, mit TB1-92 ein weiterer Versuch durchgeführt. Wie im Abschnitt 4.3.5.3.3 dieser Arbeit bereits beschrieben, wird jeder Temperaturverlauf, der mit Hilfe der Genetischen Programmierung erzeugt wird, nicht nur einmal auf ein Problem sondern jeweils zweimal mit verschiedenen Zufallszahlen auf insgesamt drei Probleme der Größe 12, 20 und 30 mit jeweils 2 unterschiedlichen Anfangszuordnungen angewandt. Insgesamt werden mit jedem Temperaturverlauf also 12 und nicht mehr ein Simulated Annealing Lauf durchgeführt. Anschließend wird die durchschnittliche prozentuale Abweichung von der besten bekannten Lösung von jedem der 12 Simulated Annealing Läufe benutzt, um den jeweiligen Temperaturverlauf zu bewerten. Die besten drei während des Versuchs gefundenen Temperaturverläufe sind in der Abb. 5.24 graphisch dargestellt. Sie wurden in den Generationen 12, 16 und 19 gefunden. Vor allem der in der 19. Generation gefundene Temperaturverlauf liefert sehr gute Ergebnisse.[508]

Die wichtigste Erfahrung, die aus diesem Versuch gezogen werden kann, ist aber wohl die Erkenntnis, daß die optimale Form des Temperaturverlaufs mit hoher Wahrscheinlichkeit weder durch das von den meisten Autoren verwendete exponentielle Abkühlen noch durch die von Connolly vorgeschlagene konstante Temperatur gegeben ist.[509] Für die Vorgehensweise Connollys spricht jedoch, daß durch die Genetische Programmierung häufig konstante Temperaturverläufe erzeugt wurden, die zu guten Ergebnissen führen. Die besten Lösungen wurden aber fast immer mit einem oszillierenden Temperaturverlauf erzeugt.

Aufgrund der bereits im Abschnitt 4.3.5.3.3 genannten Erkenntnisse, die aus diesen Temperaturverläufen gewonnen wurden, entstanden unter Beachtung der theoretischen Grundlagen die beiden Algorithmen TB2-92 und TB3-92, deren Leistungsfähigkeit im folgenden Kapitel ausführlich diskutiert wird.

---

[508] Die durchschnittliche Abweichung von der besten bekannten Lösung ist mit 0,33% auf den ersten Blick zwar nicht außergewöhnlich gering, es ist aber zu beachten, daß im Vergleich zu den anderen stochastischen Verfahren das Ergebnis von jedem der 12 Läufe berücksichtigt wird. Es wird also nicht nur, wie bei den anderen Verfahren, der beste von drei Läufen als Lösung deklariert. Somit fallen auch Ausreißer ins Gewicht.

[509] Vgl. Connolly, 1990, S. 95

214

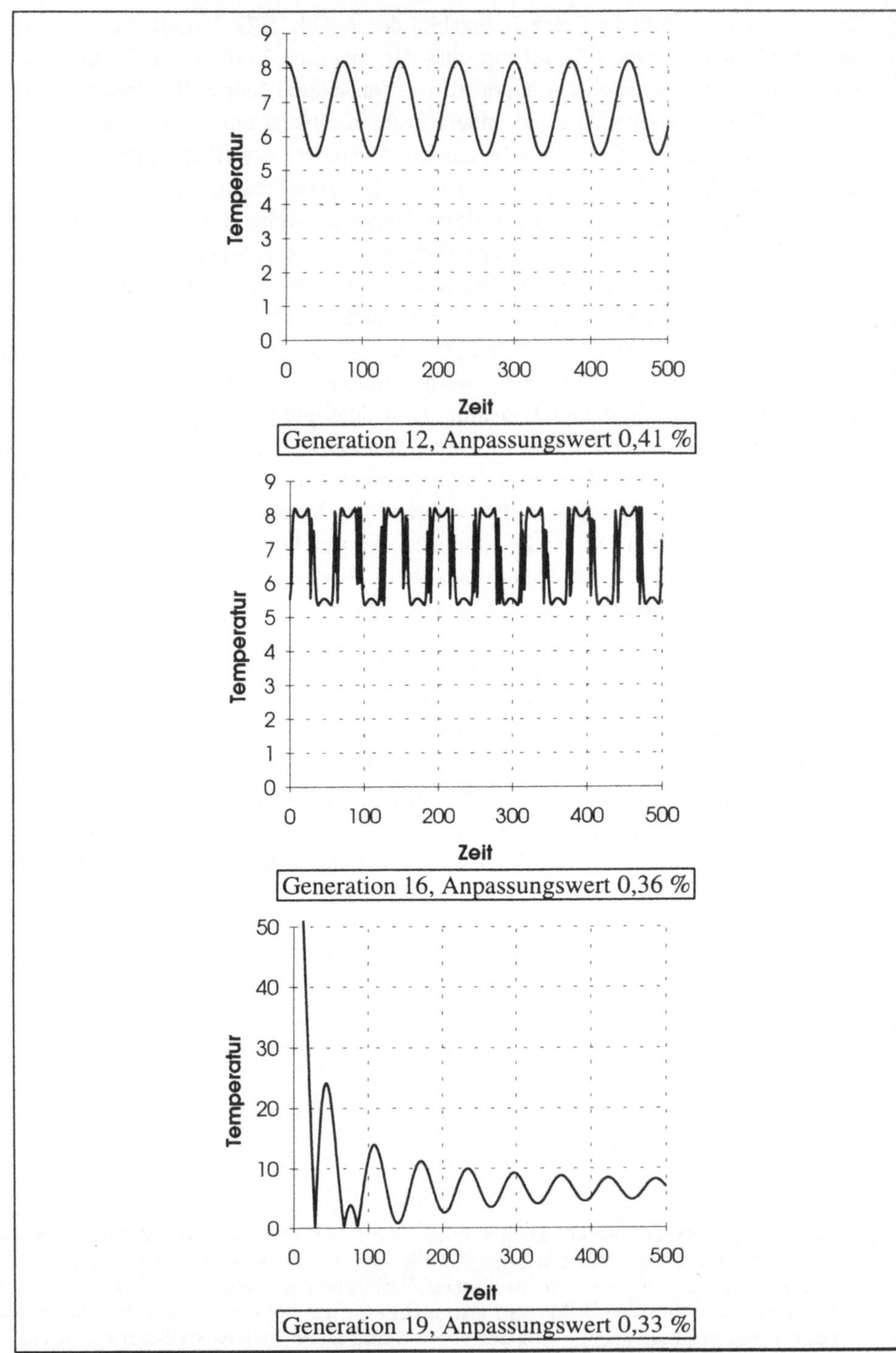

Abb. 5.24: Bester Temperaturverlauf der 12., 16. und 19. Generation

5.4.4.2 Analyse der modifizierten Verfahren

In diesem Kapitel wird zunächst die Leistungsfähigkeit des modifizierten Simulated Annealing Verfahrens WWTB ausführlich untersucht und mit anderen Verfahren verglichen. Anschließend werden die drei neu entwickelten Simulated Annealing Verfahren TB1-92, TB2-92 und TB3-92 analysiert. Dabei soll sich insbesondere zeigen, ob sie den bisher bekannten Verfahren aus der Literatur überlegen sind.

Analyse von WWTB

Der Algorithmus WWTB wurde wie im Abschnitt 4.3.2.7 beschrieben implementiert, so daß die Problemdaten im Gegensatz zu WW-87 nach dem Einlesen auf den Bereich [0, 10] normiert werden. Die rein zufällige Auswahl der Vertauschungspartner in WW-87 wird in WWTB durch die sequentielle Nachbarschaftssuche ersetzt. Als Parameterwerte werden $\eta=200$, $e=75$ und $\epsilon=0,01$ verwendet, die Anfangstemperatur wird wie in WW-87 mit $T_0=10$ beibehalten.

Um die Leistungsfähigkeit von WWTB zu bewerten, wird der Algorithmus auf die im Kapitel 5.1 genannten Probleme angewandt. Die Ergebnisse sind in Abb. 5.25 zusammengefaßt. WWTB liefert gute Ergebnisse für alle Testprobleme. Seine Lösungen haben im Vergleich zu WW-87[510] eine geringere durchschnittliche Abweichung von der besten bekannten Lösung bei kleinerer Streuung und einem höheren Anteil an Lösungen, die nicht mehr als 1% von der besten bekannten abweichen.

Problem	durchschnittliche Abweichung vom Optimum [in %]	Anteil Lösungen $\leq 1\%$ über der besten bekannten Lösung [in %]	Standard- abweichung der 25 bzw. 10 Lösungen	Rechenzeit pro Lauf [in Sek.]
H12	0,06 *	100	0,80	0,57
NVR20	0,13 *	100	3,01	1,32
NVR30	0,34 *	100	8,31	3,10
TB30	0,28 *	100	199,52	3,41
TB40	0,56	100	282,21	5,08
SK42	0,22 *	100	14,95	5,40
SK49	0,35	100	11,48	7,48
WW50	0,12	100	23,77	7,36
SK56	0,43	100	26,44	9,11
SK64	0,38	100	39,10	11,42
SK72	0,55	100	47,70	14,86
SK81	0,44	100	101,70	18,79
SK90	0,53	100	85,51	23,45
WW100	0,32	100	149,86	29,74
TB150	0,80	80	9187,89	77,93

Abb. 5.25: Testergebnisse des Simulated Annealing Algorithmus WWTB

---

[510] Vgl. Abb. 5.25 mit Abb. 5.13 und 5.14.

Außerdem hat WWTB im Gegensatz zu WW-87 auch keine Schwierigkeiten, für Probleme unterschiedlichster Struktur qualitativ hochwertige Lösungen zu finden. Sein Aufwand ist mit $9{,}95 \cdot 10^{-4} \cdot N^{2{,}25}$ zwar von höherer Ordnung als der von WW-87, doch ist er mit $O(N^{2{,}25})$ immer noch als gering zu bezeichnen. Die Lösungsqualität ist der von WW-87 also deutlich überlegen. Dies bestätigt auch der in Abb. 5.26 zusammengefaßte Vorzeichentest.

Null- und Gegenhypothese	$I(R)$	$D_{I(R)}$	$C_{I(R)}$	Entscheidung
H_0: $W(Z^{WWTB}<Z^{WW\text{-}87})\leq W(Z^{WWTB}>Z^{WW\text{-}87})$ H_1: $W(Z^{WWTB}<Z^{WW\text{-}87})> W(Z^{WWTB}>Z^{WW\text{-}87})$	200	195	117	H_0 verwerfen
H_0: $W(Z^{WWTB}<Z^{CO\text{-}90})\leq W(Z^{WWTB}>Z^{CO\text{-}90})$ H_1: $W(Z^{WWTB}<Z^{CO\text{-}90})> W(Z^{WWTB}>Z^{CO\text{-}90})$	190	150	112	H_0 verwerfen

Abb. 5.26: Vergleich von WWTB mit WW-87 und CO-90 mit dem Vorzeichentest

Der Vergleich von WWTB mit CO-90 fällt ähnlich aus. Nur bei einem Problem, WW100, haben die Lösungen von WWTB eine geringfügig höhere durchschnittliche Abweichung von der besten bekannten Lösung und eine etwas größere Streuung als die von CO-90 erzeugte. Außerdem ist der Rechenaufwand von CO-90 von höherer Ordnung als der von WWTB. Auch hier bestätigt der in Abb. 5.26 zusammengefaßte Vorzeichentest die Überlegenheit von WWTB hinsichtlich der Lösungsqualität. Auf einen ausführlichen Vergleich von WWTB mit den bekannten Tabu Search Verfahren wird an dieser Stelle zunächst verzichtet, da am Ende dieses Kapitels der Algorithmus TB3-92, eine Weiterentwicklung von WWTB, ausführlich untersucht und bewertet wird. Ein Vergleich der Abb. 5.25 mit 5.19 zeigt aber bereits, daß WWTB dem Tabu Search Verfahren SK-90 zumindest nicht unterlegen ist.

Analyse von TB1-92

Da der Algorithmus TB1-92 bei größeren Problemen sehr lange Laufzeiten hat, wurde er zur Beurteilung seiner Leistungsfähigkeit nur auf die Probleme H12, NVR20, NVR30, TB40 und WW50 angewandt. Außerdem wurde jeweils nur ein Lauf durchgeführt. Die Versuchsergebnisse sind in Abb. 5.27 zusammengefaßt.

Problem	Abweichung vom Optimum [in %]	Rechenzeit [in Sek.]	beste Lösung in der Generation	Temperaturverlauf
H12	0,00	4.898	1	konstant 8,35
NVR20	0,00	15.385	3	vgl. Abb. 5.23
NVR30	0,00	32.250	4	vgl. Abb. 5.23
TB40	0,00	78.737	7	vgl. Abb. 5.23
WW50	0,02	149.626	26	vgl. Abb. 5.23

Abb. 5.27: Testergebnisse des Algorithmus TB1-92

Sie zeigen, daß die Lösungsqualität von TB1-92 als hervorragend zu bezeichnen ist. Obwohl je Problem nur ein Lauf durchgeführt wurde, ermittelt TB1-92 für die ersten vier genannten Probleme jeweils die beste bekannte Lösung und für WW50 eine Lösung, die nur 0,02% über der besten bekannten liegt. Wegen der eindeutigen Überlegenheit von TB1-92 und aufgrund des geringen Stichprobenumfangs wurde auf einen Vorzeichentest verzichtet.

Gegen die Anwendung von TB1-92 spricht nur der relativ hohe Rechenzeitbedarf von $2,99 \cdot N^{2,77}$. Dieser ist nur unproblematisch, wenn Probleme mit nicht mehr als 50-70 anzuordnenden Elementen sporadisch zu lösen sind. Wenn hingegen größere Probleme regelmäßig zu lösen sind, sollte TB1-92 nur eingesetzt werden, wenn die im Abschnitt 4.3.5.3.2 beschriebene Parallelisierungsmöglichkeit realisiert werden kann. Andernfalls führt die Anwendung von TB1-92 zu unakzeptabel langen Rechenzeiten.[511]

Analyse von TB2-92

Um die Leistungsfähigkeit von TB2-92 zu beurteilen, wurde der Algorithmus wie im Abschnitt 4.3.5.3.3 beschrieben implementiert und auf alle 15 Testprobleme angewandt. Dabei wurde W, die Zahl der Vertauschungsversuche, die der Algorithmus insgesamt untersucht, entweder auf $W=125 \cdot N \cdot (N-1)$ oder auf $W=1250 \cdot N \cdot (N-1)$ gesetzt, um zu zeigen, inwiefern die Lösungsqualität und der Rechenzeitbedarf von der Zahl der untersuchten Vertauschungen abhängen. Das Ergebnis der Versuche ist in Abb. 5.28 zusammengefaßt. Bei dieser Zusammenfassung ist der Anteil an Lösungen, die nicht mehr als 1% von der besten bekannten Lösung abweichen, allerdings nicht mehr aufgeführt, da TB2-92 in allen Versuchen nur Lösungen erzeugt hat, die weniger als 1% von der besten bekannten Lösung abweichen.

Wie ein Vergleich der Abb. 5.28 mit Abb. 5.13, 5.14, 5.16, 5.17 und 5.19 zeigt, ist TB2-92 den Verfahren aus der Literatur bereits mit $W=125 \cdot N \cdot (N-1)$ eindeutig überlegen. Die durchschnittliche Abweichung der Lösungen von der besten bekannten Lösung und die Standardabweichung sind im Vergleich zu den bisher veröffentlichten Testergebnissen bei allen Problemen geringer. Da TB2-92 nur Lösungen erzeugt, die weniger als 1% von der besten bekannten abweichen, ist auch dieser Anteil zumindest nicht kleiner als bei den Verfahren aus der Literatur. Erwartungsgemäß zeigt auch der in Abb. 5.29 wiedergegebene Vorzeichentest eine eindeutige Überlegenheit von TB2-92 gegenüber SK-90 und WWTB. Da der den Simulated Annealing Verfahren aus der Literatur qualitativ überlegene WWTB bereits schlechtere Ergebnisse liefert als TB2-92, ist ein Vergleich von TB2-92 mit den Simulated Annealing Verfahren WW-87 und CO-90 nicht mehr erforderlich.

---

[511] Bei der Anwendung von TB1-92 werden jeweils 51·500 Simulated Annealing Läufe durchgeführt.

Problem	durchschnittl. Abweich. vom Opt. [in %] bei W=		Standardabweichung der Lösungen bei W=		Rechenzeit pro Lauf [in Sek.] bei W=	
	125N(N-1)	1250N(N-1)	125N(N-1)	1250N(N-1)	125N(N-1)	1250N(N-1)
H12	0,000 *	0,000 *	0,00	0,00	0,76	7,56
NVR20	0,072 *	0,000 *	1,29	0,00	2,73	27,39
NVR30	0,231 *	0,008 *	6,23	0,66	7,79	78,52
TB30	0,257 *	0,000 *	173,19	0,00	7,72	77,78
TB40	0,522 *	0,042 *	339,16	29,93	16,59	168,53
SK42	0,134 *	0,025 *	10,45	2,83	19,17	194,09
SK49	0,170	0,070 *	6,35	3,55	30,43	305,27
WW50	0,075	0,027 *	9,43	5,95	32,28	326,21
SK56	0,126	0,028 *	14,45	3,11	45,01	453,78
SK64	0,141	0,014 *	15,30	4,27	66,42	668,15
SK72	0,291	0,070 *	28,90	22,59	93,65	937,49
SK81	0,191	0,033 *	41,70	11,73	131,81	1319,86
SK90	0,221	0,113	22,47	24,31	180,24	1804,37
WW100	0,142	0,047 *	60,09	51,40	246,24	2464,38
TB150	0,232	0,044 *	4.761,58	1.137,99	807,50	8.079,39

Abb. 5.28: Testergebnisse des Simulated Annealing Algorithmus TB2-92

Null- und Gegenhypothese	I(R)	$D_{I(R)}$	$C_{I(R)}$	Entscheidung
H_0: $W(Z^{TB2-92}<Z^{SK-90})\leq W(Z^{TB2-92}>Z^{SK-90})$ H_1: $W(Z^{TB2-92}<Z^{SK-90})>W(Z^{TB2-92}>Z^{SK-90})$	181	153	107	H_0 verwerfen
H_0: $W(Z^{TB2-92}<Z^{WWTB})<W(Z^{TB2-92}>Z^{WWTB})$ H_1: $W(Z^{TB2-92}<Z^{WWTB})>W(Z^{TB2-92}>Z^{WWTB})$	166	126	98	H_0 verwerfen

Abb. 5.29: Vergleich von WWTB und SK-90 mit TB2-92 (mit W=125·N·(N-1)) mit dem Vorzeichentest

Mit W=1.250·N·(N-1) untersuchten Vertauschungen kann die ohnehin schon sehr gute Lösungsqualität von TB2-92 unter Inkaufnahme einer Laufzeiterhöhung nochmals verbessert werden. Die durchschnittliche Abweichung der Lösungen von der besten bekannten Lösung ist in diesem Fall bei allen Problemen, mit Ausnahme von SK90, kleiner als 0,1%. Diese Lösungsqualität erreichen auch die neuesten Tabu Search Verfahren von Skorin-Kapov und Taillard bei weitem nicht, obwohl sie im Gegensatz zu TB2-92 nicht $1.250 \cdot N \cdot (N-1)$, sondern $1/2 \cdot N^2 \cdot N \cdot (N-1)$ Vertauschungen untersuchen, um die in Abb. 5.19 genannte Lösungsqualität zu erreichen.[512] Hervorzuheben ist außerdem, daß bei fast allen Problemen, außer bei SK90, wenigstens eine der 25 bzw. 10 von TB2-92 erzeugten Lösungen, einen Zielfunktionswert hatte, der dem besten bisher bekannten entspricht.[513] Skorin-Kapov und Taillard gelingt dies bei den meisten Problemen nur, wenn sie mit ihren Algorithmen deutlich mehr als $1/2 \cdot N^2 \cdot N \cdot (N-1)$ Vertauschungen untersuchen.[514] So hat Taillard z.B. für das Problem SK90 zwischen 6 und 8 Milliarden Vertauschungen untersucht, um die beste bekannte Lösung zu finden.[515]

Daß die Überlegenheit von TB2-92 mit zunehmendem W immer deutlicher wird, zeigt auch der paarweise Vergleich der 210 jeweils erzeugten Lösungen. So liefert SK-90 zwar 33 mal eine gleichgute aber kein einziges mal eine bessere Lösung als TB2-92 mit $W=1.250 \cdot N(N-1)$.

Die Laufzeiten von TB2-92 sind erwartungsgemäß etwas größer als die von CO-90, da der in dieser Arbeit entwickelte Algorithmus 5 bzw. 50 mal so viele Vertauschungen untersucht und auch die jeweilige Temperatur etwas aufwendiger berechnet. Außerdem führt CO-90 keine Problemdatennormierung durch. So liefert die durchgeführte Regressionsanalyse einen Rechenaufwand von $3,24 \cdot 10^{-4} \cdot N^{2,94}$ für $W=125 \cdot N \cdot (N-1)$ und $3,41 \cdot 10^{-3} \cdot N^{2,93}$ für $W=1.250 \cdot N \cdot (N-1)$. Der theoretisch abgeschätzte Rechenaufwand ist in beiden Fällen allerdings, wie bei CO-90, $O(N^3)$. Im Vergleich zu den bisher bekannten Verfahren aus der Literatur ist TB2-92 also überlegen. Er liefert bei geringfügig größeren Rechenzeiten qualitativ bessere Ergebnisse.

Analyse von TB3-92

Auch der Algorithmus TB3-92 wurde wie im Abschnitt 4.3.5.3.4 beschrieben implementiert und auf die Testprobleme angewandt, um seine Leistungsfähigkeit zu beurteilen. Dabei wurde IT, die Zahl, die angibt, wie oft der Algorithmus die Temperatur erhöht, entweder auf IT=4 oder auf IT=200 gesetzt, um zu zeigen, wie sich IT auf die Lösungsqualität und den Rechenzeitbedarf auswirkt. Die Testergebnisse sind in Abb. 5.30 zusammengefaßt. Auch hier wurde der Anteil der Lösungen, die nicht mehr als 1% von der besten bekannten abweichen, nicht mehr angegeben, weil er bei allen Problemen 100% beträgt.

---

[512] Die Zahl der von TB2-92 untersuchten Vertauschungen ist mit $W=1.250 \cdot N \cdot (N-1)$ bei großen Problemen (N>49) also signifikant kleiner als die der Tabu Search Verfahren.

[513] In Abb. 5.28 durch einen Stern (*) gekennzeichnet.

[514] Vgl. Taillard, 1991, S. 452; Skorin-Kapov, 1991, S. 17 und Tabelle 6.

[515] TB2-92 untersucht für das Problem SK90 bei $W=125.N.(N-1)$ insgesamt nur ca. eine Million Vertauschungen und bei $W=1.250.N.(N-1)$ "nur" ca. 10 Millionen Vertauschungen.

Problem	durchschn. Abweich. vom Optimum [in %] bei		Standardabweichung der Lösungen bei		Rechenzeit pro Lauf [in Sek.] bei	
	IT=4	IT=200	IT=4	IT=200	IT=4	IT=200
H12	0,000 *	0,000 *	0,00	0,00	1,25	69,56
NVR20	0,025 *	0,000 *	0,75	0,00	2,79	145,74
NVR30	0,154 *	0,039 *	4,65	1,00	6,20	315,44
TB30	0,146 *	0,000 *	145,04	0,00	6,54	315,44
TB40	0,445	0,073 *	227,70	83,13	10,25	556,68
SK42	0,204 *	0,007 *	13,25	0,97	11,17	573,63
SK49	0,172	0,030 *	11,54	3,98	15,01	807,26
WW50	0,095	0,003 *	8,80	2,24	15,48	846,24
SK56	0,333	0,015 *	29,92	3,44	19,24	1.049,18
SK64	0,277	0,002 *	27,89	0,71	24,93	1.386,33
SK72	0,450	0,057 *	49,21	25,58	31,61	1.761,18
SK81	0,429	0,033 *	55,42	10,82	39,13	2.202,96
SK90	0,433	0,117	67,11	56,68	49,71	2.791,95
WW100	0,269	0,077 *	126,39	63,82	61,75	3.231,38
TB150	0,797	0,184	10.791,28	3.689,25	143,26	7.269,49

Abb. 5.30: Testergebnisse des Simulated Annealing Algorithmus TB3-92

Wie Abb. 5.30 zeigt, ist auch die Lösungsqualität von TB3-92 als hervorragend zu bezeichnen. Bereits mit IT=4 ist TB3-92 den Simulated Annealing Verfahren aus der Literatur und auch dem hier entwickelten Simulated Annealing Verfahren WWTB überlegen.[516] Seine Lösungen haben durchgehend eine geringere durchschnittliche Abweichung von der besten bekannten Lösung und, von zwei Ausreißern abgesehen, auch eine kleinere Standardabweichung. TB3-92 muß aber auch den Vergleich mit dem Tabu Search Verfahren SK-90 nicht scheuen. Seine Lösungsqualität ist mit IT=4 jedoch nicht bei allen Testproblemen durchgehend besser. So ist sowohl die durchschnittliche Abweichung der Lösungen von der besten bekannten Lösung als auch die Standardabweichung bei Problemen der Größe N<72 bei TB3-92 mit IT=4 im Vergleich zu SK-90 deutlich geringer und bei Problemen mit N≥72 geringfügig größer. Dieser Unterschied in der Lösungsqualität dürfte darauf zurückzuführen sein, daß SK-90 mit zunehmender Problemgröße signifikant mehr Vertauschungen untersucht als TB3-92 mit IT=4.[517]

---

[516] Vgl. Abb. 5.13, 5.14 und 5.25 mit Abb. 5.30.

[517] Bei TB3-92 kann die Zahl der untersuchten Vertauschungen nicht ex ante bestimmt werden. Die Laufzeiten deuten aber darauf hin, daß TB3-92 noch weniger Vertauschungen untersucht als TB2-92 mit W=125·N·(N-1) untersuchten Vertauschungen.

Trotzdem zeigt der in Abb. 5.31 zusammengefaßte Vorzeichentest, daß TB3-92 insgesamt gesehen bereits mit IT=4 sowohl SK-90 als auch WWTB (und damit auch WW-87 und CO-90) hinsichtlich der Lösungsqualität überlegen ist.

Null- und Gegenhypothese	I(R)	$D_{I(R)}$	$C_{I(R)}$	Entscheidung
H_0: $W(Z^{TB3-92}<Z^{SK-90})\leq W(Z^{TB3-92}>Z^{SK-90})$ H_1: $W(Z^{TB3-92}<Z^{SK-90})>W(Z^{TB3-92}>Z^{SK-90})$	174	128	103	H_0 verwerfen
H_0: $W(Z^{TB3-92}<Z^{WWTB})\leq W(Z^{TB3-92}>Z^{WWTB})$ H_1: $W(Z^{TB3-92}<Z^{WWTB})>W(Z^{TB3-92}>Z^{WWTB})$	163	108	97	H_0 verwerfen

Abb. 5.31: Vergleich von WWTB und SK-90 mit TB3-92 (IT=4) mit dem Vorzeichentest

Zur Beurteilung seiner Leistungsfähigkeit wird TB3-92 mit IT=4 nun aber auch an dem Simulated Annealing Verfahren TB2-92 mit $W=125 \cdot N \cdot (N-1)$ gemessen. Obwohl sich die beiden Verfahren in der Lösungsqualität nur minimal unterscheiden, deutet der Vergleich der in Abb. 5.28 und 5.30 dargestellten Testergebnisse bei genauer Betrachtung doch auf eine leichte Unterlegenheit von TB3-92 hin. Seine Lösungen haben bei Problemen mit N>40 eine etwas höhere durchschnittliche Abweichung von der besten bekannten Lösung und auch eine etwas größere Standardabweichung als die von TB2-92 erzeugten. Diese Vermutung wird durch den in Abb. 5.32 zusammengefaßten Vorzeichentest bestätigt.

Null- und Gegenhypothese	I(R)	$D_{I(R)}$	$C_{I(R)}$	Entscheidung
H_0: $W(Z^{TB2-92}<Z^{TB3-92})\leq W(Z^{TB2-92}>Z^{TB3-92})$ H_1: $W(Z^{TB2-92}<Z^{TB3-92})>W(Z^{TB2-92}>Z^{TB3-92})$	159	100	9466	H_0 verwerfen

Abb. 5.32: Vergleich von TB2-92 mit TB3-92 (mit $W=125 \cdot N \cdot (N-1)$ und IT=4) mit dem Vorzeichentest

Die geringfügig bessere Lösungsqualität von TB2-92 wird bei Problemen mit N>20 allerdings durch eine eindeutig höhere Rechenzeit erkauft. Die Regressionsanalyse liefert für TB3-92 mit IT=4 auch nur einen Rechenaufwand von $4,46 \cdot 10^{-3} \cdot N^{2,07}$, also einen Aufwand, der um ungefähr eine Ordnung kleiner ist als der von TB2-92 mit $W=125 \cdot N \cdot (N-1)$. Bei TB3-92 mit IT=4 und TB2-92 mit $W=125 \cdot N \cdot (N-1)$ muß also zwischen geringerer Laufzeit und qualitativ etwas höherwertigen Ergebnissen entschieden werden.

Die Abb. 5.30 zeigt aber auch, daß die Lösungsqualität von TB3-92 noch einmal signifikant verbessert wird, wenn man nicht IT=4 sondern IT=200 verwendet. Der Algorithmus erreicht dann eine Lösungsqualität, die die bisher publizierten Verfahren bei weitem nicht erreichen.[518] So ist die durchschnittliche Abweichung der Lösungen von der besten bekannten Lösung nur bei zwei Testproblemen etwas größer als 0,1%, bei allen anderen jedoch deutlich kleiner als 0,1%. Somit ist es auch wenig überraschend, daß bei fast allen Problemen, außer bei SK90 und TB150, wenigstens eine der 25 bzw. 10 von TB3-92 erzeugten Lösungen einen Zielfunktionswert hatte, der dem besten bisher bekannten entspricht. Die Testergebnisse zeigen also auch sehr deutlich, daß die Überlegenheit von TB3-92 gegenüber den Verfahren aus der Literatur mit zunehmendem IT noch sichtlich wächst. Aufgrund der eindeutigen Überlegenheit wird auf einen Vorzeichentest verzichtet. TB3-92 mit IT=200 ist TB2-92 mit W=125·N·(N-1) natürlich eindeutig überlegen, genauso wie TB2-92 mit W=1250·N·(N-1) dem Verfahren TB3-92 mit IT=4 überlegen ist. Daher erscheint es wenig sinnvoll, diese Algorithmen ausführlich miteinander zu vergleichen.

Das einzige Verfahren, das die Lösungsqualität von TB3-92 mit IT=200 erreicht, ist der ebenfalls hier entwickelte Algorithmus TB2-92 mit W=1250·N·(N-1). Ein Vergleich der in Abb. 5.28 und 5.30 dargestellten Testergebnisse zeigt, daß die Lösungen der beiden Algorithmen eine ähnliche durchschnittliche Abweichung von der besten bekannten Lösung und auch eine ähnliche Standardabweichung haben. Auch der paarweise Vergleich der 210 jeweils erzeugten Lösungen deutet auf eine vergleichbare Lösungsqualität hin. So lieferten die beiden Algorithmen immerhin 101 mal eine Lösung mit gleichen Kosten. Bei den verbleibenden 109 Lösungen war TB2-92 genau 53 mal und TB3-92 genau 56 mal besser als der jeweils andere Algorithmus, d.h. auch der Vorzeichentest bestätigt die Vermutung, daß die beiden Algorithmen TB2-92 mit W=1250·N·(N-1) und TB3-92 mit IT=200 als gleich gut zu bezeichnen sind.

Die vergleichbare Lösungsqualität von TB2-92 mit W=1250·N·(N-1) und TB3-92 mit IT=200 wird bei sehr großen Problemen (N>100) bei TB2-92 jedoch durch eine erheblich höhere Rechenzeit erkauft. Die Regressionsanalyse liefert nämlich auch für TB3-92 mit IT=200 nur einen Rechenaufwand, der mit $3{,}83 \cdot 10^{-1} \cdot N^{1{,}97}$ um ungefähr eine Ordnung kleiner ist als der von TB2-92 mit W=1250·N·(N-1). Die Lösungszeit von TB3-92 mit IT=200 steigt also erheblich geringer mit der Problemgröße an als die von TB2-92 mit W=1250·N·(N-1), d.h., TB3-92 kann im Gegensatz zu TB2-92 auch noch zur Lösung sehr großer Probleme (z.B. N=1000) eingesetzt werden.

5.5 Zusammenfassung der Analyse

In der Abb. 5.33 sind die wichtigsten Ergebnisse der im Rahmen dieser Arbeit durchgeführten Experimente noch einmal komprimiert dargestellt. Dabei wurde das wohl wichtigste Beurteilungskriterium, die durchschnittliche prozentuale Abweichung von der besten bekannten Lösung, über die hier jeweils untersuchten Testprobleme gemittelt, um eine Aussage über die durchschnittliche erreichte Lösungsqualität zu erhalten. Außer-

---

[518] Vgl. dazu Abb. 5.19 oder Taillard, 1991, S. 452 f. bzw. Skorin-Kapov, 1991, Tabelle 5.

dem zeigt Abb. 5.33 für die Algorithmen[519] sowohl das Ergebnis der empirischen Aufwandsabschätzung als auch die Laufzeit für ein kleines, ein mittelgroßes und ein großes Problem auf einer SPARC 2. Dabei handelt es sich bei dem kleinen Problem (N=12) und dem mittelgroßen Problem (N=100) um die tatsächlich gemessene mittlere Laufzeit.[520] Um auch eine Vorstellung über die Rechenzeit für relativ große Probleme zu vermitteln, wurde außerdem noch die aufgrund der Regressionsanalyse extrapolierte Laufzeit für ein Problem der Größe N=1000 mit in die Abbildung aufgenommen.

Die Testergebnisse bestätigen zunächst in einer nicht erwarteten Deutlichkeit die in der Literatur häufiger vertretene Meinung, daß die Verfahren zur Verbesserung eines Layouts den Verfahren zur Erzeugung eines Layouts überlegen sind. Diese Schlußfolgerung ist, wie Abb. 5.33 sehr eindrucksvoll zeigt, auch dann noch gültig, wenn man die in dieser Arbeit modifizierten Verfahren zur Erzeugung eines Layouts als Vergleichsverfahren heranzieht. Die meisten Modifikationen können die Lösungsqualität nicht signifikant verbesssern oder führen wie HB9-92 zu unakzeptabel langen Laufzeiten. Insgesamt bleibt daher festzuhalten, daß die Verfahren zur Erzeugung eines Layouts, und zwar auch die vorausschauenden Verfahren zur Erzeugung eines Layouts, grundsätzlich nicht zu empfehlen sind.

Die in Abb. 5.33 zusammengefaßten Versuchsergebnisse zeigen aber auch noch einmal sehr deutlich die Überlegenheit der neu entworfenen Simulated Annealing Algorithmen gegenüber den bisher bekannten Algorithmen aus der Literatur. Weder die bereits existierenden Simulated Annealing Verfahren noch die bekannten Tabu Search Verfahren erreichen die Lösungsqualität der neu konzipierten Verfahren. Insbesondere TB2-92 und TB3-92 sind grundsätzlich allen bisher bekannten Algorithmen zur Lösung quadratischer Zuordnungsprobleme vorzuziehen.

Auswahlentscheidend ist letzlich aber die Problemgröße und die gewünschte (bzw. verfügbare) Laufzeit. Wenn die Laufzeit kein kritisches Auswahlkriterium ist, kann zwischen TB2-92 und TB3-92 entschieden werden. Bereits mit $W=125 \cdot N \cdot (N-1)$ bzw. IT=4 liefern TB2-92 und TB3-92 bei gegebener Laufzeit höherwertige Lösungen als die hier untersuchten Algorithmen aus der Literatur. Bei den meisten Problemen dürfte, wenn die Laufzeit nicht kritisch ist, auch TB2-92 mit $W=1250 \cdot N \cdot (N-1)$ bzw. TB3-92 mit IT=200 anwendbar sein. Beide Algorithmen liefern dann Lösungen, die entweder nicht mehr zu verbessern sind, da es sich um die optimalen Lösungen handelt, oder aber Lösungen, die nur äußerst geringfügig von der besten bekannten abweichen.

Leichte Vorteile hat TB3-92 im Vergleich zu TB2-92 bei sehr großen Problemen (N>150). Hier liefert er im Vergleich zu TB2-92 fast gleichwertige Lösungen bei merklich geringerer Rechenzeit. TB2-92 ist hingegen TB3-92 vorzuziehen, wenn es

---

[519] Die Zusammenfassung enthält nur die Modifikationen, die zu einer Verbesserung führten.

[520] Bei TB1-92 wurde die Laufzeit für die Problemgröße N=100 extrapoliert.

sich um kleinere Probleme handelt oder wenn die Laufzeit irrelevant ist, da er dann etwas bessere Lösungen als TB3-92 erzielt. Bei mittelgroßen und großen Problemen kann bei sehr kritischer Laufzeit auch WWTB recht erfolgversprechend eingesetzt werden. Er besitzt insbesondere bei sehr großen Problemen im Vergleich zu TB2-92 und TB3-92 relativ kurze Laufzeiten und erzeugt Lösungen, die durchschnittlich auch nicht mehr als 0,34% von der besten bisher bekannten Lösung abweichen. Wenn die von WW-87 geforderte Problemstruktur vorliegt, kann bei sehr großen Problemen und äußerst zeitkritischer Laufzeit auch WW-87 angewandt werden.

Verfahren	$\frac{100(Z\text{-}Opt)}{Opt}$	Rechen aufwand	Laufzeit		
			N=12	N=100	N=1.000
DA-86	10,87 %	$O(N^{3,90})$	0,2 s	32,4 s	70,9 h
MO-77	8,37 %	$O(N^{3,70})$	0,4 s	32,0 s	42,7 h
BR-84	18,83 %	$O(N^{3,90})$	0,6 s	91,0 s	164,9 h
HC-66	7,70 %	$O(N^{3,80})$	0,5 s	89,9 s	161,8 h
HB5-92	7,53 %	$O(N^{3,85})$	1,1 s	89,5 s	174,4 h
HB6-92	6,11 %	$O(N^{3,84})$	0,3 s	89,2 s	170,2 h
HB7-92	6,28 %	$O(N^{3,81})$	0,3 s	88,9 s	158,5 h
HB8-92	7,58 %	$O(N^{3,98})$	3,9 s	2,04 h	2,6 a
HB9-92	2,47 %	$O(N^{6,86})$	8,0 s	0,38 a	$> 10^6 \cdot 2,8$ a
CBS-68	2,35 %	$O(N^{4,00})$	0,04 s	414,3 s	0,15 a
WW-87	2,63 %	$O(N^{1,71})$	0,42 s	12,5 s	0,18 h
CO-90	0,72 %	$O(N^{3,00})$	0,11 s	51.2 s	11,6 h
SK-90	0,58 %	$O(N^{3,61})$	3,83 s	8558,9 s	10,5 a
TA-91[521]	1,40 %	$O(N^{3,00})$			
TA-91[522]	0,40 %	$O(N^{4,00})$			
WWTB	0,34 %	$O(N^{2,25})$	0,57 s	29,75 s	1,55 h
TB1-92	< 0,01 %	$O(N^{2,77})$	1,36 h	288 h	> 19 a
TB2-92[523]	0,18 %	$O(N^{2,94})$	0,76 s	246,2 s	59,5 h
TB3-92[524]	0,26 %	$O(N^{2,07})$	1,25 s	61,8 s	2,01 h
TB2-92[525]	0,03 %	$O(N^{2,93})$	7,56 s	0,68 h	583,9 h
TB3-92[526]	0,04 %	$O(N^{1,97})$	69,56 s	0,89 h	86,4 h

Abb. 5.33: Zusammenfassung der wichtigsten Versuchsergebnisse

---

[521] TA-91 mit 4N Iterationen (Taillard, 1991, S. 452), d.h. $2 \cdot N \cdot N(N-1)$ untersuchten Vertauschungen.

[522] TA-91 mit N^2 Iterationen (vgl. ebenda), d.h. $1/2 \cdot N^2 \cdot N(N-1)$ untersuchten Vertauschungen.

[523] TB2-92 mit $W = 125 \cdot N(N-1)$ untersuchten Vertauschungen.

[524] TB3-92 mit IT=4.

[525] TB2-92 mit $W = 1250 \cdot N(N-1)$ untersuchten Vertauschungen.

[526] TB3-92 mit IT=200.

6. Zusammenfassung und Ausblick

Das wesentliche Ziel dieser Arbeit war der Versuch, die bereits bestehenden Verfahren zur Lösung des quadratischen Zuordnungsproblems zu verbessern. Zu diesem Zweck erfolgte nach der allgemeinen Charakterisierung des Layoutproblems zunächst die Formulierung eines entsprechenden mathematischen Modells. Dabei wurden die existierenden Modelle auf verschiedene Weise erweitert. Zum einen wurde formal hergeleitet, wie man die betragsmäßig wesentlichen Teile der entscheidungsrelevanten Kosten (z.B. die Lagerhaltungskosten) in die Zielfunktion integrieren kann, zum anderen wurden verschiedene Möglichkeiten aufgezeigt, reale Restriktionen oder Randbedingungen bei der Modellierung angemessen zu berücksichtigen.

Bei der Modellformulierung wurde aber auch untersucht, ob man durch eine "künstliche" Linearisierung der real nichtlinearen Zusammenhänge einer exakten Lösung des Layoutproblems näher kommen kann. Die dafür erforderliche spezielle Struktur der Nebenbedingungen konnte bei dem hier formulierten Modell jedoch leider nicht nachgewiesen werden.[527] Somit ist der Nutzen der formulierten Modelle für die tatsächliche Lösung von praxisrelevanten Problemen eher gering, da keine geeigneten Rechenverfahren zur Verfügung stehen, die innerhalb einer angemessenen Zeitspanne eine optimale Lösung bestimmen. Daraus folgt, daß auch weiterhin nur heuristische Verfahren praktische Relevanz haben, wenn Probleme realistischer Größenordnung zu lösen sind.

Bei den heuristischen Verfahren wurden zunächst die Verfahren zur Erzeugung eines Layouts analysiert, diskutiert und modifiziert. Die meisten Modifikationen erwiesen sich jedoch als wenig effizient. Nur das im Rahmen dieser Arbeit entwickelte vorausschauende Verfahren zur Erzeugung eines Layouts, HB9-92, führte zu einer signifikanten Verbesserung der Lösungsqualität. Es ist das einzige Verfahren zur Erzeugung eines Layouts, das die Lösungsqualität der bekannten Verfahren zur Verbesserung eines Layouts wenigstens näherungsweise erreicht. Die Anwendung von HB9-92 ist jedoch auf Probleme mit weniger als 70 anzuordnenden Elementen beschränkt, da der Rechenaufwand sehr stark mit der Problemgröße ansteigt. Außerdem zeigt die Analyse der Verbesserungsverfahren, daß diese den Verfahren zur Erzeugung eines Layouts bei weitem überlegen sind. Deshalb sind die Verfahren zur Erzeugung eines Layouts grundsätzlich nicht zu empfehlen.

Bei den heuristischen Verfahren zur Verbesserung eines Layouts galt das Hauptinteresse zwei Verfahrensprinzipien, die im Operations Research noch relativ neu sind: Tabu Search und Simulated Annealing. Beide wurden primär zur Überwindung lokaler Optimalität entwickelt und in jüngster Vergangenheit recht erfolgreich zur

---

[527] Im Vergleich zu den linearisierten Modellen aus der Literatur kommt das hier formulierte Modell aber mit weniger Binärvariablen und Nebenbedingungen aus.

Lösung quadratischer Zuordnungsprobleme eingesetzt. Kennzeichnend für beide ist außerdem, daß sie im Gegensatz zu den reinen Verbesserungsverfahren vorübergehend auch eine Verschlechterung des Zielfunktionswertes zulassen.

Bei der Analyse der bekannten Tabu Search und Simulated Annealing Verfahren bestätigte sich zunächst einmal die in der Literatur überwiegend gezogene Schlußfolgerung, daß die neuesten Tabu Search Verfahren den existierenden Simulated Annealing Verfahren hinsichtlich der Lösungqualität überlegen sind.[528]

In dieser Arbeit wurde nun aber einer der wichtigsten Parameter des Simulated Annealing, der sogenannte Temperaturverlauf, mit Hilfe der Genetischen Programmierung verbessert. Die ansonsten übliche manuelle Suche nach guten Temperaturverläufen wurde durch eine rechnergestützte "intelligente" Suche, die sogenannte Simulation der Evolution, ersetzt. Durch den dazu zunächst entworfenen Algorithmus TB1-92, der die Genetische Programmierung als übergeordneten Algorithmus für das Simulated Annealing einsetzt, wurden überwiegend Temperaturverläufe gefunden, die sich durch eine oszillierende Komponente auszeichnen. Anders als die in der Literatur gebräuchliche Form des exponentiellen Abkühlens, fällt bei ihnen die Temperatur nicht streng monoton ab, sondern schwingt nach anfänglichem Abkühlen um einen konstanten Wert. Die so gewonnenen Erkenntnisse über die Form guter Temperaturverläufe wurde benutzt, um noch zwei weitere Simulated Annealing Algorithmen, TB2-92 und TB3-92, zu entwickeln, die einen adaptiven, oszillierenden Temperaturverlauf unterstellen.

Wie die durchgeführten Experimente zeigen, liefern alle drei Algorithmen qualitativ hervorragende Ergebnisse. TB1-92 erzeugt zwar die besten Ergebnisse, er ist aufgrund seiner langen Laufzeiten aber nur zu empfehlen, wenn Probleme mit nicht mehr als 50-70 anzuordnenden Elementen sporadisch zu lösen sind. TB2-92 und TB3-92 sind im Gegensatz dazu auch zur Lösung großer Probleme geeignet. Sie liefern qualitativ hervorragende Ergebnisse in akzeptablen Laufzeiten. Im Vergleich zu den untersuchten Algorithmen aus der Literatur zeigen sie sich eindeutig überlegen. Somit ist auch die Schlußfolgerung von Taillard und Skorin-Kapov nicht mehr gültig.[529] Beide vergleichen Tabu Search mit Simulated Annealing und schließen auf eine Überlegenheit von Tabu Search. Die Ergebnisse der hier durchgeführten Experimente zeigen aber sehr deutlich, daß ihre Verfahren bei weitem nicht die Lösungqualität von TB2-92 und TB3-92 erreichen, obwohl sie bei großen Problemen signifikant mehr Vertauschungen untersuchen.

Die Zahl der untersuchten Vertauschungen wurde bei TB2-92 auf $125 \cdot N \cdot (N-1)$ bzw. $1250 \cdot N \cdot (N-1)$ festgelegt, wodurch eine empirisch ermittelte Lösungszeit von $3{,}24 \cdot 10^{-4} \cdot N^{2,94}$ bzw. $3{,}41 \cdot 10^{-3} \cdot N^{2,93}$ entstand. Die empirisch gefundene Rechenzeit

---

[528] Vgl. z.B. Glover, 1990, S. 76.

[529] Vgl. Skorin-Kapov, 1990, S. 39; Taillard, 1991, S. 443 - 455.

von TB3-92 beträgt hingegen $4{,}46 \cdot 10^{-3} \cdot N^{2{,}07}$ bzw. $3{,}83 \cdot 10^{-1} \cdot N^{1{,}97}$, je nachdem ob der Temperaturverlauf insgesamt IT=4 oder IT=200 mal wiederansteigt. Somit ist insbesondere TB3-92 auch zur Lösung sehr großer Probleme geeignet. Wenn man davon ausgeht, daß die Lösungsqualität bei steigender Problemgröße nicht abnimmt, dann kann man mit IT=4 für ein Problem mit N=10.000 in weniger als 10 Tagen auf einer SPARC 2 eine Lösung ermitteln, die wahrscheinlich deutlich weniger als 1% von der besten bekannten Lösung abweicht, denn über alle untersuchten Probleme gemittelt, hatten die Lösungen von TB3-92 mit IT=4 nur eine durchschnittliche Abweichung von 0,26% von der besten bekannten Lösung.

Es wäre aber auch interessant zu untersuchen, wie sich die Lösungsqualität der hier entwickelten Algorithmen verändert, wenn man bei TB2-92 noch mehr Vertauschungen zuläßt (d.h. W erhöht) oder bei TB3-92 noch häufiger erwärmt (d.h. IT erhöht). Voraussetzung dafür wäre allerdings die grundsätzlich mögliche Parallelisierung von TB2-92 und TB3-92. Wenn diese Parallelisierung gelänge, müßte TB3-92 mit IT=200 z.B. in der Lage sein, auf einem Transputernetzwerk mit 500 Knoten selbst für ein Problem der Größe N=10.000 innerhalb von wenigen Stunden (<24 h) eine wahrscheinlich qualitativ hervorragende Lösung zu ermitteln. Auf diese Weise könnte man aber auch versuchen, mit entsprechend hohem W bzw. IT Probleme bis zur Größe N=200 optimal zu lösen.

Von großem Interesse wäre es auch zu untersuchen, wie gute Temperaturverläufe für andere Optimierungsprobleme aussehen, d.h., ob auch dort mit oszillierenden Verläufen verbesserte Ergebnisse erzielt werden können oder ob die Genetische Programmierung dort zu anderen Termperaturverlaufsformen führt.

Schließlich ist zu überlegen, ob nicht auch die Lösungsqualität der Tabu Search Verfahren durch die hier benutzte Genetische Programmierung verbessert werden kann, wenn man diese als übergeordneten Algorithmus einsetzt, um z.B. einen so wichtigen Parameter wie die Tabu Size zu verbessern.

7. Literaturverzeichnis

Aarts, E. H. L.; P. J. M. Van Laarhoven: Statistical Cooling: A General Approach to Combinatorial Optimization Problems, in: Philips Journal of Research 40, Nr. 4, 1985, S. 193-226.

Abdou, G.; S. P. Dutta: An Integrated Approach to Facilities Layout Using Expert Systems, in: International Journal of Production Research 28, Nr. 4, 1990, S. 685-708.

Aggteleky, B.: Fabrikplanung: Werksentwicklung und Betriebsrationalisierung, Bd.2: Betriebsanalyse und Feasibility-Studie, Hanser, München-Wien 1982.

Anily, S.; A. Federgruen: Simulated Annealing Methods with General Acceptance Probability, in: Journal of Applied Probability 24, 1987, S. 657-667.

Armour, G. C.; E. S. Buffa: A Heuristic Algorithm and Simulation Approach to the Relative Location of Facilities, in: Management Science 9, Nr. 2, 1963, S. 294-304.

Baur, K.: Betriebsmittelzuordnung bei der Fabrikplanung, Krausskopf, Mainz 1972.

Baur, K.: Materialfluß im Fertigungsbereich - Zuordnung der Betriebsmittel auf Grund der Transportkosten, in: Fördern und Heben 23, Nr. 16, 1973, S. 872-874.

Baur, K.: Verfahren für die räumliche Zuordnung von Betriebsmitteln in der Fabrikplanung, Teil 1+2, in: Werkstattstechnik: Zeitschrift für industrielle Fertigung 61, 1971, S. 23-28, 213-216.

Bazaraa, M. S.: Computerized Layout Design, A Branch and Bound Approach, American Institute of Industrieal Engineers, 7, 1975, S. 432-438.

Bazaraa, M. S.; O. Kirca: A Branch-and-Bound-Based Heuristic for Solving the Quadratic Assignment Problem, in: Naval Research Logistics Quarterly 30, Nr. 2, 1983, S. 287-304.

Bazaraa, M. S.; H. D. Sherali: Bender's Partitioning Scheme Applied to a New Formulation of the Quadratic Assignment Problem, in: Naval Research Logistics Quarterly 27, Nr. 1, 1980, S. 29-41.

Block, T. E.: Fate - A New Construction Algorithm for Facilities Layout, in: Journal of Engineering Production 2, Nr. 2, 1978, S. 111-126.

Bonomi, E.; J.-L. Lutton: The N-City Travelling Salesman Problem: Statistical Mechanics and the Metropolis Algorithm, in: SIAM Review 26, Nr. 4, 1984, S. 551-568.

Bonomi, E.; J.-L. Lutton: The Asymptotic Behavior of Quadratic Sum Assignment Problems: A Statistical Mechanics Approach, in: European Journal of Operations Research 26, 1986, S. 295-300.

Brandt, H.-P.: Rechnergestützte Layoutplanung von Industriebetrieben, TÜV Rheinland, 1989.

Brauer, K. M.; W. Krieger: Betriebswirtschaftliche Logistik, Dunker und Humbolt, Berlin 1982.

Bremer, J. G.: Die Layoutplanung in der Fabrikplanung, Florenz-München 1979.

Burkard, R. E.: Heuristische Verfahren zur Lösung quadratischer Zuordnungsprobleme, in: Zeitschrift für Operations Research 19, Nr. 5, 1975, S. 183-193.

Burkard, R. E.: Methoden ganzzahliger Optimierung, Springer, Wien-New York 1972.

Burkard, R. E.: Quadratic Assignment Problems, in: European Journal of Operational Research 15, 1984, S. 283-289.

Burkard, R. E.; T. Bönniger: A Heuristic for Quadratic Boolean Programs with Applications to Quadratic Assignment Problems, in: European Journal of Operational Research 13, 1983, S. 374-386.

Burkard, R. E.; U. Fincke: The Asymptotic Probabilistic Behaviour of Quadratic Sum Assignment Problems, in: Zeitschrift für Operations Research 27, Nr. 3, 1983, S. 73-81.

Burkard, R. E.; J. Offermann: Entwurf von Schreibmaschinentastaturen mittels Quadratischer Zuordnungsprobleme, in: Zeitschrift für Operations Research 21, 1977, Serie B, S. 121-132.

Burkard, R. E.; F. Rendl: A Thermodynamically Motivated Simulation Procedure for Combinatorial Optimization Procedures, in: European Journal of Operations Research 17, 1984, S. 169-174.

Burkard, R. E.; K. H. Stratmann: Numerical Investigations on Quadratic Assignment Problems, in: Naval Research Logistics Quarterly 27, Nr. 1, 1978, S. 109-120.

Burkard, R.: Die Störungsmethode zur Lösung quadratischer Zuordnungsprobleme, Operations Research-Verfahren, in: Operations-Research-Verfahren 16, 1973, S. 84-108.

Carbot, A. V.; R. L. Francis: Solving Certain Nonconvex Quadratic Minimization Problems by Ranking the Extreme Points, in: Operations Research 18, Nr. 1, 1970, S. 82-86.

Chakrapani, J.; J. Skorin-Kapov: A Connectionist Approach to the Quadratic Assignment Problem, in: Computers Operations Research 19, Nr. 3/4, 1992, S. 287-295.

Cheh, K. M.; J. B. Goldberg; R. G. Askin: A Note on the Effect of Neighborhood Structure in Simulated Annealing, in: Computers and Operations Research 18, Nr. 6, 1991, S. 537-547.

Connolly, D. T.: An Improved Annealing Scheme for the QAP, in: European Journal of Operations Research 46, 1990, S. 93-100.

Conrad, K.: Das quadratische Zuweisungsproblem und zwei seiner Spezialfälle, Tübingen 1971.

Cook, S. A.: The Complexity of Theorem-Proving Procedures, Proc. 3rd Ann. ACM Symp. on Theory of Computing, Association for Computing Machinery, New York, 1971, S. 151-158.

Dangelmaier, W.: Algorithmen und Verfahren zur Erstellung innerbetrieblicher Anordnungspläne, Springer, Berlin-Heidelberg-New York-Tokyo 1986a.

Dangelmaier, W.: Interaktive Anordnungsplanung, in: Werkstattstechnik: Zeitschrift für industrielle Fertigung 76, 1986b, S. 25-28.

Dangelmaier, W.: Möglichkeiten und Grenzen der rechnerunterstützten Fabrikplanung, in: Fördern und Heben 35, Nr. 6, 1985, S. 439-441.

Davis, L.: Genetic Algorithms and Simulated Annealing, Research Notes in Artificial Intelligence, Pitman, London 1987.

Davis, L.; Ritter, F.: Schedule Optimization with Probabilistic Search, in: IEEE, 1987, S. 231-235.

Dinkelbach, W.: Entscheidungsmodelle, de Gruyter, Berlin-New York 1982.

Dinkelbach, W.: Input-Output-Analyse, in: Kosiol, E. et al.: Handwörterbuch des Rechnungswesens, 2. Auflage, Stuttgart 1981, S. 749-761.

Dinkelbach, W.: Operations Research, in: Kern, W. (Hrsg.): Handwörterbuch der Produktionswirtschaft, Poeschel, Stuttgart 1979, S. 1381-1391.

Dolezalek, C. M.; H. J. Warnecke: Planung von Fabrikanlagen, 2. Auflage, Springer, Berlin-Heidelberg-New York 1981.

Domschke, W.; A. Drexl: Einführung in Operations Research, 2., verbesserte und erweiterte Auflage, Berlin et al. 1991.

Domschke, W.; A. Drexl: Logistik: Standorte, Oldenburg, München 1990.

Dutta, A.; G. Koehler; A. Whinston: On Optimal Allocation in a Distributed Processing Environment, in: Management Science 28, Nr. 8, 1982, S. 839-853.

232

Dutta, K. N.; Sahu, S.: A Multigoal Heuristic for Facilities Design Problems: MUGHAL, in: International Journal of Production Research 20, Nr. 2, 1982, S. 147-154.

Edwards, H. K.; B. E. Gillett; M. E. Hale: Modular Allocation Technique (MAT), in: Management Science 17, Nr. 3, 1970, S. 161-169.

Eidt, A.; N. Wegner; G. Stönner: Praxisorientierte Layoutplanung von Fabrikanlagen - Untersuchung der rechnerunterstützten Optimierungsmethoden, in: Zeitschrift für wirtschaftliche Fertigung 72, Nr. 7, 1977, S. 332-339.

Engele, G.: Simultane Standort- und Tourenplanung, Carl Heymanns, Köln-Berlin-Bonn-München 1981.

Engesser, H. (Hrsg.): Duden "Informatik": ein Sachlexikon für Studium und Praxis, Dudenverlag, Mannheim u.a. 1989.

Ernst, W.: PLADIS - Ein Verfahren zur Fabrikplanung, Stuttgart 1978.

Flemming, U.: Darstellung, Erzeugung und Dimensionierung von dicht gepackten, rechtwinkligen Flächenanordnungen, Berlin 1977.

Foulds L. R.: Techniqes for Facilities Layout: Deciding Which Pairs of Activities Should Be Adjacent, in: Mangement Science 29, Nr. 12, 1983, S. 1414-1426.

Fortenberry, J. C.; Cox, J. F.: Multiple Criteria Approach to the Facilities Layout Problem, in: International Journal of Production Research 23, Nr. 4, 1985, S. 773-782.

Francis, L. F.; J. A. White: Facility Layout and Location: An Analytical Approach, Prentice-Hall, New Jersey 1974.

Francis, L. F.; L. F. McGinnis; J. A. White: Facility Layout and Location: An Analytical Approach, 2. Auflage, Prentice-Hall, New Jersey 1992.

Frey, S. R.: Plant Layout, Hanser, München-Wien 1975.

Garey, M. R.; D. S. Johnson: Computers and Intractability, A Guide to the Theory of NP-Completeness, W. H. Freeman and Company, San Francisco 1979.

Gauchel, J.: Ein Verfahren für die gebäudespezifische Anordnungsplanung räumlicher Bereiche (Grundrißplanung) unter weitgehender Berücksichtigung innerbetrieblicher Flußbeziehungen -Die Programme AO-Schema und AO-Plan,VDI, Düsseldorf 1980.

Gavett, J. W.; N. V. Plyter: The Optimal Assignment of Facilities to Locations by Branch and Bound, in: Operations Research 14, Nr. 2, 1966, S. 210-232.

Geman, S.; D. Geman: Stochastic Relaxation, Gibbs Distribution, and the Bayesian Restoration of Images, in: IEEE Transactions on Pattern Analysis and Machine Intelligence 6, Nr. 6, 1984.

Gilmore, P. C.: Optimal and Suboptimal Algorithms for the Quadratic Assignment Problem, in: SIAM Journal 10, Nr. 2, 1962, S. 305-313.

Glover, F.: Tabu Search, Part I, in: ORSA Journal on Computing 1, 1989a, S. 190-206.

Glover, F.: Tabu Search, Part II, in: ORSA Journal on Computing 2, 1989b, S. 4-32.

Glover, F.: Tabu Search: A Tutorial, in: Interfaces 20, 1990, S. 74-94.

Golany, B.; M. J. Rosenblatt: A Heuristic Algorithm for the Quadratic Assignment Formulation to the Plant Layout Problem, in: International Journal of Production Research 27, Nr. 2, 1989, S. 293-308.

Goldberg, D. E.: Genetic Algorithms in Search, Optimization, and Machine Learning, Reading, Massachussetts 1989.

Golden, B. L.; C. C. Skiscim: Using Simulated Annealing to Solve, Nr. 2, 1986, S. 261-279.

Gutenberg, E.: Grundlagen der Betriebswirtschaftslehre, Erster Band: Die Produktion, 24. unveränderte Auflage, Berlin-Heidelberg-New York 1983.

Hahn, D.: Interaktive Planung und Beurteilung von Layoutalternativen im Rahmen des Fabrikplanungsprozesses mit Hilfe eines CAD-Systems, VDI, Graben-Neudorf 1984.

Hahn, D.: Planung und Beurteilung von Layout-Alternativen bei Fabrikplanungs-prozessen, in: VDI-Zeitschrift 128, Nr. 3, 1986, S. 55-56.

Hanan, M.; J. Kurtzberg: A Review of the Placement and Quadratic Assignment Problems, in: SIAM Review 14, Nr. 2, 1972, S. 324-342.

Hanke, K.: Möglichkeiten der Materialflußoptimierung bei der Projektierung industrieller Betriebe, Hain, Meisenheim am Glan 1975.

Hansen, H. R.: Wirtschaftsinformatik I, 6. Aufl., Gustav Fischer, Stuttgart-Jena 1992.

Hardeck, W.: Raumplanung im Dialog mit graphischen Bildschirmsystemen, Erlangen-Nürnberg 1977.

Hardeck, W.; H. Nestler: Aus der Praxis der Layoutplanung mit EDV, in: Werk-statttechnik: Zeitschrift für industrielle Fertigung 64, 1974, S. 95 - 99.

Harmon, R.; L. Peterson: Die neue Fabrik, Frankfurt-New York 1990.

Hassan, M.; G. Hogg: On Constructing a Block Layout by Graph Theory, in: International Journal of Production Research 29, Nr. 6, 1991, S. 1263-1278.

Heragu, S.; A. Kusiak: Machine Layout Problem in Flexible Manufacturing Systems, in: Operations Research 36, Nr. 2, 1988, S. 258 - 268.

Heragu, S. S.; A. Kusiak: Efficient Models for the Facility Layout Problem, in: European Journal of Operational Research 53, Nr. 1, 1991, S. 1-13.

Heragu, S. S.; A. Kusiak: Machine Layout: An Optimization and Knowledge-Based Approach, in: International Journal of Production Research 28, Nr. 4, 1990, S. 615-635.

Hillier, F. S.; G. J. Liebermann: Operations Research, 4. Auflage, München-Wien 1988.

Hillier, F. S.: Quantitative Tools for Plant Layout Analysis, in: The Journal of Industrial Engineering 14, Nr. 1, 1963, S. 33-40.

Hillier, F. S.; M. M. Connors: Quadratic Assignment Problem Algorithms and the Location of Indivisible Facilities, in: Management Science 13, Nr. 1, 1966, S. 42-57.

Holland, J. H.: Adaption in Natural and Artificial Systems, University of Michigan Press, Ann Arbor, MI 1975.

Huntley, C. L.; D. E. Brown: A Parallel Heuristic for Quadratic Assignment Problems, in: Computers Operations Research 18, Nr. 3, 1991, S. 275-289.

Johnson, E.; M. Brandeau: An Analytic Model for Design of a Multi-Vehicle Automated Guided Vehicle System, Working Paper, Department of Industrial Engineering, Stanford University, 1991.

Joksch, H. C.: Lineares Programmieren, 2. Auflage, Tübingen 1965.

Kaku, B.; Thompson, G.; Baybars, I.: A Heuristic Method for the Multi-Story Layout Problem, in: European Journal of Operational Research 37, Nr. 3, 1988, S. 384-397.

Kaku, B. K.; G. L. Thompson: An Exact Algorithm for the General Quadratic Assignment Problem, in: European Journal of Operational Research 23, 1986, S. 382-390.

Kaufmann, L.; F. Broeckx: An Algorithm for the Quadratic Assignment Problem Using Bender's Decomposition, in: European Journal of Operational Research 2, 1978, S. 207-211.

Kettner, H.; J. Schmidt; H.-R. Greim: Leitfaden der systematischen Fabrikplanung, Carl Hanser Verlag, München-Wien 1984.

Kiehne, R.: Innerbetriebliche Standortplanung und Raumzuordnung, Gabler, Wiesbaden 1969.

Kilger, W.: Flexible Plankostenrechnung und Deckungsbeitragsrechnung, 9., verbesserte Auflage, Wiesbaden 1988.

Kilger, W.: Optimale Produktions- und Absatzplanung, Opladen 1973.

Kirkpatrick, S.; C. D. Gelatti, Jr.; M. P. Vecchi: Optimization by Simulated Annealing, in: Science 220, Nr. 4598, 1983, S. 671-680.

Kirsch. W.; u.a.: Betriebswirtschaftliche Logistik, Gabler, Wiesbaden 1973.

Kistner, K.-P.: Optimierungsmethoden, Heidelberg 1988.

Koopmans, T. C.; M. J. Beckmann: Assignment Problems and the Location of Economic Activities, in: Econometrica 25, Nr. 1, 1957, S. 53-76.

Koza, J. R.: A Genetic Approach to Economic Modelling, in: Bourgine, P.; B. Walliser: Proceedings of the 2nd International Conference on Economics and Artificial Intelligence: Pergamon Press, 1991a.

Koza, J. R.: Concept Formation and Decision Tree Induction using the Genetic Programming Paradigm, in: Proceedings of the International Joint Conference on Neural Networks, Seattle: IEEE Press, 1991b.

Koza, J. R.: Genetic Programming, MIT Press, 1992.

Kracht, H.-J.: Problemorientierte Modellformulierung zur Layoutplanung, Diplomarbeit, Universität Paderborn, 1991.

Kuhn, H.: Heuristische Suchverfahren mit simulierter Abkühlung, in: Wirtschaftswissenschaftliches Studium, Nr. 8, 1992, S. 387-391

Kusiak, A.: Intelligent Manufacturing Systems, Prentice Hall, New Jersey 1990.

Kusiak, A.; S. S. Heragu: The Facility Layout Problem, in: European Journal of Operational Research 29, 1987, S. 229-251.

Land, A. M.: A Problem of Assignment with Interrelated Costs, in: Operational Research Quarterly 14, Nr.2, 1963, S. 185-198.

Law, A. M.; W. D. Kelton: Simulation Modeling and Analysis, Mc Graw-Hill, 1991.

Lawler, E. L.: The Quadratic Assignment Problem, in: Management Science 9, Nr. 4, 1963, S. 586-599.

Lee, R. C.; J. M. Moore: CORELAP - Computerized Relationship Layout Planning, in: The Journal of Industrial Engineering 18, Nr. 3, 1967, S. 195-200.

Levary, R. R.; S. Kalchik: Facilities Layout - A Survey of Solution Procedures, in: Computers and Industrial Engineering 9, Nr. 2, 1985, S. 141-148.

Ligett, R. S.: The Quadratic Assignment Problem, in: Management Science 27, Nr. 4, 1981, S. 442-458.

Lüder, K.: Standortwahl, in: Jacob, H. (Hrsg.): Industriebetriebslehre, 4. Auflage, Wiesbaden 1990, S. 27-100.

Lüder, K.: Standortwahl, in: Jacob: Industriebetriebslehre, Gabler, 2. Auflage, Wiesbaden 1983, S. 27-96.

Lundy, M.; A. Mess: Convergence of an Annealing Algorithm, in: Mathematical Programming 34, 1986, S. 111-124.

Malakooti, B.: Multiple Objective Facility Layout: A Heuristic to Generate Efficient Alternatives, in: International Journal of Production Research 27, Nr. 27, 1989, S. 1225-1238.

Malakooti, B.; G. I. D'Souza: An Interactive Approach for Computer Aided Facility Layout Selection (CAFLAS), in: Institute of Industrial Engineers, 1984 Annual International Industrial Engineering Conference Proceedings, 1984, S. 206-212.

Malakooti, B.; G. I. D'Souza: Multiple Objective Programming for the Quadratic Assignment Problem, in: International Journal of Production Research 25, Nr. 2, 1987, S. 285-300.

Malakooti, B.; A. Tsurushima: An Expert System Using Priorities for Solving Multiple-Criteria Facility Layout Problems, in: International Journal of Production Research 27, Nr. 5, 1989, S. 793-808.

Martin, H.: Methode zur integrierten Betriebsmittelanordnung und Transportplanung, Berlin 1976.

Mehlhorn, K.: Data Structures and Algorithms 1: Sorting and Searching, Berlin u.a. 1984.

Metropolis; N., A. Rosenbluth; M. Rosenbluth; A. Teller; E. Teller: Equation of State Calculation by Fast Computing Machines, in: Journal of Chemical Physics 21, Nr. 6, 1953, S. 1087-1092.

Mende, R.: Grenzen einer materialflußorientierten Layout-Planung, in: VDI-Zeitschrift 20, Heft 9, 1984, S. 322-325.

Minten, B.: MODULAP - Modularprogramm für die Layout-Planung zum Optimieren des Materialflusses, in: Verein Deutscher Ingenieure-Zeitschrift 117, Nr. 22, 1975, 1041-1049.

Minten, B.: Rechnerunterstützte Fabrikplanung, Krausskopf, Mainz 1977.

Müller-Merbach, H.: Morphologie heuristischer Verfahren, in: Zeitschrift für Operations Research 20, 1976, Seire A, S. 69-87.

Müller-Merbach, H.: Optimale Reihenfolgen, Springer, Berlin-Heidelberg-New York 1970.

Neghabat, F.: An Efficient Equipment Layout Algorithm, in: Operations Research 22, Nr. 3, 1974, S. 622-628.

Nicol, L. M.; R. H. Hollier: Plant Layout in Practice, in: Material Flow, Nr. 1, 1983, S. 177-188.

Niedereichholz, C. : Heuristische Verfahren der transportkostenoptimalen Betriebsmittelzuordnung, in: Zeitschrift für Betriebswirtschaft 45, 1975, S. 725-742.

Nugent, C. E.; T. E. Vollmann; J. Ruml: An Experimental Comparison of Techniques for the Assignment of Facilities to Locations, in: Operations Research 16, Nr. 1, 1968, S. 150-173.

Pack, L.; R. Kiehne; H. Reinermann: Raumzuordnung und Raumform, in: Management International Review 6, Nr. 5, 1966, S. 7-23.

Padberg, M. W.: A Note on the Total Unimodularity of Matrices, in: Discrete Mathematics 14, 1976, S. 273-278.

Padberg, M. und G. Rinaldi: Optimization of a 532-City Symmetric Travelling Salesman Problem, in: Operations Research Letters 6, Nr. 1, 1987, S. 1-7.

Papadimitriou, C. H.; K. Steiglitz: Combinatorial Optimization: Algorithms and Complexity, Prentice-Hall, Englewood Cliffs, New Jersey 1982.

Pfohl, H.-Ch.: Logistiksysteme, 4. Auflage, Berlin et al. 1990.

Pierce, J. F.; W. B. Crowston: Tree Search Algorithms for Quadratic Assignment Problems, in: Naval Research Logistics Quarterly 18, Nr. 1, 1971, S. 1-36.

Reese, J.: Standort- und Belegungsplanung für Maschinen in mehrstufigen Produktionsprozessen, Springer, Berlin-Heidelberg-NewYork 1980.

Reklaitis, G. V.; A. Ravindran; K. M. Ragsdell: Engineering Optimization, John Wiley and Sons, New York 1983.

Rosenblatt, J. M.: The Facilities Layout Problem: A Multi-Goal Approach, in: International Journal of Production Research 17, Nr. 4, 1979, S. 323-332.

Rosenblatt, M. J.: The Dynamics of Plant Layout, in: Mangement Science 32, Nr. 1, 1986, S. 76-86.

Sahni, S.; T. Gonzalez: P-Complete Approximation Problems, in: Journal of the Association for Computing Machinery 23, Nr. 3, 1976, S. 555-565.

Sauter, T.-K.: Rechnergestützte Realplanung von Fabrikanlagen, Krausskopf, Mainz 1977

Sauter, T.-K.: Optimale Zuordnung von Werkzeugmaschinen in einer Fertigungshalle mit vorgegebener Gebäudeabmessung in einer Richtung, in: Werkstatttechnik: Zeitschrift für industrielle Fertigung 62 , 1972, S. 213-216.

Schmidt, S.: Systematische Zusammenhänge und raumqualitative Einflüsse bei der Planung von Fabrikanlagen, Diss. Hannover 1977.

238

Schmigalla, H.: Methoden zur optimalen Maschinenanordnung, Berlin 1970.

Schulte, C.: Logistik, München 1991.

Schumann, W.: Layoutplanung bei automatisierter Einzelproduktion, Gießen 1985.

Schwarze, J.: Grundlagen der Statistik: Wahrscheinlichkeitsrechnung und induktive Statistik, Verlag Neue Wirschafts-Briefe, 2. Auflage, Herne-Berlin, 1988.

Scriabin, M.; R. C. Vergin: A Cluster-Analytic Approach to Facility Layout, in: Management Science 31, Nr. 1, 1985, S. 33-49.

Seehof, J. M.; W. O. Evans: Automated Layout Design Program, in: The Journal of Industrial Engineering 18, Nr. 12, 1967, S. 690-695.

Shore, R. H.; J. A. Tompkins: Flexible Facilities Design, in: American Institute of Industrial Engineers Transactions 12, Nr 2, 1980, S. 200-205.

Skorin-Kapov, J.: Tabu Search Applied to the Quadratic Assignment Problem, in: ORSA Journal on Computing 2, Nr. 1, 1990, S. 33-45.

Skorin-Kapov, J.: Extensions of a Tabu Search Adaptation to the Quadratic Assignment Problem, working paper HAR - 90 - 006, W.A. Harriman School for Management and Policy, SUNY at Stony Brook, NY, 11794-3775, 1991.

Steinberg, L.: The Backboard Wiring Problem: A Placement Algorithm, in: SIAM Review 3, 1961, S. 37-50.

Stönner, G.; A. Eidt; N. Wegner: Materialfluß- und Layoutgestaltung auf der Basis von aktuellen Betriebsdaten, in: Fortschrittliche Betriebsführung und Industrial Engineering 26, Nr. 6, 1977, S. 391 - 398.

Streim, H.: Heuristische Lösungsverfahren Versuch einer Begriffsklärung, in: Zeitschrift für Operations Research 19, Nr. 5, 1975, S. 143-162.

Taillard, E.: Robust Taboo Search for the Quadratic Assignment Problem, in: Parallel Computing 17, 1991, S. 443-455.

Thonemann, U.W.: Verbesserung des Simulated Annealing unter Anwendung Genetischer Programmierung am Beispiel des Diskreten Quadratischen Layoutproblems, Diplomarbeit Paderborn, 1992.

Tompkins, J. A.; J. A. White: Facilities Planning, New York 1984.

Tompkins, J. A.; J. M. Moore: Computer Aided Layout: A User's Guide, 1980.

Urban, T. L.: A Multiple Criteria Model for the Facilities Layout Problem, in: International Journal of Production Research 25, Nr. 12, 1987, S. 1805-1812.

Vollmann, T.; E. Buffa: The Facilities Layout Problem in Perspective, in: Management Science 12, Nr. 4, 1966, S. 450-468.

Vollmann, T. E.; C. E. Nugent; R. L. Zartler: A Computerized Model for Office Layout, in: Journal of Industrial Engineering 19, Nr. 7, 1968, S. 321-329.

Wäscher, G.: Innerbetriebliche Standortplanung bei einfacher und mehrfacher Zielsetzung, Gabler, Wiesbaden 1982.

Wäscher, G.: Innerbetriebliche Standortplanung, in: Zeitschrift für betriebliche Forschung 36, Nr. 11, 1984, S, 930-958.

Wäscher, G.: Ökonomische Grundlagen der innerbetrieblichen Standortplanung, in: Wirtschaftswissenschaftl. Studium 14, Nr. 5, 1985, S.237-244.

Waghodekar, P. H.; S. Sahu: Facilities Layout with Multiple Objectives: MFLAP, in: Engineering Cost and Production Economics 10, Nr. 2, 1986, S. 105-112.

Warnecke, H. J.; W. Dangelmaier: Layoutplanung - der Stand der Technik, in: OR-Spektrum 3, Nr. 1, 1981, S. 1-20.

Warnecke, H.-J.; B. Minten; S. Mayer: Verbesserungen des Layouts für Fabrikanlagen mit Rechnerunterstützung, in: Zeitschrift für wirtschaftliche Fertigung 71, Nr. 12, 1976, S. 541-544.

Whitehead, B.; M. Z. Eldars: The Planning of Single Storage Layouts, Build. Science 1, Nr. 150, 1965, S. 127-139.

Wilensky, R.: Common LISPcraft, Norton, New York 1986.

Wilhelm, M. R.; T. L. Ward: Solving Quadratic Assignment Problems by Simulated Annealing, in: IIE Transaction 19, Nr. 1, 1987, S. 107-119.

Williams, H. P.: Model Building in Mathematical Programming, 3. Auflage, John Wiley and Sons, 1984.

Ziegler, H.: Produktionssteuerung bei Mehrproduktfließlinien, Habilitationsschrift, Universität Paderborn 1991.

Zilewski, S.: Komplexitätstheorie, Braunschweig-Wiesbaden 1989.

Zorn, J.: Die optimale Layout-Planung für gemischte Fertigung, München 1966.

Springer-Verlag und Umwelt

Als internationaler wissenschaftlicher Verlag sind wir uns unserer besonderen Verpflichtung der Umwelt gegenüber bewußt und beziehen umweltorientierte Grundsätze in Unternehmensentscheidungen mit ein.

Von unseren Geschäftspartnern (Druckereien, Papierfabriken, Verpackungsherstellern usw.) verlangen wir, daß sie sowohl beim Herstellungsprozeß selbst als auch beim Einsatz der zur Verwendung kommenden Materialien ökologische Gesichtspunkte berücksichtigen.

Das für dieses Buch verwendete Papier ist aus chlorfrei bzw. chlorarm hergestelltem Zellstoff gefertigt und im pH-Wert neutral.